日本酒全圖鑑

［東日本篇］

全方位飲品顧問友田晶子、
日本酒服務研究會·酒匠研究會聯合會／監修
童小芳／譯

U0076615

日本酒全圖鑑
[東日本篇]
Contents

Part 1
為了邂逅命運中的那一杯，希望能事先了解！
品味日本酒的最佳風味TOPICS

Part 2
東日本的日本酒圖鑑

圖鑑的閱讀方式

特定名稱
依據原料米或製造方法等可區分為8大類，分別為「純米大吟釀酒」、「純米吟釀酒」、「特別純米酒」、「純米酒」、「大吟釀酒」、「吟釀酒」、「特別本釀造酒」、「本釀造酒」。於p.23有詳細的解說。此外，無法歸類於這8類中的產品則視為其他，不予標示。

DATA

原料米
使用的原料米（麴米與掛米₁）。有些會標示出產地。p.22有針對主要的酒米種類做詳細的介紹。

註1：在三段式釀製中，釀製醪時投入的蒸米稱為「掛米」，便於藏人（釀酒人）區分。

精米比例
標示原料米的精米比例。

使用酵母
釀酒用的酵母。

日本酒度
表示日本酒甘辛程度（甜度）的標準。以「＋」表示辛口（甜度低），「－」表示甘口（甜度高）。

酒精度數
表示酒精的濃度。

日本酒的類型
依據香氣可區分為「薰酒」、「爽酒」、「醇酒」、「熟酒」4大類型。

酒藏名稱

酒藏所在的都道府縣

品牌名稱

商品名

北海道

田中酒造

小樽市

寶川　鮮搾生原酒（しぼりたて生原酒）

純米酒

DATA		
原料米　彗星		日本酒度　＋1〜3
精米比例　60%		酒精度數　17度
使用酵母　協會901號		日本酒的類型　醇酒

果香風味十足的道地辛口生原酒
這家酒藏建立於明治32（1899）年。擁有一整年皆可釀酒的釀造廠，嚴謹地釀製微量的酒。這款純米生原酒未進行加熱處理，僅經過過濾，將當地產的米與水的優點發揮到極致，滋味清新且充滿果香。建議冰鎮後飲用。

這款也強力推薦！

大吟釀酒　寶川

大吟釀酒

原料米 彗星／精米比例 50%／使用酵母 協會1901號／日本酒度 ＋5〜6／酒精度數 15度

酒藏自傲的辛口酒　果實風味四溢
華麗的吟釀香，再加上甜味與俐落尾韻達到絕佳平衡的芳醇辛口酒，在酒類競賽的大吟釀酒部門中榮獲第一名而大放異彩。

酒藏所在的市、區、町、村

酒藏的推薦商品

介紹酒藏的建立年份或歷史等等。此外，也可以了解推薦商品的特色、商品名稱的由來或飲用時建議的溫度（飲用方式）。此處將常溫標示為「冷飲（冷や）」。關於飲用方式的細節請參考p.16。

酒藏的其他推薦商品

※所有刊載資料皆為2016年6月之資訊。DATA內容（原料米、精米比例、使用酵母、日本酒度、酒精度數）在有些情況下會因製造年度不同而有所改變。

※日本酒度與酒精度數僅為參考基準。在有些情況下會因製造年度或保存環境等而有所變化。

※酒精度數若標示為「○〜△度」，是表示「○度以上，未滿△度」的意思。

日本酒全圖鑑
[東日本篇]

Part 1

為了邂逅命運中的那一杯，
希望能事先了解！

品味日本酒的
最佳風味
TOPICS

與日本酒相關的狀況
不斷地在變化。
在此單元將以12個關鍵字
介紹古今的日本酒資訊，
像是復刻風潮或進軍海外市場等等。

復刻

TOPICS 1

東京都小澤酒造的這款「元祿」，重現了其建立年代元祿時期的釀酒作業。甜味與酸味都恰到好處，當作派對等的餐前酒也很不錯。

重新審視明治時代以前的釀酒作業

　　直到江戶時代為止，釀造業於全日本各地的發展未曾間斷，然而進入明治政府時期後，政府為了加強徵收酒稅而開始管理釀酒業。對於日本酒業界而言，開始以科學角度研究日本酒固然有好的一面，但是也開啟了之後昭和的三增酒（※）之販售，以及高度經濟成長期的桶裝酒買賣等，進而造成了「重量不重質」的時代。出於這層反省，才醞釀出一股推崇生酛釀造等回歸原點的日本酒釀造風潮。

山形縣朝日川酒造的這款「淺黃水仙」，是研究江戶時代的釀酒作業，再以當今的技術釀造出來的。

※三增酒……在米與米麴製成的醪中，加入以水稀釋過的釀造酒精或糖類、酸味料等製成的酒。可以低價釀造，因此被大量販售。

使用釀酒槽來製酒較便於管理，在此主流風潮下，回歸以古傳橡木桶釀酒的酒藏也日益增加。

日本酒的歷史

716年左右	在《播磨國風土記》裡，可看到「使用黴菌來製酒」這樣的記載。有一說法認為，此為釀造日本酒的原型（播磨是指現今兵庫縣一帶）。
奈良時代（710～784）	以麴製酒的方式自中國傳入。朝廷在「造酒司」中設置了「酒部」一職。
平安時代（794～1185）	在《延喜式》中，可以看到釀酒的相關記載，關於以米、麴與水來釀酒的方法以及燗酒（熱飲）均有紀錄。由僧侶在寺院裡釀造的「僧坊酒」得到高度好評，像是和歌山縣高野山的「天野酒」或奈良縣的「菩提泉」都聲名遠播。奈良寺院所發明的「南部諸白」，是以經過精米處理的麴與掛米所釀造出的酒，因而成為現代清酒的原型。
室町時代（1336～1573）	在《御酒之日記》中，有乳酸發酵的應用以及使用木炭進行過濾的相關記載。
江戶時代（1600～1867）	寒釀造、低溫殺菌的火入處理、分段釀造法與杜氏制度等蔚為普及。這時期發現，添加一種名為「柱燒酒」的高度數酒精，可讓醪變得不易腐壞，此法遂逐漸推廣出去（亦為添加酒精的起源）。一般認為柱燒酒的原料是米。藉由活性碳過濾法取得的「澄酒」（清酒）開始廣泛流通。
1657年	因為稻米歉收而導入酒株（酒造株）制度來管制，釀造業轉為許可制度。
明治時代（1868～）	推行富國強兵政策，酒稅日趨繁重。中日甲午戰爭與日俄戰爭時，酒稅占了國家財政的30%。其後，製酒的規制仍延續到昭和時代。在政府的推波助瀾下，自西方引進微生物學，穩定提升了占國稅30%的重要財源──日本酒的品質。設立了國立釀造試驗所，並於明治42（1909）年與明治43（1910）年，分別研發出「山廢酛」與「速釀酛」。

亦被視為生酛雛形的
「菩提酛釀法」是什麼？

　　有些酒藏不採用現今流行的「生酛」與「山廢」釀造法（→p.8），而是以一種稱為「菩提酛」、更古老的手法來製酒。一般認為，「菩提酛」是1440年代於奈良縣菩提山的正曆寺創造出來的。採單次釀製成酒，實在是相當原始的方法，也就是現在所謂的「酒母」。千葉縣的寺田本家與岡山縣「御前酒」的辻本店皆有製造。若要以「釀造更天然的日本酒」為目標，或許勢必得重新審視昔日的古老釀法。

寺田本家的「醍醐之雫」，是以菩提酛釀成的酒。令人感受到梅酒或柑橘類的風味，屬於酸甜型酒款。一喝下去，肚子還會發出舒服的聲音。

菩提酛的釀法（千葉縣寺田本家的釀製方式）

❶炊煮1成的白米，靜置冷卻一晚。

⬇

❷將冷卻的白米裝入「薄紗棉布袋」中，束緊袋口。

⬇

❸將充分洗淨的9成生米、釀造用水與②的袋子放入釀酒槽裡浸泡。

⬇

❹每天搓揉袋子，擠出裡面的成分。
➡乳酸開始發酵，形成一種稱為「そやし」的酸水。

⬇

❺經過3天後，從裡面取出袋子，將水與生米分開。

⬇

❻蒸煮生米並充分冷卻。

⬇

❼在裝有そやし（酸水）的釀酒槽裡釀造麴與蒸米，並蓋上蓋子。

⬇

❽靜置一晚，待冒出泡沫後再以木漿攪拌。雖然會因季節而異，但大約1週即可釀成酒。

TOPICS 2 生酛釀造

生命力強的酵母
自會釀出澄淨的酒

將熱水與冷水倒入稱為「暖氣樽」的圓筒中，用來控制酒母的溫度。

　　進行「生酛釀造法」的酒藏與日俱增。所謂的生酛釀造，是一種自古流傳下來、以酒母（酛）製酒的手法之一，摻入天然的乳酸菌，借其力量排除雜菌，同時孕育酵母。相對的，加入人工釀造用乳酸菌來製造酒母的方法，則稱為「速釀酛」。「速釀酛」較不易失敗，加上可於短期內完成酒母的培養，因此目前約有9成的釀酒廠都是採用這

種「速釀酛」釀造法。然而近年來，陸續出現一些釀酒業者試圖挑戰這種既費工又需要技術的生酛釀造。靠自然的力量生存下來的酵母相當強健，非但不會滅絕，還能釀出澄淨的酒質。不辭辛勞也要挑戰生酛釀造的酒藏之所以日益增加，也是因為這個緣故。

生酛系酒母與速釀系酒母之比較！

	生酛系酒母	速釀系酒母
培養時間	約30天 等待乳酸菌成長的期間，為了安全起見，必須以5℃左右的低溫來釀造。因此較花時間。	約14天 不需要培養乳酸菌，而且釀造溫度為20℃，因為溫度較高，蒸米溶解與糖化的速度較快。
成本	既費時又費力，因此成本較高。	可於短時間內完成，因此能降低人力成本與製作成本。
品質	必須管理各種微生物帶來的影響，為了維持穩定的品質，需要較高的技術。	一開始就添加了乳酸，因此不必要的微生物繁殖的風險較低。容易取得穩定的品質。
風味	乳酸菌與其他各式微生物也會影響到風味。可以釀出無雜味且濃醇的酒質。	風味比生酛釀造的酒還要澄澈。

山形縣東北銘釀的「初孫」（⇒p.76），至始至終堅持生酛釀造法。

自創業以來便進行生酛釀造至今。進一步磨練傳承下來的技術，目前以全量生酛釀造來製造。酒體豐厚，風味扎實且帶有鮮味，以日本海捕獲的白肉魚製成的生魚片，搭配加熱成溫爛的生酛酒，堪稱絕妙的組合！

東北銘釀株式會社
後藤英之先生（杜氏）

福島縣大七酒造的「箕輪門」（⇒p.88），將生酛釀造法發揮到極致。

生酛系酒母

❶ 將蒸米、麴與水倒入桶中釀製。

※蒸米須事先冷卻，使之變得較不易溶解。

水　米麴

❷ 經過6～7小時後，米會吸收水分而變得膨脹。利用手或木鏟等將整體攪拌混合。

❸ 經過10～12小時後，每隔2～3小時「碎酛（酛摺リ）」1次，也就是利用木槳逐一將米搗碎，共進行3次（此作業稱為「山卸」）。

❹ 「碎酛」完成後，在低溫（6～7℃）下靜置熟成（此作業稱為「打瀨」）。

這段期間，硝酸還原菌與乳酸菌等有用的微生物會接連出現，交替作用。

❺ 將裝滿熱水的圓筒放入釀酒槽中，一邊攪拌內容物，使其溫度逐漸上升。

❻ 備妥釀造環境後，即可添加酵母。自開始釀製至這個程序為止約10天。其後則邊觀察酵母的狀況邊進行加溫或冷卻，即大功告成（整個工程約30天）。

速釀系酒母

在蒸米、麴與水中加入液狀的釀造用乳酸。接著投入酵母。由於酵母不若野生酵母強勁，因此必須徹底做好衛生管理。

米
酵母　米麴
水　乳酸菌

「山廢」與「生酛」的差異為何？

　　「山廢」與「生酛」皆是培養天然的乳酸菌，在這方面兩者並無二致，差別在於是否進行「山卸（碎酛）」這個作業，因此有不同的稱呼。根據1909年日本國立釀造試驗所進行的實驗發現，進行山卸作業的酒母與未進行山卸作業的酒母，在成分上並沒有差異，據此發表了以下論點：山卸作業是沒有必要的。因為這項發現，非常耗費體力的「山卸（碎酛）」作業遭到廢止，並將這種釀造方式簡稱為「山廢」。也有說法指出，借助麴的力量進行溶解而非靠木槳搗碎，在風味上仍會出現差異。

石川縣菊姬的「山廢純米酒」，以及同樣是以山廢釀造法釀製的「鶴乃里」。

TOPICS

3 酸

反向推出過去視為NG的
酸味日本酒而廣受歡迎

　　與過去相比，現代人的味覺有很大的轉變，尤其是對於酸味食物的接受度比往昔還高。像醬汁或調味番茄醬這類加了醋的調味料，如今已滲透到我們的生活中，家家戶戶都少不了。想用日本酒搭配飲食時，如果是和食，有時味道上似乎會產生落差。因此才會出現帶有酸味的日本酒。昔日的日本酒是不允許出現酸味的，然而這種帶有酸味的酒款，其酸味是經過精密計算而非因失敗所產生的，因此搭配現代的飲食也十分契合。

這款「仙禽」，酸味經過精密的計算，顛覆以往對日本酒的概念。

釀造出酸味鮮明且優雅的酒款
酒藏「仙禽」之專訪

栃木縣仙禽的薄井一樹先生。

為何會想到要釀造
帶有酸味的日本酒呢？

　　「在我繼承酒藏的那個時期，流行一種如水一般的酒，我個人不太喜歡。我認為日本酒也應該像葡萄酒那樣，可以搭配飲食一同享用才對，因此決定在設計階段就將酸味與甜味加進去。現今一般家庭的餐桌上，已經不限於魚或和食，味道濃郁的歐美料理並排其上也是稀鬆平常的事。所以才想到可以釀造帶有酸味，而且與這樣的飲食習慣也很契合的日本酒。」

為了順利釀出酸味
最困難的是哪方面？

　　「為了釀出預想的酸味，必須進行各式各樣的計算，像是延長製麴時間，或是調整醪的溫度等等。然而，釀造過程若是過於精細也會導致酸味難以釋出。這方面的拿捏很難。此外，雖然統稱為『酸』，但其實酸味的種類不一而足，因此會依商品分別靈活運用，像是春夏用蘋果酸，秋冬則採用風味更為圓潤的酸等等。」

東日本 美味無比的酸味日本酒

長野縣

長野縣菱友釀造的「御湖鶴」，標榜以「具透明感的酸味」為理念。「御湖鶴純米 米代」的日本酒度為＋4，酸度為1.9，風味銳利。

青森縣

青森縣鳩正宗的「HATO MASAMUNE純米酒 蘋果酸釀造」。這款純米酒是使用會產生高度蘋果酸的酵母釀成，帶有蘋果酸的清爽酸味與清新風味。

千葉縣

千葉縣寺田本家的「發芽玄米 MUSUBI」，精米比例100％，日本酒度為－10～－35，酸度為7～13，帶有又酸又獨特的味道與香氣。

秋田縣

秋田縣淺舞酒造的「天之戶 天黑」，使用了燒酒用的黑麴，此為與鹿兒島縣的燒酒酒藏「大海酒造」聯手研發出的麴菌。如果實般舒暢的酸味是檸檬酸發揮出的效果。

日本酒度與酸度的關係

　　「甜」或「辣」是挑選日本酒時的一大重點。實際上這與酸度有密不可分的關係。即使是日本酒度相同的酒，在「甜」或「辣」上的感受也不會一樣，這是因為酸度不同使然。倘若酸度較低，大多時候會先感受到甜味，舉例來說，就算是日本酒度同樣為±0的酒，若酸度低則口感淡麗，酸度高則予人濃醇型的感受。酸味不單只是「酸酸的」而已，而是詮釋日本酒風味的重要元素。

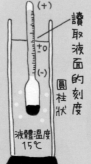

何謂日本酒度？

指辨識甘辛度的數值。正數值愈大為辛口，負數值愈大則為甘口，不過風味也會隨著兩者間相對性的平衡而變化，因此僅供參考。

11

TOPICS

4 熟成酒

古酒中蘊含著
由消費者立場出發的樂趣

　　「酒一旦經過熟成，與甜度的平衡便會漸入佳境，搭配肉料理等較油膩的料理也很對味。」此話是出自於擔任長期熟成酒研究會事務局長的伊藤敦先生。據說他與熟成古酒相遇之後，便深陷其奧妙之中。長期熟成酒研究會成立於昭和60（1985）年，由全日本各地經手釀製熟成酒的酒藏組成，目的是讓一般民眾也能了解愈陳愈美味的日本酒之奧妙。

　　「新酒享受的是製造者所提供的風味，是單向的。而熟成古酒則可按自己的喜好讓酒靜置熟成，消費者可探尋不同的享用方式這點也很棒呢！」

藉由貯藏來增加
熟成香、味道與餘韻

　　熟成酒可區分為「淡熟」、「中熟」與「濃熟」3種類型。並非讓淡熟型熟成後就會轉為濃熟型，而是從一開始的釀製方式就有所不同。如p.13的表格所示，其在精米比例或貯藏溫度等方面皆有差異。精米比例低而殘留愈多蛋白質，愈能釀造出富含胺基酸且洋溢酸味的熟成酒。

　　「在孩子出生時購買，等滿20歲後再一起品飲，可以像這樣享受隨歲月變化的樂趣，亦是其魅力之一呢！」

在長期熟成酒研究會的直營試銷店（Antenna Shop）中，眾多熟成古酒的推薦款齊聚一堂。亦可在店裡當場試酒。自新橋車站徒步5分鐘。地址：東京都港區新橋2-21-1　新橋站前大樓2號館B1F

這是在三重縣發現的一款180年前的酒，名為「醉人日（スイトピー）」，長期熟成酒研究會曾試飲過此酒。也曾嘗試以「百年陳酒企劃」為題，將會員酒藏的酒貯藏起來，於2105年進行品飲。

熟成酒的類型

淡熟型	中熟型	濃熟型
以低溫（5℃左右）來貯藏高精米度的酒（吟釀酒）。特色在於既深且廣的風味，保留吟釀酒優點的同時，恰到好處的苦味與香氣也融為一體。	以低溫至常溫來貯藏精米比例低的純米酒或本釀造酒。精米比例低則蛋白質增加，含有大量胺基酸而帶有顏色。具酸味與辛辣的香氣，風味介於濃熟型與淡熟型之間。	以常溫（15～28℃）來貯藏純米酒與本釀造酒等。隨著酒液熟成，光澤、香氣、顏色與味道都會產生戲劇性的變化，散發出楓糖、梅子或杏子等酸酸的氣味。是一種風格獨具且個性豐富的酒。
適合的料理 搭配昆布等的鮮味，或是清淡的料理都很對味。	**適合的料理** 搭配較為油膩的料理很對味。像是中華料理、炸天婦羅、照燒料理等。	**適合的料理** 酸味較強的類型適合搭配帶有特殊味道的食材，像是鯽魚壽司或能登的海參卵乾與野禽料理等。甜味較濃郁的酒款則可當作甜點來享用。

束日本

熟成酒的推薦款

栃木縣

「熟露枯 山廢純米原酒」
（島崎酒造）
這款是置於洞窟中以低溫熟成釀造的「熟露枯」系列，為山廢純米限定品。含一口在嘴裡，即可感受到內斂的熟成香氣。

山形縣

「秘藏 古酒」
（朝日川酒造）
精米比例為85%，經過常溫熟成的濃熟型。帶有一股令人聯想到焦糖或葡萄乾的芬芳香氣以及圓潤的甜味。

千葉縣

「濃醇旨口 甲子正宗」
（飯沼本家）
濃醇的鮮甜味與宜人的熟成香交融而成的長期熟成酒。搭配乳酪一起享用也十分對味。

新潟縣

「麒麟 時醺酒」
（下越酒造）
具有如葡萄酒般豐富甜味與酸味的熟成酒。無論是直接飲用，或是在自家進行熟成後再品飲，都美味不已。

TOPICS 5 共同開發

由秋田知名設計師所設計出的NEXT5商標。

自秋田出發的NEXT5
令全國日本酒愛好者雀躍不已

　　由秋田5位知名藏元（酒藏主人）所組成的「NEXT5」，將「組合式（Unit）」的概念帶入日本酒業界。據說感情融洽的這5人最初是聚在一起進行技術交流，而後則是跟廣島的「魂志會」一樣，有意舉辦活動，如此一來就必須訂個名稱……於是便組成了這個團體。NEXT5共同釀造酒的發售，每年都令其愛好者期盼不已。

無論好壞都能
互相暢所欲言的夥伴

　　因為各酒藏的杜氏辭職等問題而傷透腦筋，因此幾人便聚集在一起打算自行學習，這就是NEXT5的開端。5人只要聚在一起，經常會拿彼此的酒矇瓶試飲並互相品頭論足一番，或是討論生意經等等。席間偶爾也會冒出辛辣尖銳的感想，不過正因為是能夠互相砥礪切磋的夥伴，才得以持續堅持下去也說不定。

採訪NEXT5酒藏之一——新政酒造的佐藤祐輔先生。

NEXT5的成員

山本

新政酒造

福祿壽酒造

栗林酒藏

秋田釀造

東京農業大學花酵母研究會

花酵母是如何誕生的呢？

　　「花酵母」是由東京農業大學短期大學部釀造學系酒類學研究室所發現的。一直以來都認為清酒酵母可分為自麴分離出來的協會酵母與藏內酵母等等，不過這些並不存在於自然界。據說是有位學生在調製酵母用的培養基時偷懶，結果意外地發現唯獨清酒酵母中有抗菌物質存活下來，這成了一項重大發現的契機——清酒酵母可以從花朵中分離出來。

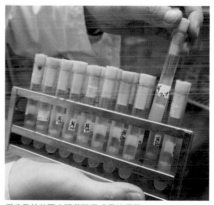

僅分發給共同守護花酵母成長的酒藏。

東京農業大學裡設有2個科系，分別為釀造科學系（4年制）與釀造學系（2年制），不限於酒藏的繼承人，還有一些想要成為釀酒師的學生在此學習。在酒類學研究室中，目前已經成功從石竹、草莓的花等各種花卉中採集到酵母。

茨城縣的來福酒造（→p.110）是使用花酵母來釀製所有的酒款。有石竹、曇花、向日葵等種類豐富的酵母酒。與協會酵母相較之下，發現花酵母的歷史尚淺，然而花酵母研究會的會員酒藏利用花酵母來釀酒，在反覆實驗與失敗後，如今已有數家酒藏成功在日本全國新酒鑑評會上獲得金賞。

6 溫爛

依不同的溫度
還可以享受到香氣的變化

　　日本酒有一個特色，就是「最佳飲用溫度」的區間比啤酒或葡萄酒等酒類還要廣。不僅如此，香氣還會因為細微的溫度差而產生複雜的變化。同樣是日本酒，以冷飲方式飲用或是以爛酒方式飲用，給人的印象會有所不同，因此享用的方式也多彩多姿。一般而言，香氣佳的吟釀系適合微冷的溫度，生酒則須確實冰鎮；純米酒或生酛系適合冷飲（常溫）或溫爛，熟成酒則須經過加熱，如此可讓個別的風味更為鮮明立體。

「冷飲」是指常溫
約20～25℃左右

　　酒標等若標示「請冷飲」的字樣，是指20～25℃左右。這是因為在沒有冰箱的時代，將爛酒以外的酒全部歸類為「冷飲」的緣故。在冰箱普及的現代則變得有點難以區別，也有人將利用冰箱冰鎮至10℃左右的酒稱為「冷酒」。然而，有些販賣店或餐飲店會順應現況，分別使用「冷飲」與「常溫」來表示，因此很在意溫度時不妨先進行確認。

「爛酒」也有各式各樣的
稱呼方式與溫度

　　日本酒一旦經過加熱，香氣會變得豐富，風味則會變得更加寬廣。爛酒並非只有「熱爛」一種講法，而是會依據溫度區間有各種稱呼方式，風味也會隨之變化。基本上任何酒都可以加熱成爛酒，但還是有分為適合加熱至40℃左右的「溫爛」，以及適合加熱至45℃以上的「熱爛」。純米酒或現今流行的生酛與山廢酒，加熱成溫爛不僅會變得更圓潤，還可以增添風味，不妨一試！

風味隨著溫度所產生的變化

冷								溫
5℃	10℃	15℃	30℃	35℃	40℃	45℃	50℃	55℃以上
雪冷	花冷	涼冷	日向爛	人肌爛	溫爛	上爛	熱爛	飛切爛

香 變得清爽 ←—————————→ 香 變得馥郁

味 舒暢且尾韻俐落 ←—————————→ 味 圓潤，甜味與鮮味成分擴散

⑦ 海外人氣

日本酒的出口量逐年增加

　　因為主辦2020年東京奧運而讓日本備受矚目，連日本酒在海外也逐漸廣為人知。日本所有酒類的出口額在近幾年持續成長，其中又以日本酒的出口額居所有酒類之冠（出口量則是以啤酒為首）。和食已蔚為世界潮流，有愈來愈多酒藏開始將目光轉移到希望能配合料理來享受日本酒的海外人士身上。

國際葡萄酒競賽（IWC）
「SAKE部門」2016獎盃得獎酒

　　IWC（International Wine Challenge）是世界規模最大且最具權威的酒類競賽。自2007年起增設了「SAKE部門」。從參賽的眾多日本酒中，將獎項頒給各部門最優秀的品牌，而獲選為2016年冠軍日本酒的，正是山羽櫻酒造的「出羽櫻 出羽之里」。

純米酒部門

出羽櫻 出羽之里
出羽櫻酒造（山形）

吟釀酒部門

出羽櫻 櫻花吟釀酒
出羽櫻酒造（山形）

古酒部門

古酒 永久之輝
宮下酒造（岡山）

純米吟釀酒部門

御慶事 純米吟釀
青木酒造（茨城）

本釀造酒部門

本釀造 南部美人
南部美人（岩手）

氣泡酒部門

氣泡酒 匠（JOHN）
土佐酒造（高知）

純米大吟釀酒部門

天之戶純米大吟釀
35 淺舞酒造（秋田）

大吟釀酒部門
陸奧八仙 大吟釀
八戶酒造（青森）

普通酒
蓬萊 天才杜氏之人魂酒
渡邊酒造店（岐阜）

2015年 依國別統計之清酒出口金額

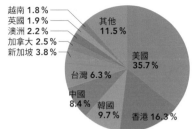

越南 1.8 %
英國 1.9 %
澳洲 2.2 %
加拿大 2.5 %
新加坡 3.8 %
台灣 6.3 %
中國 8.4 %
韓國 9.7 %
香港 16.3 %
美國 35.7 %
其他 11.5 %

總計金額為14,01100萬日幣

資料來源：日本國稅廳「酒類出口統計」

何謂潔食認證酒？

　　所謂的「潔食認證（KOSHER）」，意指在猶太教嚴謹的戒律下，獲得「可食食品或製品」之資格。唯有從原料至製造程序皆通過嚴格審查者才能取得。岩手縣的「南部美人」在2013年接受了這項認證。南部美人的久慈社長所追求的目標，是希望將來「世界上的每個人都能用日本酒來乾杯」。不僅猶太教徒，連世界各地注重健康的人都將通過潔食認證的日本酒視為可信度高的證明，並以此為依據來進行選購。

南部美人第5代的久慈浩介社長。右圖為潔食認證書。

8 獎項

在2016年得獎酒的發表會上，是以Miss SAKE（宣揚日本酒的女性大使）田中沙百合小姐的乾杯作為開場。

「用葡萄酒杯品飲真美味」
全新飲酒風格之提案

　　「最適合用葡萄酒杯品飲的日本酒大獎」是自2011年開辦的競賽，目的是要超越年齡與國界，擄獲新的日本酒愛好者。不用豬口杯，而是用葡萄酒杯來享用日本酒，這在國外是很普遍的飲用方式。將豬口杯換成葡萄酒杯，即可發現日本酒在香氣或色澤等方面的全新魅力。「最適合用葡萄酒杯品飲的日本酒大獎」不單只是講求優劣高下之分的競賽，而是要將日本酒的全新享用方式，推薦給家中沒有豬口杯的年輕人，或是想搭配和食以外的料理來飲用的人。

以矇瓶試飲的方式進行審查。

也可看到國外日本酒愛好者的身影。

2016年最高金賞得獎酒

「兩關 純米」兩關酒造（秋田）➡p.69

「純米大吟釀 夢之香」末廣酒造（福島）➡p.96

「蒼天傳 大吟釀」男山本店（宮城）➡p.55

「桃川 大吟釀純米」桃川（青森）➡p.38

TOPICS 9 氣泡酒

從乾杯到餐中酒
身兼各種任務的氣泡酒相繼登場

　　酒精度數低且容易飲用的氣泡日本酒，以女性為中心逐漸匯集了人氣。近幾年來，著手開發氣泡日本酒的酒藏逐漸增加，發泡狀態與風味各異的酒款陸續登場。在p.17的「國際葡萄酒競賽」以及p.18的「最適合用葡萄酒杯品飲的日本酒大獎」的部門中皆占有一席之位，由此可見，氣泡日本酒如今正逐漸定型為日本酒的一種新流派。倘若對氣泡酒抱有「很甜」、「適合入門者」的偏見，實在是太可惜了。高品質的氣泡日本酒與香檳、葡萄酒或啤酒相比都毫不遜色，享用的方式有無限種可能。

東日本 代表性的氣泡日本酒

「鈴音」一之藏（宮城）➡p.52
採用香檳製法的發泡性清酒，會在瓶內進行二次發酵。由天然碳酸氣氣體所產生的氣泡十分溫和，令人感受到其格調。

「MIZUBASHO PURE」永井酒造（群馬）➡p.124

「人氣一 瓶內發酵氣泡純米吟釀」人氣酒造（福島）➡p.88

「噗滋噗滋（ぷちぷち）」末廣酒造（福島）➡p.96

19

10 全量純米酒的酒藏

下定決心釀製全量純米酒的酒藏也與日俱增

根據「平成26年度清酒製造狀況」（日本國稅廳）的資料顯示，純米酒（包括純米大吟釀、純米吟釀酒）占清酒整體的比例已達22%。此數值於平成23（2011）年度為16.7%，平成25（2013）年度則為19.1%，由此可斷言純米酒有逐年增加的傾向。然而，其實最一開始100%都是純米酒。自大正時期開發出在酒精中添加調味料的合成清酒之後，惡名昭彰的三增釀造在貧困的戰後登場。在那種重量不重質的時代，純米酒遂消失無蹤。在這樣的環境下，神龜酒造的小川原良征先生於昭和42（1967）年決定要釀製純米酒，為當時的釀酒業帶來了新氣象。2年後完成了純米活性濁酒，在業界全面轉為量產體制的當下，他在昭和62（1987）年發出全量純米酒的宣言。現在小川原良征先生仍是「追求全量純米酒藏協會」的核心角色，彼此互相學習純米酒的釀造技術，投注心力逐步提高整體業界的品質。

「追求全量純米酒藏協會」目前的會員酒藏有21家。代表為埼玉縣神龜酒造第7代的小川原良征先生。「希望能和大家一起與日俱進。」

神龜酒造的「曾孫」，在出貨前靜置熟成了3年，加熱成爛酒之後會有各種鮮味在口中擴散開來。

11 走訪一趟樂趣無窮的酒藏

看過製造者的臉孔後
風味也會變得更深邃

只要避開釀酒的繁忙時期，有些酒藏也會積極地接納參觀者。當然也有些酒藏不開放參觀，最好事先在網站上確認後再前往拜訪。有些地方在參觀後還可以試飲。

福島縣的末廣酒造（➡p.96），獲選為「走訪一趟樂趣無窮的日本酒酒藏」第一名（《日經Plus 1》）。

建立於嘉永3（1850）年、歷史悠久的酒藏，十分值得一覽。如果時間配合得上，據說可近距離觀看到釀製的過程（僅限團體，需預約）。

納豆菌的繁殖力極強，因此在參觀酒藏的前一天最好避免食用。

12 女性杜氏

女性杜氏的活躍
令人眼睛一亮

　　過去禁止女性進入釀酒現場。據說理由是因為「酒神是女性，會招來忌妒」，不過實際上是因為釀造期間必須在現場過夜以便進行作業。因為這樣的理由，有很長一段期間女性不得踏入釀酒的現場，然而到了現代，女性的活躍卻逐漸引人注目。在品飲者方面，喜歡日本酒的女性不斷地增加，同時也開始關注女性杜氏或藏元所釀造出的酒款。

信州上田的地酒「信州龜齡」(➡p.163)。使用信州的酒米、名水與藏內酵母，以手工釀製而成。在距離上田車站相當近的直營店裡還提供試飲。

長野縣上田市 岡崎酒造杜氏岡崎美都里女士

　　岡崎美都里女士雖是三姊妹中的老么，但自幼便決定要繼承酒藏，她從東京農大畢業後進入銷售酒品的公司工作了3年，隨後便回到岡崎酒造。然而，她從未想過自己會成為杜氏。「我在進行杜氏修業的期間結了婚，正式成為杜氏的那年生了第2個孩子，數年來為了兼顧酒藏與育兒工作，熱衷到忘我的境界。」美都里女士如此說道。如今她在養育3個孩子的同時，與2011年也加入酒藏行列的丈夫攜手努力，全家人一起進行釀酒。「在精心釀製每支酒的同時，我們也會不斷精進，以期在絕佳狀態下交棒給下一代。」

長野縣長野市 酒千藏野杜氏千野麻里子女士

　　千野麻里子女士誕生於長野縣最古老的酒藏，據說武田信玄在中島的戰役中曾喝過這裡的酒。她在東京農大學習釀造與微生物學，並於國家研究所研修後才返回長野。因為家裡代代都由女性當家，因此她對於繼承酒藏一事並不排斥。千野麻里子女士遵循為期10年的規定展開了杜氏的修行，到了第8年時，因前任杜氏突然患病而倉促繼任杜氏一職。其後她便展現出超群的品味，並獲得日本全國鑑評會的金賞等無數獎項。歷史悠久的「桂正宗」與「川中島」，還有千野女士全新打造的「幻舞」，她在謹守傳統風味的同時也順應時代孕育出嶄新風味，在兩大難題中感受箇中樂趣。

水果風味十足的「幻舞」(➡p.169)，即使是平常不太喝日本酒的人也可以輕易嘗試，廣受女性與年輕族群的青睞。

酒米角色圖鑑

希望事先了解！

日本酒基礎知識

適合釀造日本酒的酒造好適米，特色在於顆粒比一般米粒大，有心白。在日本全國各地均有栽培各式各樣的種類。在此試著配合主要酒米的特色予以擬人化。對於業餘愛好者而言，根據酒米的差異來品酒是一件困難至極的事。

山田錦

酒造好適米中的菁英

米粒形狀適合高度精磨，為酒米的資優生。味道扎實，屬於品格與骨骼都粗曠的類型。綿長的餘韻會自中段一口氣蔓延開來。
主要產地：兵庫縣、福岡縣、岡山縣 等

五百萬石

淡麗而纖細的美女？

滑順溫和且柔軟細緻，若要歸類的話是偏向女性的類型。釀成的酒清新而淡麗，水潤且細膩。
主要產地：新潟縣、福井縣、富山縣 等

美山錦

銳利而輕快

口感銳利且尾韻俐落。味道不僅纖細，在寒冷地區也很容易栽培。
主要產地：長野縣、秋田縣、山形縣 等

雄町

味道豐富的個性派

可以釀造出最扎實、濃厚且具深度的風味。帶有濃郁感且酒體豐盈。
主要產地：岡山縣、香川縣、廣島縣 等

龜之尾

古傳的復活米代表

為過去的品種，傳統與風格兼備。風味的特色各異，是包覆著神祕面紗的品種。也有難以處理、頑固的一面。
主要產地：新潟縣、山形縣 等

日本酒的種類

符合《酒類業工會法》特定名稱規定之要件的日本酒，稱為「特定名稱酒」，依據原料與精米比例等分為下列8種類型。

「普通酒」是指未符合特定名稱酒規定的酒款之總稱。

特定名稱	使用原料	精米比例	風味與香氣之特色
純米酒	米、米麴	無規定	香氣沉穩，米的風味扎實
特別純米酒	米、米麴	60%以下	香氣沉穩，米的風味扎實
純米吟釀酒	米、米麴	60%以下	香氣更為沉穩，風味清澈
純米大吟釀酒	米、米麴	50%以下	帶有果香、風味清澈
吟釀酒	米、米麴、釀造酒精	60%以下	華麗的香氣馥郁而飽滿
大吟釀酒	米、米麴、釀造酒精	50%以下	華麗的香氣馥郁而飽滿
本釀造酒	米、米麴、釀造酒精	70%以下	華麗的香氣馥郁而飽滿
特別本釀造酒	米、米麴、釀造酒精	60%以下	華麗的香氣端正而緊實

何謂釀造酒精？

釀造酒精是使用澱粉質或含糖物質等製成的酒精，只要適量添入醪中，香氣就會變得豐富華麗，轉變為馥郁而飽滿的風味。此外，釀造酒精亦有穩定品質的效果。吟釀酒或本釀造酒的釀造酒精用量，限制為白米重量的10%以下。

釀造酒精

100%

純米酒　本釀造酒

何謂精米比例？

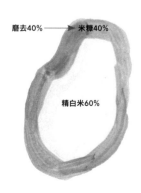

磨去40% → 米糠40%

精白米60%

將精米前的米粒設定為100%，用以表示精米後米粒本體所占的比例。當精米比例為60%時，即意味著已磨除40%的糙米表層。表層部分含有蛋白質與脂肪等，若殘留太多會產生雜味，因此使用磨除這些成分的白米作為清酒的原料。一般家庭所食用的米，精米比例為92%左右。

何謂吟釀釀造？

「反覆吟味來進行釀造」，換句話說，就是在釀造方式上下足工夫之意，為了釀製出特有的吟釀香，讓精磨得更徹底的白米在低溫下慢慢發酵來釀造。

日本酒的釀造過程

日本酒是以一種稱為「並行複發酵」的複雜方式製成的釀造酒。酒標上標示的酒質名稱與中間工程的差異有關，若能事先記住，在選購時將會有所幫助。

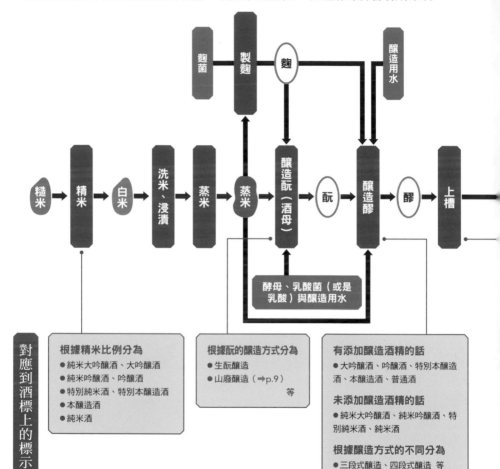

糙米 → 精米 → 白米 → 洗米、浸漬 → 蒸米 → 蒸米 → 釀造酛（酒母）→ 酛 → 釀造醪 → 醪 → 上槽

麴菌 → 製麴 → 麴

釀造用水

酵母、乳酸菌（或是乳酸）與釀造用水

對應到酒標上的標示

根據精米比例分為
- 純米大吟釀酒、大吟釀酒
- 純米吟釀酒、吟釀酒
- 特別純米酒、特別本釀造酒
- 本釀造酒
- 純米酒

根據酛的釀造方式分為
- 生酛釀造
- 山廢釀造（➡p.9）
等

有添加釀造酒精的話
- 大吟釀酒、吟釀酒、特別本釀造酒、本釀造酒、普通酒

未添加釀造酒精的話
- 純米大吟釀酒、純米吟釀酒、特別純米酒、純米酒

根據釀造方式的不同分為
- 三段式釀造、四段式釀造 等

製麴的工程

取出一部分的蒸米，讓麴菌繁殖的作業。進行製麴作業的空間稱為「麴室」。麴室內必須經常保持在高溫狀態。直到麴完成為止大約需花48小時。

上槽

壓搾並過濾醪，將清酒與酒粕分離的作業。最近很多地方會利用如照片所示的「藪田式（ヤブタ式）」自動壓搾機來搾取。若是採用「懸掛酒袋來收集自然滴下的酒液」，以此手法搾取製成的商品則稱為「雫酒」或「袋吊」。

鮮搾的原酒。

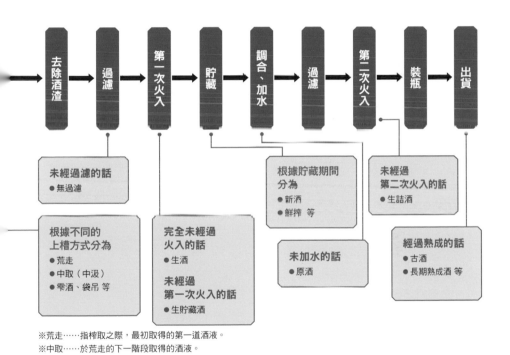

去除酒渣 → 過濾 → 第一次火入 → 貯藏 → 調合、加水 → 過濾 → 第二次火入 → 裝瓶 → 出貨

未經過濾的話
● 無過濾

根據不同的上槽方式分為
● 荒走
● 中取（中汲）
● 雫酒、袋吊 等

完全未經過火入的話
● 生酒

未經過第一次火入的話
● 生貯藏酒

根據貯藏期間分為
● 新酒
● 鮮搾 等

未加水的話
● 原酒

未經過第二次火入的話
● 生詰酒

經過熟成的話
● 古酒
● 長期熟成酒 等

※荒走……指搾取之際，最初取得的第一道酒液。
※中取……於荒走的下一階段取得的酒液。

釀造醪

先將酒母、麴與水倒入釀酒槽中，再將蒸米投入其中。攪拌均勻後靜置一天，等待酵母繁殖。通常分為初添→中添→留添這3個階段進行釀製。

留添後，經過2週至1個月的時間，即開始進入正式的發酵。當泡沫不斷冒出，即可判斷止在進行發酵。

日本酒的風味

即便告知是「甘口」或「辛口」等，味覺的感受方式也各有不同，所以並不容易理解。因此，不妨參考以下的4種類型，作為尋找個人偏好的日本酒時的一種提示。

香氣高

香氣馥郁的類型

以充滿水果風味的香氣為特色，有各式各樣的風味，從味道輕快到味道濃醇的酒都有。建議與白葡萄酒差不多的溫度。

- ●大吟釀
- ●吟釀

適合搭配的料理
新鮮魚貝類薄片等味道簡單的料理。以檸檬或柚子等調味過的料理也OK。

希望能用葡萄酒杯等享受其香氣。

熟成的類型

被稱為古酒、長期熟成酒等類型。帶有猶如香料或果乾般的複雜熟成香，分量感十足的鮮味與甜味或酸味緊密結合，形成強勁的味道。可用各種不同的溫度來飲用。

- ●長期熟成古酒

適合搭配的料理
味道不輸給肉類等較油膩的料理。與乳酪或鯽魚壽司等經過熟成的料理十分對味。

希望能用透明玻璃杯享受其美麗的色調。

味道清淡 ←———————————→ **味道濃郁**

輕快滑順的類型

香氣內斂，喝起來口感清涼。與任何料理都百搭。冰鎮或是加熱成燗酒都樂趣十足。

- ●生酒
- ●本釀造

適合搭配的料理
可佐白肉魚、懷石料理等發揮素材原有的料理。搭配水果塔等也很對味。

建議使用杯面裝飾帶有涼爽感的酒器。

風味濃郁的類型

風味濃郁，可以感受到米粒原有的馥郁香氣與豐富的鮮味。建議以溫燗方式飲用。

- ●純米酒
- ●生酛系

適合搭配的料理
可輕鬆搭配乳製品、發酵食品等濃厚的料理。請享受各式各樣的組合，像是搭配關東煮、馬鈴薯燉肉、西餐、中華料理等。

希望能用當地的陶瓷器細細品味。

香氣低

Part 2

東日本的
日本酒圖鑑

在此介紹從北海道至北陸，
含括日本20個都道府縣的酒藏
以及推薦的品牌。
不妨享受從幾百支酒款中
尋覓命運的那一杯的樂趣！

因產地不同而產生的日本酒特性

現今的日本，各個地區均釀出味道繽紛的日本酒，迎來了百家爭鳴的時代。
以下是按照風味特色標示的地圖，請以此作為參考，
嘗試品飲並比較不同地區的酒款，或許也別有一番樂趣。

按日本都道府縣區分，每位成人的清酒消費量排行榜

	都道府縣	清酒消費量 (L)		都道府縣	清酒消費量 (L)
1	新潟	12.4	37	福岡	4.6
2	秋田	9.3	37	大阪	4.6
3	山形	8.0	39	長崎	4.5
3	福島	8.0	39	千葉	4.5
3	富山	8.0	41	埼玉	4.4
6	長野	7.9	41	大分	4.4
6	石川	7.9	42	神奈川	4.1
8	島根	7.5	43	愛知	4.0
9	福井	7.4	44	熊本	2.9
10	鳥取	7.3	45	宮崎	2.3
			46	鹿兒島	1.3

（參照2014年度日本國稅廳「酒のしおり」）
※無沖繩的資料

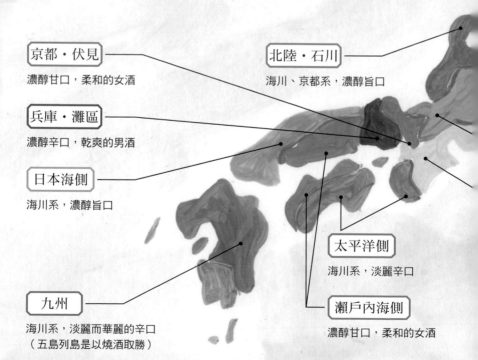

北陸・新潟
海川系，淡麗辛口

信州・飛驒・近江
山川系，濃醇旨口與甘口系

京都・伏見
濃醇甘口，柔和的女酒

北陸・石川
海川、京都系，濃醇旨口

兵庫・灘區
濃醇辛口，乾爽的男酒

日本海側
海川系，濃醇旨口

太平洋側
海川系，淡麗辛口

九州
海川系，淡麗而華麗的辛口
（五島列島是以燒酒取勝）

瀨戶內海側
濃醇甘口，柔和的女酒

北海道

冷涼，淡雅舒暢的超輕快系

北東北

冷涼，又甜又濃，酒體厚重的濃醇旨口系

南東北

冷涼，介於淡麗與濃醇之間

關東

江戶前海川系，濃醇旨口

北陸・富山

海川系，介於淡麗辛口與
濃醇旨口之間

北陸・福井

海川系，介於淡麗辛口與濃醇旨口之間

東海・大阪・奈良

海川系，介於淡麗與略偏濃醇旨口之間

（沖繩縣是以泡盛酒取勝）

【參考《日本名酒大全》（友田晶子著）】

北海道的酒

以北海道產酒造米的誕生為契機
而備受矚目

一年到頭氣候都很寒冷的北海道，酒的熟成進
度緩慢，因此完成的風味輕盈而淡雅。北海道
是米的產地，產量位居日本第一，昔日是以食
用米釀酒為主流。近年來，活用「吟風」、
「初雫」、「彗星」等酒米，或是「濱梨花酵
母（ハマナス花酵母）」等北海道特有的原料
釀成的酒日益增加。

代表北海道的旭川男山酒造，在酒藏腹地內附
設了「男山酒造資料館」，不但免費參觀，還
可以試飲，成為知名的觀光景點。全日本有幾
款名為「男山」的酒，此酒的命名據說
是源自寬文年間，也就是距今約300年
前，木棉屋山本三右衛門擷取了「男
山八幡宮」之名，在伊丹展開釀酒
事業。自江戶時代留下的紀錄也顯
示，歷史上的著名人物也曾飲用
此酒，據傳赤穗浪士的忠臣藏
於襲擊前也是以此酒對飲。

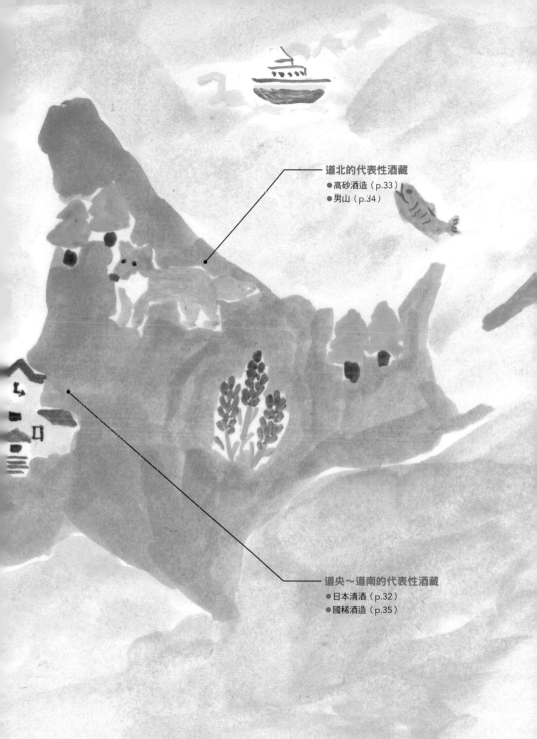

道北的代表性酒藏
- 高砂酒造（p.33）
- 男山（p.34）

道央～道南的代表性酒藏
- 日本清酒（p.32）
- 國稀酒造（p.35）

北海道

千歲鶴 純米大吟醸

純米大吟醸酒

北海道 日本清酒

札幌市中央區

DATA

原料米 北海道產米	日本酒度 +4
精米比例 40%	酒精度數 15～16度
使用酵母 不公開	日本酒的類型 薰酒

風味扎實的淡麗辛口

前身是建立於明治5（1872）年的柴田酒造店，堅持使用當地產的米與水，是札幌唯一一家酒藏。這款代表品牌「千歲鶴」，純米豐富飽滿的滋味與澄澈剔透的吟釀香完美地交融。在日本全國新酒鑑評會上連續14年獲得金賞。

///// 這款也強力推薦！ /////

雪原之舞 大吟醸

大吟醸酒

原料米 北海道產米／精米比例 40%／使用酵母 不公開／日本酒度 +5／酒精度數 15～16度

風味輕快有深度的旨口型大吟醸

使用當地產的酒米「吟風」，以酒藏傳統技術釀成的大吟醸。帶有清爽的香氣，以及滑順飽滿的輕快滋味。

北海道

寶川 鮮搾生原酒（しぼりたて生原酒）

純米酒

北海道 田中酒造

小樽市

DATA

原料米 彗星	日本酒度 +1～3
精米比例 60%	酒精度數 17度
使用酵母 協會901號	日本酒的類型 醇酒

果香風味十足的道地辛口生原酒

這家酒藏建立於明治32（1899）年。擁有一整年皆可釀酒的釀造廠，嚴謹地釀製微量的酒。這款純米生原酒未進行加熱處理，僅經過過濾，將當地產的米與水的優點發揮到極致，滋味清新且充滿果香。建議冰鎮後飲用。

///// 這款也強力推薦！ /////

大吟醸酒 寶川

大吟醸酒

原料米 彗星／精米比例 50%／使用酵母 協會1901號／日本酒度 +5～6／酒精度數 15度

酒藏自傲的辛口酒果實風味四溢

華麗的吟醸香，再加上甜味與俐落尾韻達到絕佳平衡的芳醇辛口酒，在酒類競賽的大吟醸酒部門中榮獲第一名而大放異彩。

北海道

二世古 純米酒

純米酒

北海道 二世古酒造

虻田郡俱知安町

DATA

原料米 北海道產米	日本酒度 +3
精米比例 60%	酒精度數 15.5度
使用酵母 不公開	日本酒的類型 爽酒

滋味舒暢的餐中酒

建立於大正5（1916）年的酒藏，對於水、空氣、環境以及「不加水調整的原酒」相當講究。這款純米酒是使用當地產的米與二世谷連峰的雪融清水釀成，因為未加水，可以確實感受到米的鮮味。滋味舒暢而澄澈，也非常適合當作餐中酒。

///// 這款也強力推薦！ /////

二世古 原酒

大吟醸酒

原料米 北海道產米／精米比例 75%／使用酵母 不公開／日本酒度 ±0／酒精度數 20度

酒體厚重未加水的原酒

這款原酒是在因為大雪而呈雪洞狀態的酒藏中進行低溫發酵，完全未加水釀製而成，滋味厚實且充滿鮮味。

北海道

純米大吟釀酒 國士無雙 北海道限定

純米大吟釀酒

DATA			
原料米	彗星	日本酒度	+5
精米比例	45%	酒精度數	15～16度
使用酵母	協會18號	日本酒的類型	爽酒

果香味十足
喝起來口感沉穩

這家酒藏建立於明治32（1899）年，自前身「小檜山酒造店」的時代起，橫跨了一世紀，持續在嚴冬之地從事旭川特有的釀酒業。

代表這家酒藏的純米人吟釀酒「國士無雙」，誕生於昭和50（1975）年，一舉在全日本各地打響名號。

100％使用北海道的酒造好適米「彗星」，搾取經過長期低溫發酵的醪來釀製。帶有宛如洋梨般的香氣與俐落的尾韻，是一款滋味平衡的酒。建議以冷酒或冷飲方式來享用。

這款也強力推薦！

大吟釀酒 雪冰室 一夜雫

大吟釀酒

原料米 山田錦／精米比例 35%／使用酵母 協會16號／日本酒度 +5／酒精度數 15～16度

在雪屋中搾取酒液釀成的
大吟釀酒

在冰室中聚集自然滴落的雫酒。這款「一夜雫」是將醪裝入酒袋中吊掛起來，並在稱為「冰室」的雪屋之中，花費長時間收集滴落的澄清酒液。可說是相當奢侈的酒。建議以冷酒或冷飲方式來品飲。

北之錦 特別純米 丸田（まる田）

特別純米酒

DATA			
原料米	吟風	日本酒度	+5
精米比例	50%	酒精度數	16度
使用酵母	協會9號	日本酒的類型	爽酒

發揮米的鮮味、風味扎實的特別純米

明治11（1878）年創業時建造的酒藏，被指定為日本國家登錄有形文化財。一律不使用添加物，以靜置數年熟成的古酒製法為主流。這款「丸田」是使用當地產的酒造好適米「吟風」，微微的苦味為強勁的鮮味增添了層次。冷飲或爛酒皆宜。

這款也強力推薦！

北之錦 純米

純米酒

原料米 北雫（きたしずく）／精米比例 65%／使用酵母 協會7號／日本酒度 ±0／酒精度數 15度／日本酒的類型 爽酒

滋味舒暢而輕快的
純米酒

這款純米酒在強勁的鮮味與俐落的尾韻上下足了苦心。喝起來的口感緊實，冰鎮後再飲用，滋味會更加深厚。

本釀造 上選 金冠金滴

本醸造酒

DATA			
原料米	北海道產米	日本酒度	+2.5
精米比例	70%	酒精度數	15～16度
使用酵母	協會9號		

充滿甜味且尾韻俐落的酒

這家酒藏建立於明治39（1906）年，使用北海道知名米產地新十津川的米、清冽的釀造用水及人力，極力追求更接近「道地的地酒」。這款酒藏自豪的傑作「金冠金滴」，兼具豐盈的鮮味與濃郁的層次，感受得到微甜滋味，尾韻俐落而暢快。

//// 這款也強力推薦！ ////

特別純米酒 新十津川

特別純米酒

原料米 北海道產米／精米比例 55%／使用酵母 協會14號・協會10號／日本酒度 +3／酒精度數 15～16度

新十津川引以為傲
既芳醇又圓潤的酒款

這款純米酒充分提引出米原有的鮮味，風味圓潤且口感扎實。釀造所使用的是當地的酒造好適米「吟風」。

男山 生酛純米

特別純米酒

DATA			
原料米	吟銀河（吟ぎんが）	日本酒度	+4
精米比例	60%	酒精度數	15度
使用酵母	不公開	日本酒的類型	醇酒

江戶時代的文獻中也留有
紀錄的傳統之味

男山起源於寬文年間（1661～1672），距今約340年前便在兵庫縣的伊丹展開釀造事業。「男山」為享譽盛名的名酒，在江戶時代的貴重文獻中也有留名。進入明治時期後，男山因停業而將男山的品牌售出。在多家男山中，旭川男山被視為合法繼承者。旭川男山的前身是山崎酒造，建立於明治32（1899）年，並於昭和43（1968）年改名為男山。

這款「男山 生酛純米」的特色在於芳醇的辛口風味。冰鎮飲用也很美味，但加熱後更添鮮味。

//// 這款也強力推薦！ ////

男山 御免酒

特別純米酒

原料米 美山錦／精米比例 60%／使用酵母 不公開／日本酒度 +5／酒精度數 12度

確實冰鎮後飲用
更添鮮味

所謂的「御免酒」是指江戶時代的官用酒。這款酒的品牌名稱使用是在元祿10（1697）年獲得認可。屬於酒體柔軟的辛口酒，冰鎮後飲用相當清爽。酸味宜人，搭配肉類料理等現代的飲食也很適合。

北海道 國稀酒造

特別純米酒 國稀

特別純米酒

DATA			
原料米	五百萬石	日本酒度	+5
精米比例	55%	酒精度數	15〜16度
使用酵母	協會901號		

以傳統手法釀製的辛口純米酒

建立於明治15（1882）年，日本最北的酒藏。增毛町的天然資源豐富，擁有優質的釀造水，酒藏集結傳統南部杜氏與藏人之力在此用心釀酒。這款「國稀」雖是純米酒，卻屬舒暢的辛口風味。除了冷飲，亦可以冷酒方式或加熱成人肌燗飲用。

增毛郡增毛町

///// 這款也強力推薦！ /////

純米 吟風國稀

純米酒

原料米 吟風／精米比例 65%／使用酵母 協會701號／日本酒度 +4／酒精度數 15度／日本酒的類型 爽酒

喝起來口感清爽
使用在地米的純米酒

具有濃郁層次，適度的酸味讓味道更加扎實，口感十分清爽。可巧妙襯托料理。冷飲雖佳，冷酒或加熱成人肌燗也很不錯。

北海道 合同酒精 旭川工場

大吟釀 大雪乃藏 鳳雪

大吟釀扁

DATA			
原料米	彗星	日本酒度	11
精米比例	40%	酒精度數	16〜17度
使用酵母	不公開	日本酒的類型	薰酒

仰賴最新技術的華麗地酒

以米，水與寒冷氣候得天獨厚的旭川為據點，藉由積極導入最新技術而得以穩定供應高品質的酒。這款大吟釀「鳳雪」是堅持使用當地產的酒造好適米「彗星」釀製而成。特色在於令人聯想到果實的華麗香氣與俐落的尾韻。

旭川市

///// 這款也強力推薦！ /////

純米吟釀 大雪乃藏 絹雪

純米吟釀酒

原料米 吟風／精米比例 50%／使用酵母 不公開／日本酒度 +2／酒精度數 16〜17度

酒藏自傲的辛口酒
果實風味四溢

華麗的吟釀香，再加上甜味與俐落尾韻達到絕佳平衡的芳醇辛口酒，特色在於猶如絲綢般輕透的滑順口感。

北海道各式各樣的日本酒

在此介紹北海道的古酒與濁酒。

古酒

日本清酒
千歲鶴 秘藏古酒

這是一款以濃稠滋味與強勁香氣為特色的古酒。因為經過時間慢慢熟成，完成的酒液呈現美麗的琥珀色。

濁酒

國稀酒造
北海濁酒（北海にごり酒）

這是一款辛口濁酒。特色在於濁酒特有的香氣與舒暢的滋味。

東北的酒

讓東北地方一舉成為酒鄉的「美酒王國」

秋田是山內杜氏的發祥地。寒冷的積雪期漫長，氣候風土適合釀酒，酒的消費量也很高。大正時代，京都以東的地區首度在「全日本清酒品評會」上獲得優秀獎，因此被視為銘釀地而聲名大噪。該縣也盛行開發獨創的酵母，於平成2（1990）年誕生的「秋田流花酵母」，力壓來自全日本無數品評會的得獎酒，引領吟釀酒的風潮。

代表性酒藏
- 新政酒造（p.57）
- 秋田釀造（p.60）
- 福祿壽酒造（p.61）
- 齋彌酒造店（p.62）
- 淺舞酒造（p.68）
- 山本（p.70）

山形縣

透過酵母的開發使「吟釀產地」不斷成長

縣內有54家酒藏，鳥海、朝日、月山等，依不同水系釀造出個性豐富的日本酒。該縣的吟釀酒出貨比例高，還有「吟釀王國山形」的稱號。近年來，多家酒造共同開發原創的純米吟釀酒，以縣產的酒米「出羽燦燦」為原料，連酵母、麴菌都堅持使用山形產的商品，以此方式致力於提升「山形酒」的品牌力。

代表性酒藏
- 出羽櫻酒造（p.72）
- 東北銘釀（p.76）
- 酒田酒造（p.78）
- 小嶋總本店（p.82）

福島縣

以擁有東北第一多酒藏為傲的酒產地

福島縣分為濱通、中通與會津三個地區；位居寒冷地方的會津款為濃醇甘口型，愈接近溫暖的濱通則愈趨淡麗辛口風味。酒藏數為東北第一，大約將近80家，生酛釀造、山廢釀造、有機栽培米等，各家酒藏的堅持各異，種類變化豐富。不但有獨家的酵母「美島夢酵母（うつくしま夢酵母）」，還開發出酒米「夢之香」，同時也陸續誕生新的純米酒。

代表性酒藏
- 大七酒造（p.88）
- 鶴乃江酒造（p.97）
- 花泉酒造（p.100）
- 廣木酒造本店（p.101）

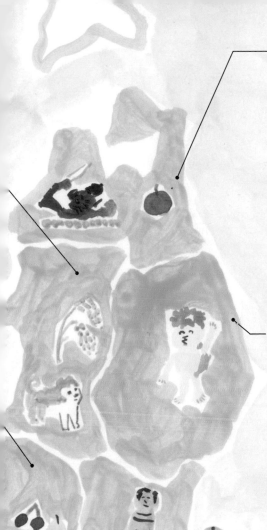

青森縣

「豐盃」、「華吹雪」等縣產米也擴展到其他縣市

世界遺產白神山地，象徵著這片天然資源豐饒的土地。青森縣搶先一步投入開發適合寒冷地區的酒米，將「豐盃」、「華吹雪」、「華想」等酒米也擴展到其他縣市。此外，隨著該縣獨家研發的「真秀場華酵母（まほろば華酵母）」之誕生，也為吟醸製酒帶來了一股新風氣。

代表性酒藏
- 西田酒造店（p.38）　　● 三浦酒造（p.41）
- 八戶酒造（p.42）

岩手縣

在三大杜氏之一「南部杜氏」旗下

此縣為東北酒藏數最少的地區，在北上川流域約有20家酒藏。醸酒業的特色是具有南部杜氏發祥地的地域性及傳統高品質的醸酒程序。風味洗鍊且喝起來口感澄淨的酒款眾多。縣產酒米「吟銀河」、「吟乙女（ぎんおとめ）」也廣受好評。

代表性酒藏
- 朝開（p.43）　　● 赤武酒造（p.44）
- 廣田酒造店（p.45）　　● 南部美人（p.49）

宮城縣

盛行醸造淡麗辛口的純米酒

自從伊達政宗開啟御用酒造的制度後，醸造技術得以順利發展。該縣發出「純米酒之縣」的宣言，並以純米酒製造率全日本第一自豪。過去以使用普通米為主流，但在縣產酒米「藏之華」登場後，使用酒米醸造也日益盛行。

代表性酒藏
- 佐浦（p.51）
- 一之藏（p.52）
- 新澤醸造店（p.52）

田酒 純米大吟釀 古城錦 35生

青森

西田酒造店

青森市

純米大吟釀酒

DATA
原料米	古城錦
精米比例	35%
使用酵母	不公開
日本酒度	±0
酒精度數	16.5度

以夢幻之米「古城錦」釀製的酒

這家酒藏回歸製酒的原點，致力於完全手工作業的純米酒釀造。在廢止人工添加物的「田酒」系列中，正是這款酒使用了當地產的「古城錦」，使夢幻之米再度復活。可盡情品味澄淨高雅的味道、香氣以及酒的鮮味。

 這款也強力推薦！

田酒 純米吟釀 百四拾

純米吟釀酒

原料米 華想／精米比例 50%／使用酵母 不公開／日本酒度 ±0／酒精度數 16.5度

使用「華想」，青森最自豪的地酒

使用新開發的青森酒造好適米「華想」釀製。可以充分享受到米的扎實鮮味，以及充滿果實風味的吟釀香。

純米吟釀 寒立馬

青森

關乃井酒造

陸奧市

純米吟釀酒

DATA
原料米	驀地（まっしぐら）
精米比例	60%
使用酵母	協會701號
日本酒度	+5
酒精度數	16.8度

飄散著果香的清爽酒款

建立於明治24（1891）年，日本本州最北的酒藏。這款僅在當地上市的酒深受喜愛，是陸奧市的隱藏版名酒。這款純米吟釀酒是使用優質的井水作為釀造用水，並以強壯的放牧馬為意象釀成，既清爽又充滿果實風味。

這款也強力推薦！

無印 關乃井

原料米 驀地／精米比例 70%／使用酵母 協會701號／日本酒度 +3～4／酒精度數 15.8度

在當地持續受到喜愛的經典清酒

據說在青森的下北地區只要點酒，幾乎都會送上這支相當受到喜愛的經典酒。從冷飲至熱燗，享用方式十分多樣。

桃川 大吟釀純米

青森

桃川

上北郡
奧入瀨町

純米大吟釀酒

DATA
原料米	華想	日本酒度 +2
精米比例	40%	酒精度數 15～16度
使用酵母	真秀場吟酵母（まほろば吟酵母）	

圓潤且充滿果實風味的名酒

這家酒藏建立於明治22（1889）年，但製造清酒的起源可回溯至江戶後期。這款是上好的大吟釀純米酒，使用青森縣的酒造好適米「華想」，由多位藏人傾注全副心力釀製而成。特色在於圓潤而深邃的滋味、豐富的果香，以及入喉的俐落口感。

 這款也強力推薦！

睡魔（ねぶた）淡麗純米酒

純米酒

原料米 驀地／精米比例 65%／使用酵母 協會901號·青森縣酵母／日本酒度 +5／酒精度數 14～15度

滋味新鮮水潤的辛口純米酒

這支酒是冠上青森盛大夏日祭典「睡魔祭」的純米酒。帶有軟水系的圓潤口感與淡麗風味。冷飲或熱燗皆宜。

駒泉 霞濁酒（かすみにごり酒）雪中八甲田

本醸造酒

DATA			
原料米	蒙地・華吹雪	日本酒度	+5
		酒精度數	15.3度
精米比例	65%	日本酒的類型	爽酒
使用酵母	自社酵母		

口感柔軟的
薄濁酒

這家酒藏建立於安永6（1777）年。水流平穩的八甲田山系高瀨川的伏流水是清澈的軟水，盛田庄兵衛運用其作為釀造用水，進行結合了傳統技法與最新技術的釀酒作業。原料米堅持全部使用南部地區的在地米。這家傳統的酒藏是由2位當地出身的年輕杜氏，共同傳承以高技術為傲的南部流作法。

這款帶有朦朧感的「薄濁酒」是以回憶起雪花飄落在八甲田上的景象釀造而成，餘韻帶有水潤感且滋味舒暢。建議冰得透心涼再飲用。

駒泉 特別純米酒 作田

特別純米酒

原料米 黎明（レイメイ）・華吹雪／精米比例 60％／使用酵母 自社酵母／日本酒度 +3／酒精度數 14.3度／日本酒的類型 爽酒

風味濃郁卻不過於厚重的
特別純米酒

當地的七戸町自古以來就是出產名馬的村落。這款冠上「駒泉」之名的純米酒，輕盈的口感與濃郁的風味和諧交融，搭配各式料理都很對味。用杯口較寬的玻璃杯來飲用，可享受到更上一層樓的香氣。

大吟釀 稻村屋文四郎

大吟釀酒

DATA			
原料米	山田錦	日本酒度	+4
精米比例	40%	酒精度數	17度
使用酵母	真秀場吟、真秀場醇（まほろば醇）		

香氣馥郁且帶有鮮味的辛口大吟釀

這家老字號酒藏建立於文化3（1806）年，以「菊乃井」而廣為人知。這款大吟釀是以第一代當家的屋號為名，並由酒藏投入漫長歲月，憑藉著津輕杜氏純熟的技術，僅使用湧現的井水釀製而成。香氣馥郁，滋味飽滿而和諧，建議冷飲。

菊乃井 純米吟釀 華彩（華さやか）

純米吟釀酒

原料米 華彩／精米比例 60%／使用酵母 真秀場吟・真秀場華／日本酒度 +4／酒精度數 17度

使用「華彩」的
頂級純米吟釀

這款純米吟釀是使用新開發的青森產酒造好適米「華彩」釀成。充滿果實風味，滋味舒暢無雜味。

青森
丸竹酒造店
弘前市

純米吟釀
白神浪漫之宴
（白神ロマンの宴）

DATA

原料米	華吹雪	日本酒度	+4
精米比例	55%	酒精度數	15度
使用酵母	青森縣酵母		

香氣馥郁且充滿酒米鮮味的酒

自貞亨4（1687）年創業以來，延續了14代的釀酒屋。這款純米吟釀是在冬季氣候嚴寒且群山環繞的絕佳釀酒環境下，充分提引出當地產米「華吹雪」的鮮美滋味。米的鮮味與富有果實風味的吟釀香完美融合，略帶辛口且後味舒暢。

這款也強力推薦！

純米吟釀
津輕眾

原料米 華吹雪／精米比例 60%／使用酵母 山形系／日本酒度 +6～-0／酒精度數 15度

滋味平衡的辛口酒

吟釀的香氣內斂，是一款喝不膩的辛口酒。使用當地產的酒造好適米「華吹雪」。無論冷飲或加熱成爛酒皆美味。

青森
六花酒造
弘前市

純米大吟釀
倔強 華想
（じょっぱり）

DATA

原料米	青森縣產華想	日本酒度	-2
精米比例	40%	酒精度數	16度
使用酵母	真秀場吟	日本酒的類型	薰酒

享譽日本國內外的純米大吟釀

這家位於弘前市的釀酒屋建立於享保4（1719）年，堅持以古傳手工方式釀酒。這款純米大吟釀使用當地產的「華想」，能夠感受到優雅的香氣與酒米的鮮味。在海外也好評如潮，於2014年與2016年的IWC上獲得金牌。建議冰鎮後飲用。

這款也強力推薦！

本釀造
津輕 倔強
（じょっぱり）

原料米 日本國產米／精米比例 70%／使用酵母 協會901號／日本酒度 +8／酒精度數 15度

冷飲爛酒皆美味的淡麗辛口酒

這款酒為極致的淡麗辛口酒，但滋味卻十分強勁，百喝不膩。可輕鬆搭配任何料理。紅色達摩不倒翁的酒標是最佳辨識記號。

青森
齋藤酒造店
弘前市

松綠六根 藍寶石

DATA

原料米	華想	日本酒度	+3
精米比例	55%	酒精度數	16度
使用酵母	不公開		

聽音樂釀成的純米吟釀

這家酒藏坐落於津輕弘前城的西邊，位在太宰治稱為「こぬもり」的小鎮一隅，嚴謹不懈地進行釀酒作業。這裡的酒是以湧水與當地產的米為原料，聽著印第安木笛的樂音釀成。這款酒使用當地產米「華想」，屬於可確實嚐到鮮味的芳醇酒款。

這款也強力推薦！

松綠六根 虎目石

原料米 華吹雪／精米比例 55%／使用酵母 不公開／日本酒度 +3／酒精度數 16度

使用「華吹雪」米的純米吟釀

這款純米吟釀是以岩木山的湧水作為釀造用水，並使用當地產米「華吹雪」釀成。鮮味豐富，適度的酸味則讓後味更扎實。

純米吟釀酒

豐盃 純米吟釀 豐盃米55

DATA		
原料米	豐盃米	日本酒度 +1～3
精米比例	55%	酒精度數 15～16度
使用酵母	自社酵母	

釀造過程小心謹慎
喝了令人平靜的純米吟釀

這家酒藏建立於昭和5（1930）年。釀造作業十分嚴謹，講究的作法讓人彷彿看見釀酒師的身影。以岩木山的伏流水作為釀造用水，米則是選用契作栽培的「豐盃米」。酒藏的宗旨是「只要喝了豐盃，內心就會感到平靜」。能受到常喝酒的人喜愛是其釀酒的目標。

這款純米吟釀的「豐盃」完全使用精磨至55%的「豐盃米」釀製而成。

米的深邃滋味與俐落的尾韻，特別能讓魚貝類的鮮味倍增。建議以冷飲方式品嚐。

這款也強力推薦！

豐盃 特別純米酒

特別純米酒

原料米 豐盃米／精米比例 麴米55%，掛米60%／使用酵母 自社酵母／日本酒度 ±0～+2／酒精度數 15～16度／日本酒的類型 爽酒

非它不可
豐盃純米的標竿

使用獨家的酒造好適米「豐盃」釀製。這是以精磨至55%的麴米與60%的掛米釀成的特別純米酒，特色在於恰到好處的香氣、深厚的滋味以及圓潤的口感，是整年人氣不墜的招牌酒款。

青森

純米酒

菊駒 純米酒

DATA		
原料米	華吹雪	日本酒度 +2
精米比例	60%	酒精度數 15～16度
使用酵母	協會10號	

帶有溫和吟釀香的圓潤純米酒

這家酒藏建立於明治43（1910）年。昭和初期將菊花與五戶町的名產馬（駒）組合起來，把品牌改名為「菊駒」。以酒藏的井水與當地產米仔細釀成的酒，帶有圓潤的濃郁感與鮮味，並散發溫和的吟釀香。從冷飲至熱燗可享受不同的飲用方式。

這款也強力推薦！

菊駒 大吟釀

大吟釀酒

原料米 山田錦／精米比例 50%／使用酵母 M310／日本酒度 +2／酒精度數 15～16度

少量生產的大吟釀
蘊含南部流的技術

這款酒帶有果實風味的含香2與輪廓鮮明的清爽滋味。口感柔和。建議以冷飲或冷酒方式品飲。

註2：酒含於口中時，自鼻息中吐出的香氣。

八鶴 濃醇超辛口純米酒 剛酒

青森
八戶酒類
八戶市

純米酒

DATA

原料米	青森縣產米	日本酒度	+10
精米比例	65%	酒精度數	15〜16度
使用酵母	協會11號		

具濃郁感與鮮味的超辛口純米酒

這家酒藏建立於天明6（1786）年。「八鶴」是使用清冽的釀造用水與在地米，抱持傳統與堅持釀製而成。其中的這款「剛酒」屬於超辛口，卻又帶有乾淨俐落的尾韻與濃郁風味。口感乾爽，用來搭配和食，尤其與海鮮類簡直是超級對味。

這款也強力推薦！

如空 華想 純米大吟釀

純米大吟釀酒

原料米 華想／精米比例 50%／使用酵母 協會1801號／日本酒度 +3／酒精度數 16〜17度

榮獲2013年IWC金賞芳醇的純米大吟釀

在五戶町的工廠「如空」裡，使用當地產的酒造好適米「華想」釀成的這款酒，帶有華麗的香氣及舒暢的滋味。

陸奧八仙 華想50 純米大吟釀

青森
八戶酒造
八戶市

純米大吟釀酒

DATA

原料米	華想	日本酒度	+1
精米比例	50%	酒精度數	16度
使用酵母	青森縣酵母		

具華麗香氣的甘口純米大吟釀

這家酒藏建立於安永4（1755）年。堅持以當地產的米、水進行釀造，在地年輕釀造者的表現十分活躍。新品牌「陸奧八仙」如今也是酒藏的招牌商品。這款純米大吟釀是以「華想」釀成，可感受到華麗的果實香與甜味，滋味舒暢。建議冷飲。

這款也強力推薦！

陸奧八仙 ISARIBI 特別純米

特別純米酒

原料米 華吹雪／精米比例 60%／使用酵母 協會901號／日本酒度 +6／酒精度數 15度

與魚貝類十分對味的辛口特別純米

酒標上配置了「漁火」的圖案，是一款跟魚貝類很對味的特別純米酒。這款辛口酒雖然帶有清透舒暢的口感，鮮味卻很扎實。

安東水軍 特別純米酒

青森
尾崎酒造
西津輕郡鰺澤町

特別純米酒

DATA

原料米	華想・墓地	日本酒度	+3.5
精米比例	60%	酒精度數	15度
使用酵母	協會901號		

擁有北方霸王封號，相當講究的酒款

這家酒藏建立於萬延元（1860）年。「安東水軍」是過去在津輕一帶建造了夢幻的中世紀都市「十三湊」的豪族所擁有的巨大船隊。冠上船隊名稱的這款純米酒，傳奇感十足，使用世界遺產「白神山地」的湧水釀造，滋味舒暢輕快而飽滿。

這款也強力推薦！

神之座 大吟

大吟釀酒

原料米 山田錦／精米比例 40%／使用酵母 青森縣酵母／日本酒度 +3／酒精度數 17度

華麗又極富深度的大吟釀

這款大吟釀是以白神山地的水為釀造用水，帶有清爽的果香並殘留微微的苦味。由日本老牌明星森繁久彌命名。建議冷飲。

青森

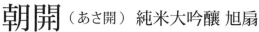

朝開（あさ開）純米大吟釀 旭扇

純米大吟釀酒

DATA

原料米	山田錦	日本酒度	+1
精米比例	50%	酒精度數	16～17度
使用酵母	不公開		

杜氏的技術發光發熱
IWC金賞的得獎酒

這家酒藏建立於明治4（1871）年。酒藏的命名是取自和歌的開場詞「朝開」，有「開始划行」之意，將對於全新出航的振奮心情投注其中。

代表品牌「朝開」連續25次在日本全國新酒鑑評會上得獎。其中有20次獲得金賞。進入平成時代以後，也成為獲得最多金賞的得獎酒藏。獲選為「現代名工」的南部杜氏，一邊提引出素材的優點，一邊慢慢地釀出這款大吟釀。可享受到雅致的風味，充滿細緻的香氣與米的鮮味。

朝開（あさ開）
純米大吟釀
ALL岩手

純米大吟釀酒

原料米 吟銀河／精米比例 50%／使用酵母 喬凡尼之調（ジョバンニの調へ）／日本酒度 11.5／酒精度數 15～16度

堅持使用岩手縣產品的
純米大吟釀酒

一如「ALL岩手」這個名稱所示，從酒造好適米「吟銀河」到酵母與麴菌，無一不是使用岩手縣產的素材。具有優雅的香氣與滑順的滋味，喝起來舒服宜人的純米大吟釀。

菊之司 純米生原酒 龜之尾釀造
（亀の尾仕込）

純米酒

DATA

原料米	龜之尾	日本酒度	−1
精米比例	60%	酒精度數	18度
使用酵母	協會901號	日本酒的類型	醇酒

使用「龜之尾」的偏甜純米酒

釀酒事業始於安永元（1772）年。講究呈現出日本酒原始的味道，釀酒忠於南部流派的作法。汲取中津川的伏流水，並以當地產的夢幻果實米「龜之尾」釀造的這款純米酒，偏甜且充滿果實風味。生原酒的清新香氣與米原本的酸味達到絕妙的平衡。

大吟釀 手工釀造 七福神

大吟釀酒

原料米 美山錦／精米比例 50%／使用酵母 喬凡尼之調／日本酒度 +6／酒精度數 15度

人人買得起的大吟釀
可謂先驅者般的存在

作為大吟釀的先驅，持續熱銷40年的酒款。以獨家祕方手工釀造而成，加上1年半的熟成期，讓滋味更具深度。

櫻顏 南部之雫 純米大吟釀

岩手
櫻顏酒造
盛岡市

純米大吟釀酒

DATA	
原料米　吟銀河	日本酒度　+2
精米比例　50%	酒精度數　16.5度
使用酵母　佑子之念（ゆうこの想い）	

滋味芳醇豐盈的酒款

前身是「近三酒造店」，之後於昭和27（1952）年創業。南部杜氏的熟練技巧，加上多位藏人團結一致，巧妙地提引出當地產的水與米的滋味。這款「南部之雫」帶有沉穩的果實香氣及芳醇的滋味。搭配飲食更顯美味。

櫻顏 純米吟釀 銀河鐵道之夜

純米吟釀酒

原料米 吟銀河／精米比例 50%／使用酵母 佑子之念／日本酒度 +1／酒精度數 15.5度

猶如奔馳夜空般爽快的酒款

這款純米吟釀是以宮澤賢治的《銀河鐵道之夜》為題，堅持使用當地產的原料釀製，滋味輕快。建議以冷飲方式飲用。

赤武AKABU 純米酒

岩手
赤武酒造
盛岡市

純米酒

DATA		
原料米　岩手縣產吟銀河	使用酵母　岩手酵母	
	日本酒度　+1	
精米比例　60%	酒精度數　16度	

結合傳統與年輕朝氣釀出新感覺酒款

這家酒藏建立於明治29（1896）年，卻在東日本大地震中全毀。新建的酒藏是以年輕杜氏古館龍之介先生為中心，志在追求「融合傳統南部流派與近代酒造」。「赤武」這款純米酒帶有微微的香氣與豐富的滋味，冰鎮後以葡萄酒杯飲用會更美味。

赤武AKABU F

吟釀酒

原料米 岩手縣產米／精米比例 60%／使用酵母 岩手酵母／日本酒度 +2／酒精度數 15度

高一等級的高品質日常酒

F是「For you」的簡稱。為了與最愛的某個人一起對飲美酒，堅持使用當地產的素材，用心釀成這款吟釀酒。

吾妻嶺（あづまみね） 純米吟釀 美山錦 生

岩手
吾妻嶺酒造店
紫波郡紫波町

純米吟釀酒

DATA	
原料米　美山錦	
精米比例　麴米與掛米均為50%	
使用酵母　不公開	
日本酒度　+1	
酒精度數　15～16度	

提引出岩手產美山錦鮮味的酒款

這家酒藏建立於天明元（1781）年。一般認為其前身就是培育出南部杜氏的酒藏。運用南部流派的技術少量生產「符合岩手風格的酒」。這款純米吟釀偏甜，入喉可以感受到濃郁的風味。尾韻俐落，口感也很滑順。

吾妻嶺（あづまみね） 純米 美山錦

 純米酒

原料米 美山錦／精米比例 麴米與掛米均為55%／使用酵母 不公開／日本酒度 +1／酒精度數 15～16度

酸味恰到好處的溫和純米酒

這款酒進一步發揮「美山錦」的鮮味，滋味豐盈，可感受到溫和的甜味與俐落的酸味。豐潤的酒體十分療癒人心。

大吟釀 宵之月

DATA			
原料米	吟銀河	日本酒度	+2.5
精米比例	50%	酒精度數	16度
使用酵母	F2		

集結藏人的力量釀製而成

這家酒藏建立於明治19（1886）年，前身為麴屋。採用代代當家皆參與釀酒的「藏元杜氏」體制，目前由橫澤裕子女士擔任杜氏，辛勤投入以年輕成員為主的釀酒作業。「宵之月」帶有柔和的香氣與圓潤的滋味，是一款可以天天品飲的大吟釀。

這款也強力推薦！

純米酒 月之輪

原料米 吟乙女／精米比例 70%／使用酵母 佑子之念／日本酒度 +3.8／酒精度數 15度

具有鮮味與俐落尾韻 人氣第一的酒款

這款是酒藏人氣第一的純米酒。含在嘴裡，鮮味就會緩緩地擴散開來，尾韻俐落且餘味舒暢。冷飲或燗酒都美味不已。

特別純米酒 廣喜

DATA	
原料米	岩手縣產米
精米比例	80%
使用酵母	不公開
日本酒度	+3
酒精度數	14.5度

古傳的手工釀造純米酒

這家酒藏建立於明治36（1903）年。釀造用水的水質與「水分神社」的美味湧水相同，並用其栽培酒米。這款酒是僅憑技術高超的杜氏及幾名藏人之力釀成。屬於尾韻俐落、風味輕盈的辛口酒。口感柔和，入喉舒暢。

這款也強力推薦！

純米大吟釀 廣喜 結之香

原料米 結之香／精米比例 40%／使用酵母 薫凡尼之調／日本酒度 ±0／酒精度數 16.5度

將米的優點發揮到極致的酒款

這支酒使用岩手縣自豪的頂級酒米「結之香」。這款極品在柔和的滋味中飄散著馥郁的吟釀香，喝起來扎實有勁。

上撰 堀之井

DATA			
原料米	豐錦	使用酵母	協會9號
	（トヨニシキ）	日本酒度	+3
精米比例	60%	酒精度數	15.5度

深受當地人喜愛且容易飲用的酒款

這家酒藏建立於大正11（1922）年。擁有奧羽山脈豐富的雪水與寒冷氣候，在此絕佳的釀酒環境下，從酒米的栽培開始進行一貫的釀酒作業。「上撰 堀之井」是一款滋味扎實且容易飲用的酒。長久以來受到當地人喜愛。加熱成燗酒也很美味。

這款也強力推薦！

純米酒 堀米

原料米 自家米豐錦／精米比例 60%／使用酵母 協會9號／日本酒度 +3／酒精度數 18.3度

可感受到米香 易飲的純米酒

100%使用自家米。特色在於喝起來扎實有勁，味道與香氣也很豐富。建議加水或冰塊來飲用。

鬼劍舞 純米吟釀酒

岩手 | 喜久盛酒造 | 北上市

純米吟釀酒

DATA
原料米　龜之尾
精米比例　50%
使用酵母　佑子之念
日本酒度　不公開
酒精度數　16度

使用與北上市農家契作栽培的米

建立於明治27（1894）年。戰後，第3代藏元藤村久喜秉持「就算要倒立過來也要讓釀酒事業興盛」的意志，將自己的名字倒過來，這便是酒藏名稱的由來。「鬼劍舞」的釀法抑制了香氣，很適合當作餐中酒。

這款也強力推薦！

計程車司機 純米原酒
（TAXI DRIVER）

純米酒

原料米 架橋（かけはし）／精米比例 55%／使用酵母 佑子之念／日本酒度 +3／酒精度數 17度

特色在於合作設計的酒標

由活躍於電影界的藝術總監高橋ヨシキ先生設計的酒標。從冷酒至熱燗，可以享受各種不同的飲用溫度。

大吟釀 福來

岩手 | 福來 | 久慈市

大吟釀酒

DATA
原料米　山田錦
精米比例　40%
使用酵母　協會1801號等
日本酒度　+3
酒精度數　16.5度
日本酒的類型　薰酒

以全量手工作業釀成的大吟釀

這家酒藏建立於明治40（1907）年。長年被久慈人視為地酒的這款大吟釀，是讓「山田錦」經過長期發酵釀成的爽快酒款。散發馥郁的吟釀香，滋味溫和。可冷飲或加冰塊。屢屢在日本全國新酒鑑評會上獲得金賞。

這款也強力推薦！

純米大吟釀 福來

純米大吟釀酒

原料米 吟銀河／精米比例 50%／使用酵母 喬凡尼之調等／日本酒度 +2／酒精度數 15.5度

「ALL岩手」的甘口純米大吟釀

使用當地產的酒造好適米「吟銀河」、縣產酵母與麴，釀成這款充滿岩手縣自然恩澤的純米大吟釀。建議加冰塊或以冷飲方式飲用。

酉右衛門 特別純米酒

岩手 | 川村酒造店 | 花卷市

特別純米酒

DATA
原料米　吟銀河
精米比例　50%
使用酵母　協會7號
日本酒度　+4～5
酒精度數　15.5度

以南部杜氏的驕傲釀成的熟成系純米酒

大正11（1922）年於南部杜氏的故鄉花卷市石鳥谷町創業。在原料與水均十分充沛的環境下，釀製極富深度與個性的酒。初代藏元是名優秀的南部杜氏，冠上其名的「酉右衛門」是一款滋味溫和且尾韻俐落的純米酒。

這款也強力推薦！

南部關 純米酒

純米酒

原料米 一見鍾情（ひとめぼれ）／精米比例 65%／使用酵母 協會7號／日本酒度 +5／酒精度數 15.5度／日本酒的類型 爽酒

尾韻俐落的純米酒

這款純米酒是使用當地產的米「一見鍾情」，並將其魅力充分發揮出來。滋味扎實且尾韻俐落。冷飲或燗酒皆宜。

百磐 純米酒

岩手
磐乃井酒造
一關市

純米酒

DATA

原料米 吟乙女	日本酒度 +2
精米比例 65%	酒精度數 15～16度
使用酵母 佑子之念	

使用「吟乙女」的上等純米酒

這家酒藏建立於大正6（1917）年。使用自家井水與在地米，順應氣候風土持續少量釀製的釀酒事業。追求更高等級的日本酒而建立的新品牌即是「百磐」。其中這款純米酒無論冷飲或溫燗，皆十分美味。

純米大吟釀 真心

純米大吟釀酒

原料米 美山錦／精米比例 45%／使用酵母 協會1801號／日本酒度 +1／酒精度數 16～17度

帶有微微香氣與濃郁風味的大吟釀

使用當地產的「美山錦」並以傳統釀造技術釀製而成的純米大吟釀。內斂的吟釀香中還帶有濃郁扎實的滋味。

關山 純米吟釀

岩手
雨磐酒造
一關市

純米吟釀酒

DATA

原料米 吟銀河	日本酒度 +2.3
精米比例 50%	酒精度數 15.8度
使用酵母 佑子之念	

喝不膩的純米吟釀

關的釀酒業者團結一致，於昭和19（1944）年展開活動。在地區上橫跨東磐井郡與西磐井郡，因此酒藏名稱便取為「兩磐」。品牌「關山」的名稱則是取自平泉中尊寺的山號。香氣與味道之間達到完美的平衡，是款百喝不膩的純米吟釀。

關山 超特撰人吟釀原酒

大吟釀酒

原料米 山田錦／精米比例 40%／使用酵母 不公開／日本酒度 +3／酒精度數 17.5度

以手工作業釀製尾韻俐落的大吟釀

在一關市的露冬時期以手工作業釀製，並在低溫下長期發酵而成的大吟釀。香氣馥郁，滋味芳醇而濃厚。屬於後味舒暢的酒。

純米吟釀 世嬉之一

岩手
世嬉之一酒造
一關市

純米吟釀酒

DATA

原料米	吟銀河
精米比例	50%
使用酵母	喬凡尼之調
日本酒度	+3
酒精度數	15.8度
日本酒的類型	爽酒

可享受到馥郁吟釀香的純米酒

這家酒藏建立於大正7（1918）年。閑院宮載仁親王於建立不久後便親臨酒藏，下令「釀製能讓人欣喜的酒」，因此便以此作為酒藏名。冠上此名並使用在地米「吟銀河」釀製的這款酒，香氣馥郁且滋味極富深度。

世嬉之一 純米生原酒 鮮搾（濁酒）

特別純米酒

原料米 豐錦／精米比例 60%／使用酵母 協會901號／日本酒度 +4／酒精度數 18.9度

感受岩手「季節美味」的白濁酒

這款白而混濁的濁酒是冬季限定款。將鮮搾的酒液立即裝瓶。請以冷飲或加冰塊的方式來品飲生酒特有的美味。

龍泉八重櫻 大吟釀

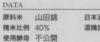

岩手		
泉金酒造		
下閉伊郡岩泉町		

岩手

大吟釀酒

DATA

原料米	山田錦	日本酒度	+5
精米比例	40%	酒精度數	16度
使用酵母	不公開		

以名水研磨而成，品格獨具的大吟釀

以南部杜氏超群的技術來釀酒的這家酒藏建立於安政元（1854）年。使用獲選為「日本名水百選」的龍泉洞地底湖的水來研磨山田錦，成功打造出這款兼具優質香氣與獨特滋味的大吟釀，於2016年日本全國新酒鑑評會上獲得金賞。建議冷飲。

這款也強力推薦！

龍泉八重櫻 純米大吟釀

純米大吟釀酒

原料米 吟銀河／精米比例 50%／使用酵母 SM1／日本酒度 ±0／酒精度數 15度

以極致平衡釀成的 大吟釀

這款純米大吟釀是以傳統為後盾，帶有細緻獨特的風味。優美的香氣與米的鮮味達成極致的平衡。請稍微冰鎮後飲用。

濱千鳥 純米吟釀 吟銀河（吟ぎんが）

岩手		
濱千鳥		
釜石市		

純米吟釀酒

DATA

原料米	吟銀河	日本酒度	+3
精米比例	55%	酒精度數	16.5度
使用酵母	佑子之念	日本酒的類型	爽酒

百分百岩手縣產，極富深度的酒款

建立於大正12（1923）年。「濱千鳥」的名稱由來是以成千鳥兒在風光明媚的三陸海岸交會飛翔的畫面為意象。米、酵母、麴、水與南部杜氏，百分百岩手產的純米吟釀。發揮仙磐山伏流水的溫和口感，釀出充滿果香且細緻深邃的滋味。

這款也強力推薦！

仙人鄉 本釀造

本釀造酒

原料米 吟銀河／精米比例 麴米55%・掛米60%／使用酵母 喬凡尼之調／日本酒度 +3／酒精度數 15.4度

用了神祕之水的 圓潤酒款

使用自釜石礦山的地底深處湧出，小分子且具活性化的仙人祕水，釀出口感圓潤又舒暢的酒液。

國華之薰 大吟釀

岩手		
上閉伊酒造		
遠野市		

大吟釀酒

DATA

原料米	山田錦
精米比例	40%
使用酵母	喬凡尼之調
日本酒度	+3
酒精度數	16～17度

遠野市孕育出的圓潤酒款

這家酒藏建立於寬政元（1789）年，以遠野市澄澈的水與素材為基礎，持續仔細嚴謹的釀酒作業。研磨「山田錦」精心釀製的「國華之薰」是一款口感滑順的大吟釀。香氣華麗而不失高雅。建議以冷飲方式飲用。

這款也強力推薦！

遠野夢街道 純米吟釀

純米吟釀酒

原料米 吟銀河／精米比例 50%／使用酵母 喬凡尼之調／日本酒度 +1／酒精度數 15～16度

口感沉穩的純米吟釀

期望從震災中復興而釀製的純米吟釀，米、水與人力全部出自岩手縣。具有清爽的香氣與醇厚的滋味。

南部美人 大吟釀

岩手

南部美人

二戶市

DATA			
原料米	山田錦	日本酒度	+5
精米比例	40%	酒精度數	16～17度
使用酵母	喬凡尼之調	日本酒的類型	薰酒

以杜氏高超的技術釀成
淡麗的大吟釀

這家酒藏於明治35（1902）年建立在擁有美好大自然與豐沛水源的二戶市。以「飲用時會笑逐顏開，猶如太陽般的酒」為目標，繼承曾獲選為現代名工的已故山口一杜氏的卓越技術來進行釀酒。

代表品牌「南部美人」的這款大吟釀，使用自酒藏水井汲取的折爪馬仙峽的伏流水釀製而成，在南部美人的酒款中居冠。在華麗的香氣與澄淨的酒體中，確實保留了達到平衡的甜味與鮮味。還搶先一步出口到海外，各國都愛不釋口。

這款也強力推薦！

南部美人 特別純米酒

原料米 吟乙女／精米比例 55%／使用酵母 M310／日本酒度 +4／酒精度數 15～16度

微微飄散果實香氣的
頂級餐中酒

這款是南部美人中的經典酒款，以岩手縣二戶市產的特別栽培米「吟乙女」為主要原料，志在釀造與廣泛料理百搭的酒款。帶有果實的溫和香氣與水的高雅鮮味，後味舒暢。從冷飲至燗酒，以各種溫度品飲都美味無比。

岩手／宮城

黃金澤 大吟釀

宮城

川敬商店

遠田郡美里町

DATA	
原料米	山田錦
精米比例	40%
使用酵母	M310
日本酒度	+1
酒精度數	17度

滋味典雅，連續獲得金賞的得獎酒

這家酒藏建立於明治35（1902）年，傳承自古以來的傳統製法「山廢釀造」。堅持釀造出具有鮮味與濃郁風味、令人喝不膩的酒款。這款味道與香氣十分平衡的大吟釀，在日本全國新酒鑑評會上連續13年獲得金賞。

這款也強力推薦！

黃金澤 山廢純米

原料米 一見鍾情／精米比例 60%／使用酵母 宮城MY酵母／日本酒度 +1／酒精度數 16度

不禁一杯接一杯，入喉順暢的酒款

這款山廢釀造的純米酒，喝起來不覺厚重，入喉順暢。俐落的尾韻誘人再喝一杯。若搭配料理，建議加熱成燗酒。

乾坤一 特別純米 辛口

宮城

大沼酒造店

柴田郡村田町

宮城

特別純米酒

DATA			
原料米	笹錦	使用酵母	宮城A
	（ササニシキ）	日本酒度	+4
精米比例	55%	酒精度數	15度

使用笹錦的辛口純米酒

建立於正德2（1712）年的酒藏在東日本大地震後重建，仍以嚴謹的態度少量製造好酒。代表品牌「乾坤一」的名字中寄託了釀造名酒的覺悟，含有「這是一場孤注一擲的決戰」之意。這款純米酒除了可以嚐到米的鮮味，還能感受到俐落的尾韻。

這款也強力推薦！

乾坤一 純米吟釀原酒 冬華

純米吟釀酒

原料米 笹錦／精米比例 50%／使用酵母 宮城A／日本酒度 +2／酒精度數 17度

可感受米的鮮味 尾韻俐落的原酒

這款平衡感絕佳的好酒，確實提引出當地產的笹錦米鮮味，並帶有適度的濃郁風味。香氣內斂卻不失華麗。

純米酒 鳳陽

宮城

內之崎酒造店

黑川郡富谷町

宮城

純米酒

DATA	
原料米	愛娘
	（まなむすめ）等
精米比例	60%
使用酵母	協會901號
日本酒度	+3
酒精度數	15度

以寒釀造製成的手工釀造純米酒

自寬文元（1661）年創業以來，利用嚴寒的氣候，並以南部杜氏的手工作業持續進行寒釀造。「鳳陽」的品牌名稱是源自「鳳鳴朝陽」的典故。這款純米酒的特色在於柔和與豐盈的口感，以及具層次的鮮味。

這款也強力推薦！

純米大吟釀 鳳陽

純米大吟釀酒

原料米 藏之華等／精米比例 45%／使用酵母 宮城酵母與協會1801號／日本酒度 ±0／酒精度數 15度

榮獲IWC金賞的芳醇大吟釀

這是一款味道沉穩且香氣溫和的芳醇大吟釀。清爽宜人的尾韻魅力十足。建議以冷飲方式飲用。

雪之松島 釀魂純米酒+20

宮城

大和藏酒造

黑川郡大和町

宮城

純米酒

DATA			
原料米	宮城縣產米	日本酒度	+20
精米比例	60%	酒精度數	16〜17度
使用酵母	宮城酵母		

鮮味圓潤的超辛口純米酒

自寬政10（1798）年創業以來，這家酒藏便將最新技術融入經年累月培育出來的知識與經驗中，追求平衡卻鮮味不減的酒款。酒的種類也十分豐富，這款「釀魂純米酒」帶有格外辛辣的舒暢餘味。俐落的尾韻中仍可充分感受到圓潤的鮮味。

這款也強力推薦！

雪之松島 旨辛純米酒

純米酒

原料米 宮城縣產米／精米比例 60%／使用酵母 宮城酵母／日本酒度 +8／酒精度數 15〜16度

可輕鬆搭配料理的辛口純米酒

這款辛口酒是以當地產的酵母在低溫下慢慢釀成。散發淡淡的吟釀香，並帶有米原本的鮮味。適合搭配多樣料理。

純米吟釀 浦霞禪

純米吟釀酒

DATA			
原料米	山田錦 豐錦	使用酵母	自社酵母
		日本酒度	+1〜2
精米比例	50%	酒精度數	15〜16度

帶有高雅的滋味
最適合當作餐中酒

享保9（1724）年建立之後，成為鹽竈神社的御神酒指定釀酒酒藏並延續至今。用心經營，「嚴謹地釀製最正統的酒，並心存恭敬地進行販賣」，日本酒本身的魅力自不待言，同時也將擁有日本酒的生活富足感一併傳遞出去。擁有鹽釜魚市場的鹽竈市鄰近世界四大漁場之一的三陸沖海域，以「壽司之城」的稱號而廣為人知，這裡釀製的酒與新鮮的海產十分對味。這款連藏元也時常用來晚酌的「蒲霞禪」滋味柔和，很適合當作餐中酒。這支平衡感絕住的極品酒為「浦霞」的代表作。

這款也強力推薦！

特別純米酒 生一本₃ 浦霞

特別純米酒

原料米 笹錦／精米比例 60%／使用酵母 自社酵母／日本酒度 +1〜2／酒精度數 15〜16度／日本酒的類型 爽酒

允滿米的鮮味的
特別純米酒

在日本全國新酒鑑評會上，這款酒與本社藏、矢本藏多次共同獲得金賞。宮城縣為日本首屈一指的米產地，這款佐浦的「浦霞」特別純米酒牛一本，100％使用當地產的笹錦。可以享受到米的豐盈鮮味與恰到好處的酸味。

註3：指全釀造工序皆於單一釀造場釀成的純米酒。

阿部勘 純米辛口

 純米酒

DATA	
原料米	宮城縣產米
精米比例	60%
使用酵母	宮城酵母
日本酒度	+6
酒精度數	15度

精心釀造的辛口酒令人食慾大開

享保元（1716）年受仙台藩之命建立，成為鹽竈神社的御神酒指定釀酒酒藏。釀造的酒款以能襯托港口城市鹽竈的食材為目標，進行高品質少量生產的釀酒作業。這款耗時費工釀成的純米辛口酒，搭配肉料理也很對味。

這款也強力推薦！

阿部勘 純米吟釀 龜之尾

 純米吟釀酒

原料米 龜之尾／精米比例 55%／使用酵母 協會10號系／日本酒度 +2／酒精度數 15度

使用夢幻之米「龜之尾」的吟釀酒

使用擁有夢幻酒米別稱的「龜之尾」。這款純米吟釀酒帶有淡淡的酸味與俐落的尾韻，可輕鬆搭配任何料理。

宮城 一之藏 大崎市

一之藏發泡清酒 鈴音（すず音）

DATA	
原料米　豐錦	日本酒度　-90～-70
精米比例　65%	酒精度數　5度
使用酵母　協會901號	

口感滑順的正統發泡性清酒

這家酒藏建立於昭和48（1973）年，由宮城縣的4家酒藏合併而成。重視宮城的米、水與南部杜氏之傳統，同時也致力於新的釀酒作業。「鈴音」的存在猶如發泡性清酒的先驅。溫和的甜味與清爽的酸味，加上宜人的碳酸，口感近似香檳。

這款也強力推薦！

一之藏 姬膳（ひめぜん）

原料米　豐錦等／精米比例 65%／使用酵母　協會901號／日本酒度 -70～-60／酒精度數 8度

酸酸甜甜 滋味溫和的酒

這款原酒雖然相當甘口，卻又充滿清新的酸味。酒精度數為8度，很容易入口。除了冷飲外，加熱成爛酒也美味不已。

宮城 新澤釀造店 大崎市

伯樂星 純米大吟釀 東条秋津山田錦

純米大吟釀酒

DATA	
原料米　山田錦特上米	日本酒度　+1
精米比例　29%	酒精度數　16.2度
使用酵母　自社酵母	

使用頂級山田錦的極致餐中酒

這家酒藏建立於明治6（1873）年。東日本大地震後遷至川崎町。釀酒作業嚴謹，出貨管理也做得很徹底。藉由年輕的人力追求釀出極致的餐中酒。人氣品牌「伯樂星」中的極品，即是這款輕快爽口的純米大吟釀。建議冰鎮後用葡萄酒杯飲用。

這款也強力推薦！

伯樂星 純米吟釀

純米吟釀酒

原料米　藏之華／精米比例 55%／使用酵母　自社酵母／日本酒度 +4／酒精度數 15.8度

追求極致的 第3杯

這款純米酒使用宮城縣產的藏之華，風味既澄淨又清爽。帶有伯樂星獨有的酸味及飽滿的滋味，愈喝愈能感受到美味。

宮城 寒梅酒造 大崎市

宮寒梅 純米吟釀 45%

純米吟釀酒

DATA	
原料米　宮城縣產美山錦	日本酒度　+2
精米比例　45%	酒精度數　16.6度
使用酵母　宮城B3	

充滿玩心且華麗的純米吟釀

這家酒藏建立於大正7（1918）年在盛產良米的大崎市展開釀酒事業。社長親自在自家田裡栽培酒米。代表品牌「宮寒梅」的純米吟釀，豐富的香氣中散發著十足的酒米鮮味，而後轉為清爽俐落的尾韻，後味無窮。建議以冷飲方式飲用。

這款也強力推薦！

宮寒梅EXTRACLASS 純米大吟釀 醇麗純香

純米大吟釀酒

原料米　美山錦／精米比例 35%／使用酵母　不公開／日本酒度 不公開／酒精度數 16～17度

使用自家栽培的美山錦 屬於特別酒款

這款酒是在名字裡冠上「EXTRA」的特別版宮寒梅。口感凜冽，滋味猶如成熟的果實一般。

天上夢幻 特別純米 辛口

宮城

中勇酒造店

加美郡加美町

DATA

原料米	豐錦	日本酒度	+7
精米比例	60%	酒精度數	15度
使用酵母	宮城MY酵母		

特別純米酒

具濃郁風味與俐落尾韻的旨辛口純米酒

初代藏元文治氏曾經營和服店，後於明治39（1906）年建立這家酒藏。使用奧羽山系的伏流水與傳統日式鍋釜來釀酒。米與米麴皆為日本產。辛口的風味中可感受到微微的含香，味濃且尾韻俐落。適合搭配西餐或民族料理。冷飲或溫燗皆宜。

這款也強力推薦！

獨眼龍政宗 純米吟釀

純米吟釀酒

原料米 宮城縣產米／精米比例 50%／使用酵母 宮城酵母B／日本酒度 +1／酒精度數 14.5度

風味濃郁且尾韻俐落 高格調的中口酒

這款略帶香氣且偏辛口的酒，在淡麗風味中仍帶濃郁感與俐落的尾韻。冠上宮城自豪的伊達政宗之別稱，以示對品質的自信。

真鶴 山廢辛口 特別純米酒

宮城

田中酒造店

加美郡加美町

DATA

原料米	藏之華等	日本酒度	+7
精米比例	60%	酒精度數	15.5度
使用酵母	小川	日本酒適釀酵酒	

特別純米酒

帶有山廢釀造特有深度的酒款

這家酒藏建立於寬政元（1789）年。以古傳的製法進行釀酒，像是使用木製的暖氣樽或蓋麴的生酛·山廢釀造法等。在擁有眾多愛好者的「真鶴」酒款中，這款以山廢釀造法製成的辛口酒，屬於風味深邃扎實又具舒暢辛味的純米吟釀。建議冷飲。

這款也強力推薦！

真鶴 生酛 特別純米酒

特別純米酒

原料米 藏之華／精米比例 60%／使用酵母 協會7號／日本酒度 +3／酒精度數 15.5度

適合熱成燗酒 生酛釀製的逸品

這款純米酒是以傳統技法「生酛釀造」釀成，滋味十分豐富且酸味適中。使用宮城縣產的酒米「藏之華」。溫燗或熱燗皆宜。

山和 純米大吟釀

宮城

山和酒造店

加美郡加美町

純米大吟釀酒

DATA

原料米	山田錦	日本酒度	+1
精米比例	40%	酒精度數	16度
使用酵母	不公開		

提引出原料特性的純米酒

這家酒藏建立於明治29（1896）年。數位年輕藏人懷抱著熱情在釀酒上精益求精，並於2014年第三屆日本酒競賽（SAKE COMPETITION）中力壓群雄，得到純米大吟釀部門第一名。酒香華麗，帶有充分提引出酒米鮮味所帶出的優雅滋味。

這款也強力推薦！

山和 純米吟釀

純米吟釀酒

原料米 美山錦／精米比例 50%／使用酵母 宮城酵母／日本酒度 +2／酒精度數 15度

帶有典雅酸甜滋味的 純米吟釀

舒暢的香氣中充滿果實風味，滋味十分高雅。在日本酒競賽的純米吟釀部門中獲得金賞。建議冷飲。

宮城

53

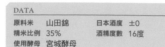

勝山 純米大吟釀 曉

宮城

仙台伊澤家 勝山酒造

仙台市泉區

純米
大吟釀酒

DATA		
原料米	山田錦	日本酒度	±0
精米比例	35%	酒精度數	16度
使用酵母	宮城酵母		

透過遠心分離技術實現高純度的酒

建立於元祿年間（1688～1704），宮城縣現存唯一一家「伊達家」御用的酒藏。除了傳統的技術外，也致力於技術革新。這款「勝山 曉」是透過遠心分離技術將酒與酒粕分離，讓接觸空氣的時間減至最少，藉此實現雜味少的高純度酒。

勝山 純米吟釀 獻

純米
吟釀酒

原料米 山田錦／精米比例 50%／使用酵母 宮城酵母／日本酒度 +2／酒精度數 16度

用山田錦精心釀成的餐中酒

以「襯托料理滋味的餐中酒」為目標，用心製造上等的酒麴，釀出這款滋味豐富的純米吟釀。味道秀麗而扎實。

森泉 （もりいずみ） 特別純米酒

宮城

森民酒造店

大崎市

特別
純米酒

DATA		
原料米	一見鍾情	日本酒度	−6
精米比例	60%	酒精度數	15度
使用酵母	協會10號		

建議冰鎮後再飲用的甘口純米酒

明治16（1883）年在湧現優質水的水井附近創業。以少量生產的方式確保每方面都顧得周到，在嚴謹的釀酒作業上下足苦心。這款芳醇甘口的純米酒是使用自家井水與當地產的「一見鍾情」，透過低溫發酵慢慢釀成。

森泉 甘酸美味 特別本釀造

特別本
釀造酒

原料米 一見鍾情／精米比例 60%／使用酵母 協會10號／日本酒度 −30／酒精度數 15度

存在感十足
酸酸甜甜的本釀造

這是一款酸酸甜甜、帶有濃郁風味的酒，還可確實感受到米的鮮味。使用當地產的酒米一見鍾情。建議加冰塊飲用。

萩之鶴 純米吟釀

宮城

萩野酒造

栗原市

純米
吟釀酒

DATA	
原料米	美山錦
精米比例	50%
使用酵母	宮城酵母
日本酒度	+2
酒精度數	15度

可帶著輕鬆心情飲用的優質酒

這家酒藏建立於天保11（1840）年。由藏元親自精心釀製少量的酒，志在打造「能放鬆身心飲用的酒」。在日本全國新酒鑑評會上10度獲得金賞。代表品牌「萩之鶴」的這款純米吟釀，滋味舒暢而清新。建議冷飲。

日輪田 山廢純米酒

純米酒

原料米 五百萬石・美山錦／精米比例 65%／使用酵母 協會7號／日本酒度 +4／酒精度數 16度

易飲又清新的山廢純米酒

清爽易飲卻能感受到山廢特有的深度。可在冰鎮或加熱成溫爛後用薄玻璃杯飲用。適合搭配味道較濃的鄉村料理。

宮城

金之井酒造

栗原市

純米大吟釀酒

綿屋 純米大吟釀 黑澤米山田錦

DATA

原料米 有機栽培山田錦	日本酒度 ±0
精米比例 45%	酒精度數 15度
使用酵母 宮城酵母	日本酒的類型 薰酒

使用高品質山田錦的大吟釀

這家酒藏建立於大正4（1915）年。以銘水「小僧山水」作為釀造用水，持續釀造「貼近飲食的酒款」。正如酒名「黑澤米」所示，這款純米大吟釀是使用契作農家黑澤先生的田裡所栽種的德島縣產「山田錦」。滋味十分圓潤。建議冷飲。

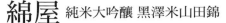

這款也強力推薦！

綿屋 特別純米酒 美山錦

特別純米酒

原料米 美山錦（100%長野縣產）／精米比例 55%／使用酵母 宮城酵母／日本酒度 +4／酒精度數 15度

全方位的頂級餐中酒

「綿屋」這個名稱是取自藏元三浦家的屋號。以長野縣產的高品質美山錦釀成。尾韻俐落，可當作餐中酒搭配任何料理。

宮城

宮城

男山本店

氣仙沼市

特別純米酒

蒼天傳 特別純米酒

DATA

原料米 宮城縣產藏之華	日本酒度 ±0
精米比例 55%	酒精度數 16度
使用酵母 宮城MY酵母	日本酒的類型 爽酒

令人聯想到氣仙沼藍天的純米酒

這家酒藏建立於大正元（1912）年，克服東日本大地震的打擊，持續釀造風味細緻的酒款。受惠於氣仙沼的風土、水與米，以南部杜氏的技術來釀酒。這款猶如藍天般清新舒暢的純米酒，微微散發出清爽的果實香，帶有芳醇的滋味與俐落的尾韻。

這款也強力推薦！

蒼天傳 大吟釀

大吟釀酒

原料米 兵庫縣產山田錦／精米比例 35%／使用酵母 宮城酵母／日本酒度 +1／酒精度數 16度／日本酒的類型 薰酒

兼具華麗感與細緻度的酒款

這款是「蒼天傳」系列的大吟釀。發揮出山田錦的特性，帶有華麗的果實香氣與滑順細緻的口感。

宮城

角星

氣仙沼市

大吟釀酒

金紋兩國 大吟釀 喜祥

DATA

原料米 山田錦	日本酒度 +3
精米比例 50%	酒精度數 15.5度
使用酵母 宮城B3	

可以襯托料理且百喝不膩的酒款

這家酒藏建立於明治39（1906）年。以釀造「不搶過新鮮魚貝類的原味、百喝不膩的酒款」為信條。代表品牌「兩國」的這款「喜祥」大吟釀，淡麗中透著鮮味，入喉口感順暢，酒質完全符合酒藏堅守的信條。

這款也強力推薦！

水鳥記 第一章 特別純米酒

特別純米酒

原料米 山田錦／精米比例 55%／使用酵母 宮城微馥21（ミヤギほの馥21）／日本酒度 +2／酒精度數 16.3度

得獎無數風味圓潤的純米酒

以「山田錦」精心釀製的純米酒。香氣馥郁且滋味圓潤。於國內外皆獲獎無數，在IWC 2015上榮獲金賞。建議冷飲。

墨廼江 純米吟釀 山田錦

宮城
墨廼江酒造
石巻市

純米吟醸酒

DATA	
原料米	兵庫縣產山田錦
精米比例	55%
使用酵母	宮城酵母
日本酒度	＋4
酒精度數	16.5度
日本酒的類型	爽酒

使用山田錦，具透明感的酒款

這家酒藏建立於弘化2（1845）年。使用北上川的伏流水與當地產的酵母，釀製既澄淨又柔和的酒。每種酒款使用的原料米各有區別，而這款純米吟釀堅持使用兵庫縣產的山田錦，滋味高雅且帶有透明感。

這款也強力推薦！

墨廼江 純米吟釀 雄町

原料米 岡山縣產雄町／精米比例 55%／使用酵母 宮城酵母／日本酒度 ＋3／酒精度數 16.5度

提引出雄町米個性的純米吟釀

這款純米吟釀兼具了米的個性與墨廼江特有的清涼感。果實香氣清爽，可以確實品嚐到鮮味。建議冷飲。

日高見 超辛口 純米酒

宮城
平孝酒造
石巻市

純米酒

DATA			
原料米	宮城縣產一見鍾情	日本酒度	＋11
		酒精度數	15度
精米比例	60%	日本酒的類型	爽酒
使用酵母	宮城酵母		

適合搭配海鮮品飲的超辛口酒

這家酒藏於文久元（1861）年在石巻市建立，此地位於縱貫太平洋與北東北的北上川河口，乃日本首屈一指的港口城市。三陸的金華山沿海有寒暖洋流交會，為世界知名的三大漁場之一，四季皆可以享用到美味的魚貝類，因此酒藏釀製的酒款一直以來皆以「能襯托魚類等海鮮的味道」為目標。花費10年研發出的「日高見」，在日本全國新酒鑑評會上榮獲無數次金賞。這款超辛口純米酒帶有濃郁的風味與米的扎實鮮味，尤其搭配魚料理更是絕配。冷飲相當美味，也很建議加熱後飲用。

這款也強力推薦！

日高見 純米吟釀 彌助

純米吟醸酒

原料米 宮城縣產藏之華／精米比例 50%／使用酵母 宮城酵母／日本酒度 ＋7／酒精度數 16度

搭配壽司相當對味的辛口純米吟釀

這款日本酒是為了搭配壽司而釀的酒。酒的名稱由來是因為在花街柳巷將壽司稱為「彌助」。除了壽司外，搭配白肉魚、甲殼類、貝類、烏賊或章魚也十分對味，可以凸顯出食物帶有的細緻甜味。

宮城

秋田

新政酒造

秋田市

瑠璃 生酛純米

純米酒

DATA			
原料米	美山錦	使用酵母	協會6號
精米比例	麴米：40%	日本酒度	不公開
	掛米：50%	酒精度數	15度

生酛釀造的全量純米酒
具有革命性的滋味

這家酒藏建立於嘉永5（1852）年。政府賦予了「新政厚德」這個名稱，並於大正時期簡化為「新政」。在第5代當家佐藤卯三郎先生的時代，從這家酒藏中發現了協會6號酵母。

目前的藏元是第8代的佐藤祐輔先生，其為日本酒界的年輕新領袖。全量使用當地縣產米，採全量純米、全量生酛釀造，接二連三地發起革命。「新政」在全日本擁有眾多的熱情愛好者，「瑠璃」是最能展現出這家酒藏滋味的酒款。徹底擷引出美山錦的鮮味，既清涼又端正的滋味，顛覆了一般人原有的日本酒觀。

這款也強力推薦！

亞麻貓 白麴釀造純米酒

特別純米酒

原料米 酒小町（酒こまち）／**精米比例** 麴米：40%・掛米：60%／**使用酵母** 協會6號／**日本酒度** 不公開／**酒精度數** 14度

以白麴釀造
新政最優秀的個性派酒款

使用一般不會用於日本酒中的白麴，實現了迄今未曾有過的清爽酸味。這款酒以生酛釀造，無添加物，端正而輕快的滋味十分易飲，搭配任何料理都是絕配。

秋田

秋田酒類製造

秋田市

高清水 純米大吟釀

純米大吟釀酒

DATA			
原料米	秋田酒小町	日本酒度	+1
精米比例	麴米與掛米均為45%	酒精度數	15.5度
使用酵母	秋田酵母No.15	日本酒的類型	薰酒

以寒釀造釀製，風味濃郁的酒款

這家酒藏是由秋田縣的酒造家合併，建立於昭和19（1944）年。使用優質的井水與大量的麴，依循傳統的秋田流派來釀酒。這款純米大吟釀帶有適度的酸味與高雅的鮮味，喝下後會在口中柔和地擴散，香氣豐富華麗。使用的米是「秋田酒小町」。

這款也強力推薦！

高清水 甜點純吟 (Dessert Jungin)

純米吟釀酒

原料米 秋田酒小町／**精米比例** 麴米與掛米均為55%／**使用酵母** 未公布／**日本酒度** －35／**酒精度數** 12.5度

以獨家製法成功釀出
嶄新的甘口酒

豐富的酸味中透著些微甜味，可當作甜點般飲用的日本酒。雖屬使用「秋田酒小町」的正統酒，但女性也能輕鬆飲用。

秋田縣秋田市
新政酒造

「全量純米」、「全量生酛」，接二連三推動革新的新政酒造。在此向擁有堅定哲學的藏元請教酒藏的現況與未來的展望。

攝影／伊藤靖史

倘若酒無法為顧客帶來感動，釀酒就失去了意義。

以「6號酵母」的發祥酒藏而聞名。昭和5（1930）年，在第5代佐藤卯兵衛先生的時代，從p.58照片所示的吟釀酒藏裡發現了6號酵母。

「生酛純米酒藏」
是新政的策略

　　新政酒造建立於1852年，歷史十分悠久，第8代的佐藤祐輔先生在10年前左右繼承酒藏之際提出的目標，就是成為絕不添加釀造酒精的「全量純米酒藏」。隨後又宣示要成為「全量生酛酒藏」，不認同速釀（→p.8）。

　　「要轉換為全量純米酒藏，只要努力總會有辦法，但是全量生酛的酒藏也才2家左右，只能靠自己從頭開始學習。」

　　在獨自反覆研究並從失敗中摸索後，最終完成的就是「新政流派」的作法——「手酛」。這個方法是利用塑膠袋來管理酒母，在10天內不時翻動袋子，或用雙手搓揉，借助麴的力量慢慢地溶解。

　　終於，新政酒造在2015年成功地轉換為全量生酛釀造，然而在貫徹這種策略的釀

以樹齡150年左右的吉野杉製成的木桶。

酒背景之下，似乎也隱含著對日本酒業界的擔憂。

　　「如今，純米酒在清酒整體的製造量中占了20%左右，生酛則低於1%，比例失衡，總覺得不太健全。更多元地發展是有其必要的。」

經典的「No.6」、「colors」系列，這些酒瓶與酒標皆是經由專屬設計師之手設計而成的，時尚到令人不禁想擺著當作裝飾。

藉由木槳來磨酛的話，只需1、2小時即可完成，而利用塑膠袋來管理的手酛則必須多費些工夫，在10天內頻繁地翻動袋子。

秋田 | 秋田 | 秋田市

大吟醸 醉樂天

大吟醸酒

DATA

原料米	山田錦
精米比例	40%
使用酵母	協會1801號
日本酒度	±0
酒精度數	15～16度

果實風味四溢的大吟醸

這家登錄為有形文化財的古老酒藏建立於明治41（1908）年，堅守由杜氏所創的古式製法，並積極導入新技術。「醉樂天」這個名稱是取自中國唐代的詩人，有醉吟先生稱號的白樂天（白居易）。這是一款以低溫保存，富有果實甜味的大吟醸。

這款也強力推薦！

純米酒 古式純釀造
（古式純造り）

純米酒

原料米 吟之精／精米比例 65%／使用酵母 秋田今野12號／日本酒度 ＋1～3／酒精度數 14～15度

以古傳技術釀成的辛口純米酒

使用當地生產的酒米「吟之精」，並以古式製法釀製而成的純米酒。特色在於爽口的辛味與舒暢的酸味。口感相當滑順。

秋田 | 秋田釀造 | 秋田市

純米吟醸 雪之美人
（ゆきの美人）

純米吟醸酒

DATA

原料米	山田錦・秋田酒小町	使用酵母 自社酵母
精米比例	55%	日本酒度 ＋6
		酒精度數 16度

純米吟醸 堪稱代表品牌中的經典

這家酒藏於大正8（1919）年在秋田市的市中心創業。平成13（2001）年完成了「四季釀藏」，可以管理酒藏內全部的空調。如此一來即可進行調整，以求時時保持固定的溫度與濕度，一整年都可以釀出精緻的酒。藏元自行以現代技術融合感性，將傳統手工的釀酒作業進行改良，追求全新的日本酒。主要使用擁有飽滿鮮味的酒米山田錦，結合掛米「秋田酒小町」的輕快滋味，釀製出兩者和諧交融的純米吟醸酒。後味清爽俐落，建議以冷酒方式飲用。

這款也強力推薦！

純米酒 雪之美人
（ゆきの美人）

純米酒

原料米 山田錦・秋田酒小町／精米比例 60%／使用酵母 自社酵母／日本酒度 ＋5／酒精度數 16度

甜味與酸味和諧交融 出色的純米酒

特色在於輕盈的口感、微微的甜味與輕快爽口的酸味。可以確實品嚐到爽口的辛味與豐富的酒米鮮味，搭配任何料理都很合適。飲用方式則建議冷酒至人肌燗之間的溫度。

純米大吟醸 那波三郎右衛門

秋田 那波商店

秋田市

純米大吟醸酒

DATA		
原料米 美郷錦	日本酒度 ±0	
精米比例 40%	酒精醸數 16度	
使用酵母 M310		

發揮出「美郷錦」鮮味的大吟釀

自文化12（1815）年起開始跨足釀酒業，並於明治4（1871）年創業。釀造的酒帶有鮮味，這是源自釀造用水的性質。致力於秋田流派的生酛釀造，以「鮮味與酸味達到平衡的酒」為目標。冠上當家之名的這款純米大吟釀使用的米是「美郷錦」。

///// 這款也強力推薦！/////

山廢純米吟釀 銀鱗 （ぎんりん）

純米吟釀酒

原料米 秋田酒小町／精米比例 55%／使用酵母 小町R-5／日本酒度 不公開／酒精醸數 16度

感受得到鮮味與酸味的純米吟釀

「銀鱗」是取北海道捕魚民謠「索朗調」的歌詞來命名。這是以山廢釀造法慢慢釀製的淡麗旨口酒。請冰得透心涼再飲用。

一白水成 premium

秋田 福祿壽酒造

南秋田郡 五城目町

純米大吟醸酒

DATA		
原料米 26BY・美山錦	使用酵母 秋田酵母	
精米比例 45%	日本酒度 +2	
	酒精醸數 16度	

以該年度最佳的酒米釀製而成的酒

這家酒藏建立於元祿元（1688）年，堅持以當地的水、米與人力來釀酒。自創業以來便使用自社的地下水作為釀造用水。熱心投入酒米的研究，像是與當地農家合作成立酒米研究會展開活動等。酒藏名稱是源自七福神的神名。品牌名稱「一白水成」則寄託了以「白」米與「水」釀「成」的「一」等好酒之意。這款打著premium名號的純米大吟釀是分析該年度收成的米，並挑出優質的米釀成。可感受到高雅的果實香氣與「美山錦」特有的鮮味，豐盈優雅的味道會在口中擴散開來。

///// 這款也強力推薦！/////

一白水成 良心

特別純米酒

原料米 美山錦・秋田酒小町／精米比例 麴米：55%・掛米：58%／使用酵母 秋田酵母／日本酒度 +1／酒精醸數 16度

可以盡情品味一白水成鮮味的酒款

這款特別純米酒，堪稱是人氣品牌「一白水成」的標竿。飄散著舒暢的吟釀香，可以感受到恰到好處的飽滿滋味。唯有這個品牌才能享受到果實香氣與米的鮮味在嘴裡擴散開來的感受。

秋田

純米吟釀 雪之茅舍

純米吟釀酒

DATA			
原料米	山田錦・秋田酒小町	日本酒度	+2.3
精米比例	55%	酒精度數	16度
使用酵母	自社酵母	日本酒的類型	薰酒

入喉口感
舒暢而高雅的酒款

這家酒藏於明治35（1902）年建立在位於鳥海山山麓、擁有豐富大自然的由利本莊市。該酒藏以傳統為後盾，抱持著執著的信念來釀酒，像是自行栽培酒造好適米、自行培養酵母、復興山廢釀造法等等。釀酒作業是在一種建造在高低落差達6公尺的傾斜地上，稱為「上坡式酒藏（のぼり藏）」的獨特酒藏中進行。進入平成時期後，在日本全國新酒鑑評會上得到金賞的次數高達17次，獲獎無數。

代表品牌「雪之茅舍」的這款純米吟釀，帶有恰到好處的香氣與入喉舒暢的口感。請冰鎮至10℃左右來飲用。

▨▨▨ 這款也強力推薦！ ▨▨▨

雪之茅舍 秘傳山廢 純米吟釀

純米吟釀酒

原料米 山田錦・秋田酒小町／精米比例 55%／使用酵母 自社酵母／日本酒度 +3／酒精度數 16度

以傳統技術釀製而成
酒通愛好的酒款

這款純米吟釀是以山廢釀造法釀製而成，帶有華麗的香氣。原料米使用的是「山田錦」與「秋田酒小町」，喝起來帶有米的細緻餘韻，相當受酒通的喜愛。榮獲IWC的金賞。建議冰鎮至10℃左右來飲用。

純米大吟釀 鳥海山

純米大吟釀酒

DATA			
原料米	契作栽培酒造好適米	日本酒度	±0～+2
精米比例	50%	酒精度數	15度
使用酵母	ND-4（東農農大短釀分離株）	日本酒的類型	薰酒

香甜水潤的IWC金賞得獎酒

這家酒藏建立於明治7（1874）年，受惠於來自鳥海山的清冽伏流水。自行發起研究會栽培優質的酒米。秉持秋田流派的釀法，追求「令飲用者身心放鬆」的酒。這款「鳥海山」帶有華麗的香氣與水潤的酸味，是能襯托料理的芳醇純米大吟釀。

▨▨▨ 這款也強力推薦！ ▨▨▨

大吟釀 天壽

大吟釀酒

原料米 契作栽培酒造好適米／精米比例 40%／使用酵母 自社保存株／日本酒度 +2～+4／酒精度數 17度

使用契作栽培
酒造好適米的大吟釀

這款大吟釀使用了天壽酒米研究會所產的契作栽培酒造好適米，帶有秀麗的香氣與豐盈的滋味。榮獲ISC國際烈酒競賽金賞。

秋田　西村釀造店　能代市

樂泉 純米大吟釀 十六代

純米大吟釀酒

DATA	
原料米	山田錦
精米比例	40%
使用酵母	協會1801號
日本酒度	＋3.5
酒精度數	16.2度

繼承傳統的第16代當家所釀造的酒

寶曆元（1751）年，由近江商人在擁有豐沛水源與稻米的能代市建立的酒藏。以「抱持著誠意、創意與努力滿足顧客需求」為社訓。正如「十六代」之名所示，這是由第16代的現任當家以講究的水與米釀出的名酒。

這款也強力推薦！

樂泉 純米吟釀 白神之風

純米吟釀酒

原料米 秋田酒小町／精米比例 55%／使用酵母 協會1801號／日本酒度 ＋4／酒精度數 15.5度

使用白神山水，香氣優雅的酒款

這款純米吟釀是使用名水「白神山水」與酒米「秋田酒小町」，以手工作業精心釀成。沉穩而高雅的香氣為其特色。

秋田　喜久水酒造　能代市

特別純米 喜一郎之酒

特別純米酒

DATA			
原料米	能代產秋田酒小町	使用酵母	M310
		日本酒度	－1
精米比例	58%	酒精度數	15.5度

可感受到「秋田酒小町」鮮味的酒

這家酒藏建立於明治8（1875）年。當時被稱為「喜三郎之酒」而深受愛酒者喜愛。擁有隧道式地下貯藏窖，可讓酒在理想的環境下長期熟成。「喜一郎之酒」的這款純米酒是由預計成為第7代的當家釀製，酒體扎實且帶有溫和的香氣與滋味。

這款也強力推薦！

純米吟釀 喜三郎之酒

純米吟釀酒

原料米 能代產華吹雪／精米比例 55%／使用酵母 協會901號／日本酒度 ±0／酒精度數 16.5度

低溫熟成酒，品飲一口便能理解酒藏的堅持

這款純米吟釀冠上了酒藏當家所繼承的名字「喜三郎」。歷代當家喜好色彩濃厚，如今的滋味深邃而厚重，深受行家喜愛。

秋田　飛良泉本舖　仁賀保市

飛良泉 山廢純米酒

純米酒

DATA			
原料米	美山錦	日本酒度	＋4
精米比例	60%	酒精度數	15度
使用酵母	自社酵母	日本酒的類型	醇酒

風味圓潤的山廢釀造純米酒

這家酒藏建立於室町時代中期的長享元（1487）年。堅持古傳的山廢釀造法，至今仍堅守小酒藏才能辦到的手工釀造作業。這款代表「飛良泉」的純米酒，特色在帶有山廢特有的乳酸系酸味以及豐潤的滋味。

這款也強力推薦！

飛良泉 大吟釀 欅藏

大吟釀酒

原料米 山田錦／精米比例 35%／使用酵母 自社酵母／日本酒度 ＋2／酒精度數 15度

香氣華麗的頂級大吟釀

這款大吟釀屬於頂級系列，舒暢的口感與深邃的滋味十分立體。吟釀香奢華不已。建議冰鎮後以杯身輕薄的玻璃杯來飲用。

大吟釀 鹿角

秋田
鹿角之銘酒
鹿角市

大吟釀酒

DATA
原料米 山田錦	日本酒度 +3
精米比例 40%	酒精度數 15～16度
使用酵母 秋田華小町酵母	

貫徹寒釀造的酒藏的代表酒款

這家酒藏建立於明治5（1872）年。與尾去澤礦山的興盛同步，建造於十和田八幡平立國立公園附近。貫徹利用清新氣候與水質的寒釀造，採小型釀造法嚴謹地釀製每一瓶酒。這款酒藏的自信之作「大吟釀鹿角」，屬於香氣和諧芬芳的淡麗辛口酒。

這款也強力推薦！

特別純米酒 左多六

特別純米酒

原料米 秋田酒小町／精米比例 60%／使用酵母 AK-1／日本酒度 +2／酒精度數 15～16度

提引出米的鮮味 芳醇的辛口酒

這款純米酒的滋味與香氣飽滿，喝起來的口感十分圓潤，可充分品嚐到「秋田酒小町」的鮮味。是一款追求高品質的辛口酒。

太平山 純米大吟釀 天巧

秋田
小玉釀造
潟上市

純米大吟釀酒

DATA
原料米 山田錦	日本酒度 +2
精米比例 40%	酒精度數 16～17度
使用酵母 自社酵母	

以生酛釀造法釀製，充滿果味的酒

明治12（1879）年以味噌與醬油的釀造商身分創業。自大正2（1913）年起涉足釀酒業，並以秋田流生酛釀造的發祥酒藏而聞名。「天巧」是代表品牌「太平山」的純米大吟釀，可享受到果香與米的鮮味。榮獲世界菸酒食品評鑑會的最高金賞。

這款也強力推薦！

純米吟釀 澄月

純米吟釀酒

原料米 秋田酒小町／精米比例 55%／使用酵母 自社酵母／日本酒度 +1／酒精度數 15～16度

清冽的酒款 燗酒也十分美味

這款帶有華麗吟釀香的酒是使用「秋田酒小町」釀成。風味澄潤，入喉口感舒暢，並充滿扎實的米芯鮮味。

大吟釀 北秋田

秋田
北鹿
大館市

大吟釀酒

DATA
原料米 山田錦・秋田縣產米	日本酒度 +3
	酒精度數 15～16度
精米比例 50%	日本酒的類型 薰酒
使用酵母 協會1801號	

以低溫發酵釀造而成的華麗酒款

這家酒藏是由北秋田郡與鹿角郡的業者於昭和19（1944）年共同建立。在這塊稻米產量足、優質水湧現而適合釀酒的土地上，以傳統製法改良而成的秋田流生酛釀造法來釀造。代表酒「北秋田」的這款大吟釀，華麗豐富的滋味會滿盈口中。

這款也強力推薦！

純米吟釀原酒 雪之十和田

純米吟釀酒

原料米 山田錦／精米比例 50%／使用酵母 協會901號／日本酒度 +3／酒精度數 17～18度

充滿果實風味的吟釀酒

洋溢著果實香氣，滋味豐盈又濃郁。這款高雅的純米吟釀是善用嚴寒的氣候釀製而成。

出羽鶴 大吟醸 飛翔之舞

大吟醸酒

DATA

原料米	秋田酒小町	日本酒度	+1
精米比例	40%	酒精度數	16～17度
使用酵母	M310		

從米開始就很講究的高雅大吟醸

這家酒藏建立於慶應元（1865）年。以取自奧羽山系清冽的水作為釀造用水，杜氏與藏人在清新的空氣下從事酒米的栽培，並仔細嚴謹地進行釀酒作業。使用「秋田酒小町」的「飛翔之舞」，是一款口感滑順且香氣華麗的大吟醸。

出羽鶴 純米酒 松倉

特別純米酒

原料米 特別栽培秋田小町／精米比例 60%／使用酵母 協會9號／日本酒度 ±0／酒精度數 15～16度／日本酒的類型 醇酒

散發高雅品格的酒款

不使用農藥栽培用來當作原料的秋田小町。這款以無農藥米精心釀製而成的純米酒，風味暢快且極富深度。

秋田

刈穗 大吟醸

大吟醸酒

DATA

原料米	山田錦・美山錦	日本酒度	+3
		酒精度數	16～17度
精米比例	45%	日本酒的類型	醇酒
使用酵母	秋田流花酵母		

淡麗且尾韻俐落，大吟醸的最佳傑作

大正2（1913）年建立於雄物川河畔的酒藏。徹底管理釀酒作業，包括低溫長期發酵、不花無謂的力氣而是善用酒槽來搾取全量的酒液等。這款大吟醸是「刈穗」的最佳傑作，香氣裡帶有透明感，滋味淡麗卻有勁。最大特色在於俐落的尾韻。

刈穗 山廢純米 超辛口

特別純米酒

原料米 美山錦・秋之精／精米比例 60%／使用酵母 自社酵母／日本酒度 +12／酒精度數 15～16度／日本酒的類型 醇酒

具上等鮮味的純米酒

以酒藏傳統的山廢釀造法讓醪發酵至極致，屬於超辛口的純米酒。不只帶有辛辣味，與米的鮮味之間也達到完美的調合。

千代綠 純米大吟醸 MS3

純米大吟醸酒

DATA

原料米	山田錦・美山錦	日本酒度	+2
精米比例	均為50%	酒精度數	16度
使用酵母	藏內酵母MS3		

以藏內酵母釀成，百喝不膩的酒款

延寶年間（1673年左右）在積雪深厚且自然資源豐富的大仙創業。這家小規模生產的酒藏是由藏元杜氏與當地年輕的稻米生產者，懷抱著熱情釀出風味溫和的酒。這款以藏內酵母「MS3」釀成的純米大吟醸百喝不膩，很適合搭配任何料理。

千代綠 SP

純米大吟醸酒

原料米 山田錦・秋田酒小町／精米比例 均為50%／使用酵母 小町酵母SPECIAL／日本酒度 +1／酒精度數 16度

香氣清爽的酒款

使用新開發的「小町酵母SPECIAL」。這是一款充滿真實風味、帶有清爽吟釀香，尾韻俐落而口感舒暢的酒。

秋田　鈴木酒造店　大仙市

秀良（秀よし）大吟醸

大吟釀酒

DATA

原料米	山田錦・秋田酒小町	使用酵母	自社酵母
精米比例	40%	日本酒度	+3.5
		酒精度數	15度

充滿果實風味，口感滑順的大吟釀

這家酒藏認為「與地區飲食文化交融才是釀酒的真諦」，在守護傳統的同時也進行革新的釀酒作業。建立於元祿2（1689）年。秋田藩主曾以「秀麗良好」大讚這裡的酒，因而將酒名取為「秀良」。這款大吟釀具有果實般的吟釀香與滑順口感。

這款也強力推薦！

秀良（秀よし）純米大吟釀酒 松聲

純米吟釀酒

原料米 秋田酒小町／精米比例 50%／使用酵母 自社酵母／日本酒度 +3／酒精度數 15度

入喉口感輕盈 無比芬芳的酒款

散發高雅沉穩的吟釀香，與「秋田酒小町」柔和的鮮味十分契合。這是一款香氣獨特的「香酒」。請確實冰鎮後飲用。

秋田　秋田清酒　大仙市

大和雫（やまとしずく）純米吟釀

純米吟釀酒

DATA

原料米	秋田酒小町	日本酒度	+5
精米比例	55%	酒精度數	15～16度
使用酵母	秋田酵母No.12		

使用高品質「秋田酒小町」的酒款

這家酒藏建立於慶應元（1865）年。擁有「出羽鶴酒造」與「刈穗酒造」2間酒藏。「大和」是1994年創造的新品牌。從栽培酒米開始著手，費心釀造地域性與個性皆鮮明立體的酒款。這款純米吟釀的特色在於柔和的滋味。

這款也強力推薦！

大和雫（やまとしずく）純米酒

純米酒

原料米 美山錦／精米比例 60%／使用酵母 秋田流花酵母／日本酒度 +5／酒精度數 15～16度

易於搭配料理的 爽快純米酒

使用契作栽培的米，並堅持手工釀造的純米酒。口感銳利且尾韻俐落，清爽的酸味令人印象深刻。適合搭配的料理範疇廣泛。

秋田　金紋秋田酒造　大仙市

熟成古酒 山吹GOLD

DATA

原料米	清錦（キヨニシキ）	日本酒度	−1.5
精米比例	70%	酒精度數	18度
使用酵母	協會9號	日本酒的類型	熟酒

可以慢慢感受到鮮味的熟成古酒

這家酒藏建立於昭和14（1939）年，透過熟成等各種方法帶出日本酒特有的鮮味。這款酒是由技術純熟的職人將數款10年、最長20年的熟成古酒混合而成。帶有熟成古酒特有的琥珀色澤以及甜味與香氣。建議以冷酒或加冰塊方式飲用。

這款也強力推薦！

X3 三倍麴釀造純米酒

純米酒

原料米 憨愛（めんこいな）／精米比例 70%／使用酵母 固狀酵母／日本酒度 −25／酒精度數 15.6度

使用3倍的麴 如甘酒般的純米酒

這款酒的麴用量是一般的3倍。目標在於提引出米的甜味，釀出口感舒暢且偏甜的純米酒。建議冷飲或加蘇打汽水稀釋。

秋田

秋田 日之丸釀造 横手市

大吟釀酒

別格大吟釀 滿作之花
（まんさくの花）

DATA

原料米	兵庫縣產 山田錦	使用酵母	不公開
		日本酒度	+4
精米比例	38%	酒精度數	16度

香氣華麗，酒藏引以為豪的大吟釀

這家酒藏建立於元祿2（1689）年，堅持手工釀造。將搾取酒液後的貯藏視為第二次釀造，進行低溫瓶貯藏。使用自家精磨的「山田錦」釀成的「滿作之花」，是酒藏自豪的頂級大吟釀。帶有馥郁的華麗香氣，以及增添圓熟感的柔和味道。

這款也強力推薦！

特別純米酒

特別純米酒 旨辛滿作
（うまからまんさく）

原料米 秋田縣產酒造好適米／精米比例 55%／使用酵母 自社酵母／日本酒度 +10／酒精度數 16度

使用杜氏栽培的酒米釀成的辛口酒

這款純米酒保留了「滿作之花」的溫和滋味，同時以鮮味封存了辛味，亦可當作餐中酒。冷飲或燗酒皆宜。

秋田

秋田 阿櫻酒造 横手市

特別純米

阿櫻 特別純米無過濾原酒 中取限定品

DATA

原料米	秋田酒小町	日本酒度	+5
精米比例	60%	酒精度數	17.8度
使用酵母	協會901號		

入喉口感猶如彈珠汽水般的原酒

這家酒藏建立於明治19（1886）年。在山內杜氏的故鄉橫手市建造酒藏，以長期低溫發酵的秋田流派釀造法進行古傳的釀酒作業。這款純米酒使用的是平衡感絕佳的「中取」，入喉順暢且尾韻俐落，可充分享受到米原有的鮮味。

這款也強力推薦！

純米吟釀

阿櫻 純米吟釀 無過濾原酒 美鄉錦

原料米 美鄉錦／精米比例 50%／使用酵母 秋田酵母No.15／日本酒度 +3／酒精度數 16.8度

可盡情品味美鄉錦鮮味的酒款

這款純米吟釀是用產量稀少的秋田產造好適米「美鄉錦」釀成。稍強的酸味讓米的豐富鮮味變得更立體。建議冷飲。

秋田 舞鶴酒造 横手市

純米酒

山廢純米酒 田从

DATA

原料米	慤愛	日本酒度	+5
精米比例	60%	酒精度數	18度
使用酵母	協會9號		

建議以燗酒飲用的山廢釀造純米酒

這家酒藏建立於大正7（1918）年。貫徹古傳的手工釀造作業，只出貨經過3年以上熟成的純米酒。以平時即可飲用，搭配飲食也很美味的酒為目標。「田从」是以減農藥米釀成，帶有山廢釀造獨具的深濃滋味與酸味。建議加熱成燗酒。

這款也強力推薦！

純米吟釀

純米吟釀 月下之舞

原料米 山田錦／精米比例 50%／使用酵母 協會9號／日本酒度 +5／酒精度數 15度

經過適度熟成百喝不膩的酒款

帶有熟成後的宜人鮮味，屬於喝多也不會疲乏的餐中酒。使用的是當地的酒造好適米「山田錦」。以燗酒品飲更美味。

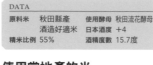

特別純米酒 天之戶 美稲

秋田
淺舞酒造
横手市

秋田

特別
純米酒

DATA			
原料米	秋田縣產	使用酵母	秋田流花酵母
	酒造好適米	日本酒度	＋4
精米比例	55％	酒精度數	15.7度

使用當地產的米
芳醇旨口的純米酒

這家酒藏建立於大正6（1917）年。坐落在横手盆地的中心位置，由於這是一塊適合種稻的肥沃土地，因此僅使用酒藏半徑5公里內的田地所栽培出的酒米。以酒藏內湧出的水「琵琶湖寒泉」作為釀造用水，堅持釀造純米酒。

代表品牌「天之戶」的名稱是取自日本神話中天照大神的知名軼事，也就是「天岩戶」，因此酒標上還使用勾玉作為裝飾。「美稲」這款餐中酒可說是「天之戶」這個品牌的代名詞，柔和的香氣與宜人的酸味之間形成了絕妙的平衡。CP值高這點也很討喜。

///// 這款也強力推薦！

天之戶 純米大吟醸35

純米
大吟醸酒

原料米 秋田縣產酒造好適米／精米比例 35％／使用酵母 不公開／日本酒度 ＋3／酒精度數 16.5度／日本酒的類型 薰酒

酒藏自豪的頂級酒款

在「天之戶」中稱得上是最高等級的逸品。100％使用秋田縣產的酒造好適米，將精米比例降低到35％。香氣華麗，滋味豐盈。餘韻充滿果實的風味。建議以冷酒方式飲用。

特別純米酒 大納川

秋田
備前酒造本店
横手市

秋田

特別
純米酒

DATA			
原料米	北秋田酒小町	日本酒度	＋3
精米比例	60％	酒精度數	15.8度
使用酵母	秋田酵母No.12		

充滿果香且餘韻絕佳的酒款

這家酒藏建立於大正3（1914）年。以來自保呂羽山伏流水的井水作為釀造用水，並使用和式窯與蓋麴，經過長期低溫發酵來釀造，藉由古傳技術來進行釀酒作業。代表品牌「大納川」的這款純米酒帶有未熟香蕉的香氣，以及微酸的舒暢滋味。

///// 這款也強力推薦！

純米大吟醸 大納川

純米
大吟醸酒

原料米 秋田酒小町／精米比例 45％／使用酵母 自社酵母／日本酒度 ＋4／酒精度數 16度

酸味宜人
芳醇淡麗的辛口酒

這款是以自社酵母釀成的大吟醸。帶有草莓般的酸甜香氣與豐盈的口感。屬於淡麗辛口風味，餘味也十分爽快。

一滴千兩 上撰 本釀造

本釀造酒

DATA

原料米	一般米	使用酵母	協會701號
精米比例	麴米：65%	日本酒度	+4
	掛米：70%	酒精度數	15度

以傳統製法釀成的淡麗辛口酒

這家酒藏建立於昭和20（1945）年。以秋田的天然水作為釀造用水，繼承傳統技術的同時也持續挑戰嶄新的酒款。「一滴千兩」即是堅守傳統製法釀成，為酒藏的代表酒款。屬於滋味舒暢的淡麗辛口酒。從冷飲至熱燗，可享受不同的飲用溫度。

特別純米酒 **小野小町**
（小野こまち）

特別純米酒

原料米 掛米：秋田酒小町・麴米：秋田酒小町／精米比例 60%／使用酵母 協會701號／日本酒度 +2／酒精度數 15度／日本酒的類型 醇酒

滋味豐盈的酒款

這是一款芳醇的特別純米酒。屬於口感輕快的中辛口酒，香氣馥郁且滋味飽滿。後味清爽俐落。建議冰得透心涼再飲用。

秋田

純米大吟釀 雪月花

純米大吟釀酒

DATA

原料米	秋田酒小町	日本酒度	±0
精米比例	40%	酒精度數	15度
使用酵母	自社酵母		

入喉口感滑順的純米大吟釀

明治7（1874）年在秋田首屈一指的大雪地區湯澤市創業。善用寒冷的氣候，確立了獨家的低溫長期釀造法。同時也將技術公開分享給其他酒藏。代表酒「兩關」的這款「雪月花」是帶有高雅香氣的純米大吟釀，為追求滑順口感的逸品。

兩關 純米酒

純米酒

原料米 秋田縣產米／精米比例 59%／使用酵母 不公開／日本酒度 +2.8／酒精度數 16度

充滿果實風味的清爽純米酒

這款純米酒是將秋田縣產的優質米精磨之後釀製而成。含一口在嘴裡，猶如果實般的清爽滋味便會擴散開來。建議冷飲。

COLUMN

這家酒販店可以買到
秋田縣民想私藏的人氣酒款

在這家夢幻的酒販店可以買到秋田縣的人氣酒款，像是一瓶難求的NEXT5酒藏的酒等等，位在市區，從秋田車站開車約10分鐘左右。店長吉田先生也是深受各家酒藏信賴的人。在此介紹這家秋田縣民不想與人分享、只有內行人才知道的吉田商店，雖然感覺好像會遭縣民怨恨，不過旅行之際請務必試著走訪一回。

吉田商店
地址：秋田県秋田市広面字谷内佐渡33-1
電話：018-832-3768

秋田

秋田銘釀 (湯澤市)

爛漫 純米大吟釀 唐獅子

純米大吟釀酒

DATA			
原料米	山田錦	日本酒度	+2
精米比例	40%	酒精度數	16～17度
使用酵母	秋田今野No.24		

僅用山田錦與麴釀成的辛口大吟釀

釀酒師與政經人士於大正11（1922）年共同創立這家酒藏，打算將秋田的美酒販售到全日本。投注時間心力以秋田流派的低溫長期釀造法進行釀酒。代表品牌「爛漫」的這款唐獅子是僅用山田錦與麴釀成的純米大吟釀。香氣華麗且深富層次。

這款也強力推薦！

爛漫 純米吟釀 香氣爛漫
（香り爛漫）

純米吟釀酒

原料米 秋田酒小町／精米比例 60%／使用酵母 小町酵母SPECIAL／日本酒度 +3／酒精度數 15～16度／日本酒的類型 薰酒

滿溢果香的純米吟釀

這款純米吟釀使用的是湯澤產的「秋田酒小町」與「小町酵母SPECIAL」。柔和的滋味中帶有華麗的香氣。建議冷飲。

木村酒造 (湯澤市)

大吟釀 福小町

大吟釀酒

DATA			
原料米	山田錦	日本酒度	+2
精米比例	40%	酒精度數	16.5度
使用酵母	協會1801號	日本酒的類型	薰酒

滋味深邃且奢侈的大吟釀

這家酒藏建立於元和元（1615）年。每道程序都不假機器之力，而是堅持以人力嚴謹地進行寒釀造。代表品牌「福小町」的這款大吟釀帶有華麗豐富的香氣，並兼具深邃的鮮味與濃郁層次。奢侈的滋味令酒通也讚嘆。IWC 2012的冠軍日本酒。

這款也強力推薦！

純米吟釀 福小町

純米吟釀酒

原料米 酒造好適米／精米比例 55%／使用酵母 協會1801號／日本酒度 +2.5／酒精度數 15.5度

希望每天固定品飲口感滑順的酒款

這款純米吟釀的鮮味與酸味達到絕妙的平衡。充滿果實風味且滋味滑順，讓人每天都想品飲。

山本 (山本郡八峰町)

純米吟釀 山本 Pure Black

純米吟釀酒

DATA	
原料米	秋田酒小町
精米比例	麴米50%
	掛米55%
使用酵母	秋田酵母No.12
日本酒度	+3
酒精度數	16度

感受得到水潤酸味的招牌酒款

這家酒藏建立於明治34（1901）年。將從白神山地湧現的天然水直接導引至酒藏，運用於釀酒的所有工程中。火入與低溫貯藏等等，在酒的管理上也十分費心。這款「Pure Black」的口感輕快，是百喝不膩的純米吟釀。

這款也強力推薦！

純米 超辛（ど辛）

純米酒

原料米 福響（ふくひびき）／精米比例 65%／使用酵母 藏內分離SEXY山本（セクシー山本）／日本酒度 +15／酒精度數 15.5度

從甜味一口氣轉為超辛口的酒款

這是一款超辛口純米酒，含在嘴裡可感受到微微的甜味，然而入喉的瞬間便有股辛辣味一口氣湧現。建議加熱飲用。

霞城壽 大吟醸 壽久藏

山形

壽虎屋酒造

山形市

DATA

原料米	山田錦	日本酒度	+3
精米比例	35%	酒精度數	17度
使用酵母	KA16-1		

在鑑評會上獲得金賞的大吟醸原酒

建立於享保年間（1716～1736）。這家酒藏吟醸酒以上的等級一律不用掛米，而是使用全部僅以麴米釀製的速釀酒母。「壽久藏」是以山出錦釀成的大吟醸原酒，寄託了「壽命長久」之願，獲得日本全國新酒鑑評會的金賞。建議冰鎮後飲用。

這款也強力推薦！

霞城壽 破三百年之規
（三百年の掟やぶり）

原料米 出羽燦燦與出羽之里／精米比例 65%／使用酵母 KA NO31／日本酒度 +10／酒精度數 19度

搾取後立即裝瓶的生原酒

這款酒是「無過濾槽前原酒」，讓搾取出的酒液保持原本的狀態，未經任何加工。打破酒藏長年來的成規釀成的本釀造酒。

山形

秀鳳 純米大吟醸 山田穗22％生原酒

山形

秀鳳酒造場

山形市

DATA

原料米	山田穗	日本酒度	±0
精米比例	22%	酒精度數	17度
使用酵母	山形酵母		

對米有所堅持，分別使用十幾種品種

分別使用十幾種酒米，以「釀造能提引山米的個性的酒」為目標。大部分的原料米都是自行進行精米處理。這款純米大吟醸「山田穗22％生原酒」，使用的是酒造好適米「山田穗」，只要稍微冰鎮即可感受到華麗的香氣。

這款也強力推薦！

秀鳳 特別純米酒 超辛口＋10

原料米 美山錦／精米比例 55%／使用酵母 山形酵母／日本酒度 +10／酒精度數 16度

加熱成溫燗後滋味更加鮮明立體

這款是使用美山錦的超辛口酒。價格也很公道。加熱成40℃的溫燗，即可享受到舒暢的滋味。

山形正宗 辛口純米

山形

水戶部酒造

天童市

DATA

原料米	出羽燦燦	日本酒度	+8
精米比例	60%	酒精度數	16度
使用酵母	協會9號系	日本酒的類型	薰酒

尾韻宛如名刀般俐落不已的酒款

這家酒藏建立於明治31（1898）年，堅持以手工少量生產。釀造用水是使用立谷川清冽的伏流水。對米也很講究，分為自家栽培與契作栽培。「山形正宗」這款純米酒，當米的鮮味擴散之後，尾韻便如名刀「正宗」般舒暢，屬於爽口的餐中酒。

這款也強力推薦！

山形正宗 赤磐雄町

原料米 雄町／精米比例 50%／使用酵母 協會14號系／日本酒度 +2／酒精度數 16度

發揮渾身解數釀成的優雅純米吟醸

使用的是岡山縣赤磐產的米「雄町」，並精選出該年度儲存酒槽中最優質的酒製成的人氣商品，礦物質豐富，滋味相當優雅。

山形

出羽櫻酒造

天童市

出羽櫻 純米大吟釀 一路

純米大吟釀酒

DATA			
原料米	山田錦	日本酒度	+4
精米比例	45%	酒精度數	15度
使用酵母	小川酵母		

IWC 2008「冠軍日本酒」優美滋味達吟釀酒之巔峰

這家酒藏建立於明治25（1892）年。憑藉當地藏人之力徹底採行手工作業，使用嚴選的米與水來釀酒。吟釀酒「出羽櫻 鴨田」最初僅用於鑑評會，該酒藏則率先降低價格銷售給一般人，並推出平易近人的銘酒，長久以來深受當地人喜愛。榮獲東京農大主辦的鑽石賞、日本全國鑑評會金賞，在東北鑑評會上也獲得殊榮，獲獎經歷無數。這款「一路」可說是大吟釀酒的巔峰之作，充滿果實風味，「山田錦」的鮮味會在嘴裡擴散開來。這款優美的酒並獲得IWC 2008的最高獎項「冠軍日本酒」。建議以冷酒方式來飲用。

這款也強力推薦！

出羽櫻 純米吟釀 出羽燦燦

純米吟釀酒

原料米 出羽燦燦／精米比例 50%／使用酵母 山形酵母／日本酒度 +4／酒精度數 15度

堅持100%使用山形的產品滿溢果香的純米吟釀酒

為了紀念山形開發出原創的酒造好適米「出羽燦燦」而發售的酒款。水、米與酵母，所有材料全都是山形所產。散發出柔和適中的吟釀香，含一口在嘴裡，豐富的滋味就會擴散開來。酸味與甜味之間也達到絕妙的平衡，是款享有高人氣的純米吟釀酒。

山形

千代壽虎屋

寒河江市

純米大吟釀 虎睡 千代壽

純米大吟釀酒

DATA			
原料米	美山錦	日本酒度	+2
精米比例	48%	酒精度數	16度
使用酵母	山形酵母・協會1801號		

充滿「美山錦」鮮味的芳醇酒款

這家酒藏建立於大正11（1922）年。堅持以山形地酒的形式生產，與酒米生產團隊攜手，實踐從米的生產開始釀酒。「千代壽」的虎睡是耗費時間與精力進行管理，慢慢發酵而成的純米大吟釀。使用「美山錦」。建議冰鎮後以薄玻璃酒器來飲用。

這款也強力推薦！

特別純米酒 出羽之里 千代壽

特別純米酒

原料米 出羽之里／精米比例 60%／使用酵母 山形酵母／日本酒度 +3／酒精度數 15度

十分適合葡萄酒杯的特別純米酒

使用當地產的酒造好適米「出羽之里」。這是一款柔和滋味與沉穩香氣完美調合的特別純米酒。建議使用葡萄酒杯來飲用。

澤正宗 純米酒

山形
古澤酒造
寒河江市

純米酒

DATA			
原料米	山形縣產生抜（はえぬき）	日本酒度	±0
精米比例	65%	酒造度數	15度
使用酵母	山形酵母		

提引出酒米鮮味的柔和酒款

這家酒藏於天保7（1836）年建立在寒河江地區，這一帶積雪深厚且溫差大，相當適合釀酒。兼具傳統技術與近代設備，釀造過程不加糖，生產山高品質的酒。「澤正宗」使用當地產的米「生抜」。米的滋味深邃且口感柔和。建議溫燗。

這款也強力推薦！

澤正宗 純米大吟釀 美田美酒

純米大吟釀酒

原料米 山形縣產出羽燦燦／精米比例 50%／使用酵母 山形酵母／日本酒度 ±0／酒精度數 15度

女性也能輕易飲用的純米大吟釀

使用當地產的酒好適米「出羽燦燦」以及山形開發出的酵母。滋味柔和豐富，也很受女性喜愛。

銀嶺月山 純米大吟釀

山形
月山酒造
寒河江市

純米大吟釀酒

DATA			
原料米	山田錦	日本酒度	12
精米比例	45%	酒精度數	15度
使用酵母	山形酵母		

使用「山田錦」，香氣華麗的酒款

以獲選為「日本名水百選」的月山伏流水作為釀造用水，嚴謹地進行釀酒作業。榮獲國際葡萄酒競賽2014純米吟釀、純米大吟釀部門的最高榮譽（Trophy），代表品牌「銀嶺月山」的這款純米大吟釀，帶有華麗的香氣與高雅的滋味。

這款也強力推薦！

銀嶺月山 純米大吟釀 限定釀造

純米大吟釀酒

原料米 山田錦・出羽燦燦／精米比例 50%／使用酵母 山形酵母／日本酒度 +2／酒精度數 15度

風味和諧交融的限量大吟釀

使用「山田錦」與山形縣產的酒造好適米「出羽燦燦」，屬於限定釀造的酒款。柔和的滋味與清爽的香氣形成絕妙的平衡。

新玉（あら玉）出羽燦燦 純米大吟釀

山形
和田酒造
西村山郡河北町

純米大吟釀酒

DATA			
原料米	出羽燦燦	日本酒度	+3
精米比例	40%	酒精度數	15度
使用酵母	山形酵母		

可充分享受到出羽燦燦的滋味

這家酒藏建立於寬政9（1797）年。以積雪終年不化的月山伏流水作為釀造用水。使用山形縣產的酒造好適米「出羽燦燦」作為原料，因此釀出的酒帶有出羽燦燦特有的柔和滑順滋味。建議冰得恰到好處再飲用。

這款也強力推薦！

名刀 月山丸

大吟釀 雫取原酒（しずく採り原酒）

大吟釀酒

原料米 山田錦／精米比例 35%／使用酵母 山形酵母與協會酵母／日本酒度 +1／酒精度數 17度

唯有原酒方能成就的典雅之作

100%使用酒造好適米「山田錦」釀製。帶有原酒獨特的芳醇滋味與高雅的香氣。

山形 佐藤佐治右衛門 — 東田川郡庄内町

大吟釀 **大和櫻**（やまと桜）金賞得獎酒

大吟釀酒

DATA

原料米	山田錦	日本酒度	+3
精米比例	40%	酒精度數	16.8度
使用酵母	山形酵母		

手工釀造，獲得金賞的芳醇大吟釀

這家酒藏建立於明治23（1890）年。當地藏人投注時間精力，釀造出受到當地人喜愛的酒款。帶有柔和的滋味，彷彿反映出庄內町居民的溫和人品。代表品牌「大和櫻」的這款大吟釀，在日本全國新酒鑑評會上連續獲得金賞。香氣芳醇而高雅。

這款也強力推薦！

純米吟釀 **大和櫻**（やまと桜）

純米吟釀酒

原料米 出羽燦燦／精米比例 50%／使用酵母 山形酵母／日本酒度 +1／酒精度數 15.6度

帶有鮮味與俐落尾韻的辛口純米吟釀

使用當地產的酒造好適米「出羽燦燦」。可以確實品嘗到鮮味，是一款尾韻俐落的純米吟釀。建議冰鎮後飲用。

山形 六歌仙 — 東根市

手間暇 大吟釀

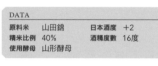

大吟釀酒

DATA

原料米	山田錦	日本酒度	+2
精米比例	40%	酒精度數	16度
使用酵母	山形酵母		

不辭辛勞釀製而成的大吟釀

同一地區的5家酒藏於昭和47（1972）年合併建立。以「投注時間心力於所有酒款」為宗旨，連品牌名稱都取為「手間暇」（費時費力之意）。這款辛口大吟釀帶有俐落的尾韻，含在嘴裡便會有股華麗的香氣擴散開來。冰鎮後飲用最佳。

這款也強力推薦！

山法師 純米吟釀

純米吟釀酒

原料米 出羽燦燦／精米比例 60%／使用酵母 山形酵母／日本酒度 −1／酒精度數 16度

甜味與鮮味完美調合的酒款

這款酒使用山形縣產的酒造好適米「出羽燦燦」。帶有清爽的甜味，口感十分輕盈。後味可以感受到爽口的鮮味。

山形 小屋酒造 — 最上郡大藏村

花羽陽 辛口吟釀 花之枝

特別本釀造酒

DATA

原料米	美山錦	日本酒度	+5
精米比例	50%	酒精度數	15.4度
使用酵母	山形酵母		

不會搶過料理的風味，平衡感佳的酒款

建立於文祿2（1593）年，歷史悠久的酒藏。以釀製不會過於搶鋒頭的酒款為目標，方便搭配料理一同享用。這款「花之枝」豔麗的櫻花酒標相當吸睛，香氣與味道間的平衡絕佳，女性也能輕易飲用。

這款也強力推薦！

大吟釀 **絹**

大吟釀酒

原料米 山田錦／精米比例 35%／使用酵母 山形酵母／日本酒度 +3／酒精度數 16.4度

柔和的口感宛如絲綢一般

100%使用酒造好適米「山田錦」。以「如絲綢般的柔和感」為目標所釀出的酒。果實般的香氣與俐落的尾韻也魅力十足。

酒田市的酒造
MAP

山形縣酒田市是日本首屈一指的稻米產地。江戶時代，往返於最上川上的船隻絡繹不絕，甚至還獲得「西有堺港（大阪），東有酒田」之盛讚。

秋田縣

酒田市

新潟縣

山形縣

麓井酒造
↓78頁

344

345

日本海東北自動車道

酒田酒造
↓78頁

酒田車站

楯之川酒造
→77頁

東北銘釀
↓76頁

最上川

菊勇
↓76頁

112

ワ

羽越本線

Eau de Vie庄內
↓77頁

赤川

75

初孫 生酛純米酒

山形

純米酒

東北銘釀

酒田市

山形

DATA			
原料米	美山錦	日本酒度	+3
精米比例	60%	酒精度數	15.5度
使用酵母	自社酵母		

以生酛釀造法製成
後味清爽俐落的純米酒

這家酒藏建立於明治26（1893）年。以手工釀製吟釀為原點，將其專業技術引進平成6（1994）年新設立的酒藏，並進行設備化。以「釀造帶有鮮味與濃郁風味、尾韻俐落且可襯托料理的酒」為信條。目前採全量生酛釀造。在日本全國新酒鑑評會與東北清酒鑑評會上，年年都得到金賞。

這款生酛純米酒是「初孫」的代表酒，將「希望受到眾人喜愛」的心願寄託在品牌上。特色在於帶有深濃滑順的風味，以及澄淨無雜質的後味。冰鎮後飲用十分舒暢，加熱成燗酒則可增添飽滿度。

///// 這款也強力推薦！/////

初孫 稻穗生詰
（いなほ生詰）

純米吟釀酒

原料米 出羽燦燦／精米比例 55%／使用酵母 自社酵母／日本酒度 +3／酒精度數 15.5度

封存新鮮的滋味
香氣華麗的純米吟釀

使用契作栽培的山形酒造好適米「出羽燦燦」。以生酛釀造法釀成的「初孫 純米吟釀」未經二次火入，將其清爽的滋味原封不動地封存起來。華麗的吟釀香與柔和的風味完美交融出鮮甜的滋味，冰得透心涼再飲用，味道會更加鮮明。

榮冠菊勇 大吟釀秘傳

山形

大吟釀酒

菊勇

酒田市

DATA			
原料米	山田錦	日本酒度	+4
精米比例	35%	酒精度數	17.5度
使用酵母	協會1801號		

獲獎無數的名酒

這家酒藏建立於昭和48（1973）年。坐落在名峰鳥海山的南邊，受惠於澄淨的空氣與水質，至今得過不計其數的獎項，像是曾在日本全國新酒鑑評會獲得金賞等。這款「大吟釀秘傳」帶有芳醇的香氣，建議冰鎮至7～10℃來飲用。

///// 這款也強力推薦！/////

榮冠菊勇 出羽之里三十六人眾
（純米酒）

純米酒

原料米 出羽之里／精米比例 68%／使用酵母 山形酵母／日本酒度 +2／酒精度數 15度

任何飲用方式
都能喝得津津有味

喝起來的口感清新且尾韻俐落。夏天先冰鎮，冬天則加熱成40℃左右的燗酒，可以享受各種不同的飲用溫度。

清泉川 銀之藏

山形

Eau de Vie 庄內

酒田市

純米吟醸酒

DATA

原料米	出羽燦燦	日本酒度	+4
精米比例	50%	酒精度數	15.5度
使用酵母	山形酵母		

堅持使用當地產的材料

明治8（1875）年，從醬油與味噌的釀造業轉型成為釀酒業。酒藏名稱「オードヴィ（Eau de Vie）」在法文中是「生命之水」的意思。誠如其名，該酒藏對於水有很強烈的堅持，使用在酒藏腹地內汲取的地下水，此為富含礦物成分的弱硬水。同時也使用當地產的酒米與酵母。

這款「銀之藏」的原料米是使用山形縣開發出的酒造好適米「出羽燦燦」。且有十足的果杏味與端正俐落的尾韻。據說使用出羽燦燦可以帶出清爽舒暢的餘味。建議以冷酒、冷飲或溫燗方式來品飲。

這款也強力推薦！

清泉川 中取斗瓶圍純米（中取瓶囲い純米）

純米酒

原料米 出羽之里／精米比例 60%／使用酵母 山形酵母／日本酒度 +4／酒精度數 15.5度

建議當作餐中酒

使用當地產的酒造好適米「山羽之里」。米的鮮味濃郁，香氣，甜味與酸味也達到絕妙的平衡。十分適合當作餐中酒，帶有強勁的滋味，搭配漢堡排、糖醋肉等味道濃郁的料理也毫不遜色。以冷酒或溫燗品飲最受喜愛。

山形

楯野川 純米大吟醸 清流

山形

楯之川酒造

酒田市

純米大吟醸酒

DATA

原料米	出羽燦燦	日本酒度	−2
精米比例	50%	酒精度數	14度
使用酵母	山形KA・協會1801號		

輕快且具透明感的純米大吟醸

這家生產全量純米大吟醸的酒藏建立於天保3（1832）年。使用當地農家「酒米研究會」所契作栽培的酒米。酒名「清流」可謂名符其實，酒體充滿了透明感與輕快感。帶有如果實般的清爽香氣。建議冰鎮後飲用。

這款也強力推薦！

楯野川 純米大吟醸 主流

純米大吟醸酒

原料米 山田錦／精米比例 50%／使用酵母 山形KA・協會1801號／日本酒度 −3／酒精度數 15度

華麗的純米大吟醸 只在限定特約店販售

在特約商店中，只有一部分的限定店才能取得這款純米大吟醸。喝下後，華麗的香氣與米的鮮味會在嘴裡均衡擴散開來。

上喜元 限定大吟醸

大吟釀酒

DATA

原料米	山田錦	日本酒度	+2
精米比例	35%	酒精度數	16度
使用酵母	自社酵母		

以袋吊方式收集酒滴
限量的奢侈大吟釀

在作為港口都市而繁榮的酒田市，由5家酒藏合而為一，於昭和21（1946）年建立。「上喜元」這個品牌名稱的由來，是期望日本酒能成為飲用者「至上喜悅的來源」。在堅持古傳手工製法的同時，為了因應多樣化的喜好，每年都會準備約30種酒米，並將米原有的滋味發揮到極致。在日本全國新酒鑑評會上有多次得到金賞的紀錄。

這款限量的「限定大吟釀」是將醪裝進酒袋中，僅收集自然滴落的酒液製成的奢侈酒款。特色在於濃郁的果實風味與俐落的尾韻。

////// 這款也強力推薦！//////

上喜元 純米 出羽之里

純米酒

原料米 出羽之里／精米比例 80%／使用酵母 自社酵母／日本酒度 +1／酒精度數 16度

可充分品味米的鮮味
價格也很良心公道的純米酒

將山形具代表性的酒造好適米「出羽之里」以80%的低精白（精米比例較低）方式精磨，再加以釀製而成的純米酒。可充分品嚐到米的滑順鮮味，尾韻俐落，十分易飲。擁有如此的高品質卻不昂貴，CP值很高這點十分出色。

麓井 麓井之圓 生酛純米本辛

特別純米酒

DATA

原料米	山形縣產美山錦	使用酵母	山形KA
精米比例	55%	日本酒度	+9
		酒精度數	16度

風味濃郁且尾韻俐落的生酛純米酒

建立於明治27（1894）年，在生酛釀造方面有口皆碑的酒藏。使用自腹地內湧出的鳥海山伏流水與庄內平原的米，釀製出講究品質的酒款。「麓井之圓 生酛純米本辛」充滿柔和濃郁的滋味，尾韻則帶有輕快風味。建議以溫燗或冷酒方式飲用。

////// 這款也強力推薦！//////

麓井 麓井之圓 大吟釀

大吟釀酒

原料米 兵庫縣產山田錦／精米比例 35%／使用酵母 協會18號／日本酒度 +1／酒精度數 17度

以頂級的水釀成的
華麗大吟釀酒

該酒藏自傲的這款大吟釀是以優質的水釀成。在高雅舒暢的滋味中散發著華麗的吟釀香。以冷酒品飲較受喜愛。

特別
純米酒

杉勇 特別純米辛口＋10原酒

DATA			
原料米	美山錦	日本酒度	+10
精米比例	55%	酒精度數	17度
使用酵母	山形酵母		

少量生產，喝起來扎實有勁的原酒

這家酒藏於大正12（1923）年，在坐擁優質原料與豐富飲食文化的土地上創業。以寒釀造製的酒帶有澄淨的滋味，風味既高雅又沉穩。「杉勇 特別純米辛口」雖然是超辛口酒，但後味隱約透著甜味，帶有原酒獨特的扎實口感。尾韻清爽俐落。

////// 這款也強力推薦！//////

杉勇 出羽之里純米酒

純米酒

原料米 出羽之里／精米比例70%／使用酵母 山形酵母／日本酒度 +2／酒精度數 15度

使用山形酒米釀製與料理十分對味

將「出羽之里」精磨至70%，帶有澄淨風味的純米酒。尾韻十分俐落，從冷酒至熱燗，可以享受各種不同的飲用溫度。

山形

東北泉 純米吟釀 美山錦

純米
吟釀酒

DATA			
原料米	山形縣產美山錦	使用酵母	山形酵母
		日本酒度	+2
精米比例	50%	酒精度數	15.5度

帶有扎實的鮮味
喝不膩的純米吟釀

建立於明治35（1902）年。擁有「出羽富士」之稱的鳥海山位於山形縣與秋田縣的交界，這家酒藏則坐落在擁有豐富大自然的鳥海山山麓。釀造用水是使用名水與赫赫有名的鳥海山伏流水。平均精米比例為56%，費心進行確實的品質管理。釀酒作業嚴謹，追求風味百喝不膩的酒款。僅製造本釀造等級以上的特定名稱酒。

「東北泉」的這款「美山錦」雖不花俏，卻是一款擁有扎實鮮味的純米吟釀。冷酒、溫燗等各種溫度皆十分美味。

////// 這款也強力推薦！//////

東北泉 來點雄町
（ちょっとおまち）

特別
純米酒

原料米 岡山縣產雄町／精米比例 58%／使用酵母 山形酵母／日本酒度 +2／酒精度數 15.5度

帶有鮮味與俐落的尾韻
使用「雄町」釀製的酒

這款酒正如其名所示，是為了提引出酒造好適米「雄町」的鮮味而釀製的純米酒。香氣內斂而舒暢，因此相當易飲，也很建議當作餐中酒。CP值亦高，無論是冰鎮或加熱成燗酒都很美味。

山形

山形 奥羽自慢

奥羽自慢市

純米吟醸酒

奥羽自慢 純米吟醸 醇辛

DATA		
原料米	美山錦	日本酒度 +3左右
精米比例	60%	酒精度數 15度
使用酵母	協會701號	

風味濃醇尾韻俐落，酒藏自豪的餐中酒

建立於享保9（1724）年。雖曾面臨停業危機，但又再次展開釀酒事業。人數不多卻謹守古法，使用酒槽並以手工搾取酒液。「醇辛」是一款濃醇風味（醇）與俐落尾韻（辛）完美交融的純米吟醸。內斂的香氣與甜度可搭配任何料理。

這款也強力推薦！

奥羽自慢 非規格酒米（ふぞろいの酒米）

原料米 不公開／精米比例 60%／使用酵母 協會701號／日本酒度 +4左右／酒精度數 15度

將不符規格的優質米發揮到極致的酒款

釀造這款酒的酒米在契作栽培的酒造好適米中，屬於顆粒小且不符規格的酒米。價格公道，品質佳而滋味扎實。

山形 竹之露

鶴岡市

純米大吟醸酒

白露垂珠 （はくろすいしゅ）

純米大吟醸 原酒 出羽燦燦 ULTRA 33

DATA		
原料米	出羽燦燦	日本酒度 ±0
精米比例	33%	酒精度數 17.5度
使用酵母	山形酵母	

留有俐落餘韻的純米大吟醸原酒

這家酒藏於安政5（1858）年在羽黑地區創業。僅使用庄內與鶴岡的在來種酒米，並以近年挖掘到的月山深層水為釀造用水，憑藉當地藏人之力來釀酒。「白露垂珠」的香氣馥郁，帶有優雅飽滿的鮮味。

這款也強力推薦！

白露垂珠 純米吟醸 美山錦55

純米吟醸酒

原料米 美山錦／精米比例 55%／使用酵母 山形酵母／日本酒度 +2／酒精度數 15.5度

可感受「美山錦」鮮味與俐落尾韻的酒款

這款純米吟醸的名稱冠上了酒仙李白詩句中的一小節。柔和的風味中，具透明感的「美山錦」鮮味與入喉的俐落感並存。

山形 渡會本店

鶴岡市

大吟醸酒

出羽之雪 大吟醸

DATA		
原料米	出羽燦燦・生拔	使用酵母 自社酵母
		日本酒度 +4
精米比例	50%	酒精度數 15.6度

希望能以葡萄酒杯飲用的大吟醸

建立於元和年間（1615～1624）的這家酒藏，同時具備傳統技能與新穎技術。連續4年獲得「最適合用葡萄酒杯品飲的日本酒大獎」。這款得獎酒「出羽之雪」的大吟醸，香氣華麗且尾韻俐落。在CP值方面也不斷挑戰自我極限。

這款也強力推薦！

特別純米酒

特別純米 和田來 出羽之里

原料米 出羽之里／精米比例 60%／使用酵母 自社酵母／日本酒度 +0.5／酒精度數 15.6度

尾韻俐落芳醇的特別純米酒

榮獲「最適合用葡萄酒杯品飲的日本酒大獎2015」的最高金賞。鮮味豐富並帶有尾韻俐落的酸味。建議冰鎮後以玻璃杯飲用。

大山 特別純米酒 十水

DATA

原料米	生抜	日本酒度	−6.5〜−7.5
精米比例	60%	酒精度數	15〜16度
使用酵母	山形KA酵母		

以十水釀造法釀製，濃醇又俐落的酒

這家酒藏建立於明治5（1872）年。費心釀造出人與人、人與酒之間達到「和諧」的酒款。「大山」的這款十水是以「十水釀造法」釀成，也就是以相同比例的米與水釀製。這款純米酒的酸甜平衡，可以在濃醇的滋味中享受到輕快的餘味。

大山 純米吟釀

原料米 山形縣產酒造好適米／精米比例 50%／使用酵母 山形酵母與山形KA酵母／日本酒度 +2.5〜+3.5／酒精度數 15〜16度

希望能以爛酒品飲芳醇的淡麗辛口酒

精磨當地的酒米，嚴謹地以低溫釀造而成的純米吟釀。高雅的香氣中帶有豐富柔和的滋味。

虎穴 純米大吟釀 無過濾生原酒 清正公

DATA

原料米	神力	日本酒度	−1
精米比例	50%	酒精度數	17.2度
使用酵母	山形酵母		

與漫畫《戰國鬼才傳》合作的酒款

建立於安永7（1778）年，與戰國武將加藤清正有淵源的酒藏。這款酒採四季釀造，在日本首都圈不斷創下發售前就頂購一空的紀錄。「虎穴」這個品牌是與漫畫《戰國鬼才傳》合作打造，其中又以這款使用熊本縣產「神力」的酒最為頂級。

榮光富士 純米大吟釀 無過濾生原酒 SNAKE EYE 2015

原料米 出羽之里／精米比例 50%／使用酵母 葡萄酒酵母／日本酒度 +5／酒精度數 17.9度

以葡萄酒酵母釀成適合搭配西餐的酒款

這款純米大吟釀是用葡萄酒酵母釀成，十分建議搭配西餐飲用。可以享受到白葡萄的香氣，搭配生肉薄片或義大利麵都很棒。

羽前白梅 俵雪 純米吟釀 艷姬 （つや姬）

DATA

原料米	山形縣產艷姬	使用酵母	山形酵母
		日本酒度	+4
精米比例	50%	酒精度數	16度

提引出「艷姬」鮮味的純米吟釀

建立於文祿元（1592）年。謹守釀酒的基本，以純米酒為中心少量釀造。為了保留酒的鮮味，過濾時不使用炭。「俵雪」是款喝不膩的純米吟釀，帶有澄淨的滋味與酸味，尾韻俐落，具有「艷姬」的鮮味與沉穩的含香。飲用冷酒為佳。

羽前白梅 純米吟釀 銚釐 （ちろり）

原料米 山田錦與美山錦／精米比例 50%／使用酵母 山形酵母／日本酒度 +4／酒精度數 15度

以爛酒飲用更美味的熟成純米吟釀

這款純米吟釀使用了「山田錦」與「美山錦」，並經過2年熟成。加熱成爛酒的味道變化、鮮味或後味都更鮮明。溫爛為佳。

東光 純米吟釀原酒

DATA			
原料米	山形縣產米	日本酒度	−4
精米比例	55%	酒精度數	16度
使用酵母	山形酵母		

易飲且價格合理的原酒

建立於慶長2（1597）年，為米澤藩上杉家御用的酒屋。在不時發出禁酒令的江戶時代，該酒藏是少數獲得釀酒許可的酒藏之一。善用風土，以低溫長期發酵的寒釀造來進行釀酒。

代表品牌「東光」的這款純米吟釀，帶有出色的吟釀香，尾韻俐落而芳醇。雖是原酒卻很容易入口，榮獲「最適合用葡萄酒杯品飲的日本酒大獎」的最高金賞。CP值也很高，可以當作高一級的日常飲用酒來享受。

這款也強力推薦！

冽 純米大吟釀

原料米 山田錦／精米比例 50%／使用酵母 山形酵母／日本酒度 +9／酒精度數 17度

帶有鮮味與俐落尾韻的純米大吟釀

品牌名稱「冽」是表示「酒體扎實且具透明感，猶如冬日清澈的小河般」。這款酒喝起來扎實有勁，在感受鮮味的同時，還可嚐到俐落的尾韻。冷酒是舒暢的辛口風味，而冷飲則能呈現出明顯的鮮味。

沖正宗 大吟釀 濱田

DATA			
原料米	日本國產米	日本酒度	+3
精米比例	50%	酒精度數	15度
使用酵母	山形酵母		

在辛口酒中有口皆碑

這家酒藏建立於慶應2（1866）年。使用位於米澤盆地南方的吾妻連峰豐沛的伏流水，雖屬辛口酒，但仍兼具鮮味與濃郁風味，形成獨特的滋味。這款「濱田」是香氣豐富的淡麗辛口大吟釀酒。建議以冷酒方式飲用，加入冰塊也不錯。

這款也強力推薦！

沖正宗 大吟釀 溫故藏

原料米 山田錦／精米比例 50%／使用酵母 山形酵母與協會1801號／日本酒度 +3.5／酒精度數 15度

採小規模釀造耗費心力進行釀酒

100％使用酒造好適米「山田錦」。這是一款採小規模釀造，耗費心思嚴謹釀製而成的酒。香氣豐富，入喉口感十分俐落。

純米 香梅

純米酒

DATA

原料米	美山錦	日本酒度	+5
精米比例	60%	酒精度數	15度
使用酵母	KA山形		

襯托料理的
極致餐中酒

這家酒藏建立於大正12（1923）年。在會降下大雪的城下町米澤，從洗米到貼上酒標全部採取手工作業，僅利用寒釀造法來進行釀酒。持續用心「觀察、觸摸」每一瞬間的狀態來進行判斷，因此藏人會在現場過夜，辛勤地進行釀酒。另外還挑戰新的嘗試，像是利用葡萄酒酵母讓糯米發酵的葡萄酒型酒款，或是讓鮮搾的純米酒在零下30℃結冰製成的純米生酒等等。

這款「純米香梅」屬於酒體扎實的辛口酒，是可以一杯接一杯飲用的餐中酒。建議以冷酒方式飲用。

純米吟釀 香梅

純米吟釀酒

原料米 出羽燦燦／精米比例 50%／使用酵母 KA山形／日本酒度 +4／酒精度數 15度

堅持以山形產的素材
釀製的純米吟釀

使用當地產酒造好適米「出羽燦燦」以及「KA山形」酵母，利用山形的原料釀製而成的純米吟釀。香氣與味道之間達成絕佳的平衡，喝起來相當爽口。可輕鬆搭配料理，CP值很也高。建議以冷酒方式飲用。

裏・雅山流 香華

本釀造酒

DATA

原料米	出羽之里	日本酒度	+3
精米比例	65%	酒精度數	14.2度
使用酵母	山形酵母		

憑著自由的感受釀製的道地地酒

建立於明治3（1870）年。使用吾妻山系的伏流水與優質酒米，並以傳統手工方式釀酒。「雅山流」是在重新探問地酒的定義後，從酒米開始自行栽種而打造出的品牌。加上裏字的「香華」為淡麗酒，是在追求高品質的同時以更自由的方式釀成。

大吟釀 九郎左衛門 山田錦

大吟釀酒

原料米 山田錦／精米比例 35%／使用酵母 山形酵母／日本酒度 +3／酒精度數 15.2度

清新又雅致的
大吟釀

這款大吟釀是以經過高精白的「山田錦」釀成。在華麗的味道與香氣中透著清新雅致的滋味。榮獲日本全國新酒鑑評會金賞。

純米大吟釀 龍龍龍龍

山形
東之麓酒造
南陽市

純米大吟釀酒

DATA

原料米	愛山	日本酒度	+2
精米比例	40%	酒精度數	16度
使用酵母	山形吟釀酵母		

使用夢幻之米，念作「TETSU」的酒款

明治29（1896）年建立於熊野大社的山麓。以「滿足飲用者之心的酒」與「受當地人喜愛的地酒」為信念來釀酒。這款使用夢幻酒米「愛山」的純米大吟釀是由4個龍組成1個字，日文念作「TETSU」。在柔和雅致的滋味中散發出華麗的香氣。

這款也強力推薦！

純米吟釀 槽之舞

純米吟釀

原料米 出羽燦燦／精米比例50%／使用酵母 Olize山形（オリーゼ山形）／日本酒度+3／酒精度數15度

原料全為山形產的純米吟釀

素材全都是山形自行開發的產品，像是釀造好適米「出羽燦燦」等。米的鮮味濃縮其中，滋味既柔和又豐富。

羽前櫻川 純米吟釀

山形
野澤酒造店
西置賜郡小國町

純米吟釀酒

DATA

原料米	美山錦・山田錦	使用酵母	山形KA
精米比例	50%	日本酒度	+1
		酒精度數	14度

充滿大自然恩澤的淡麗酒款

這家酒藏善用該村莊積雪深厚的這項自然條件，堅持以徹底的手工作業來釀酒。在第13代酒藏主人的帶領之下，追求唯有天然資源豐富的小國町才釀得出的酒款。「羽前櫻川」的這款純米吟釀入喉順暢，風味淡麗而柔和，是該酒藏的人氣商品。

這款也強力推薦！

羽前櫻川 廻水（吟釀生酒）（まわる水）

特別本釀造酒

原料米 美山錦・山田錦／精米比例 50%／使用酵母 山形KA／日本酒度 +4／酒精度數15度

冰涼後更顯美味的吟釀生酒

喝起來的口感宛如水一般清爽的生酒。愈冰鮮味愈增，放入冷凍庫中製成雪酪也很美味。

樽平 特別純米酒 金樽平

山形
樽平酒造
東置賜郡川西町

特別純米酒

DATA

原料米	兵庫縣產山田錦	使用酵母	協會7號
精米比例	60%	日本酒度	+3
		酒精度數	16.1度

使用「山田錦」，飄散木頭香的純米酒

這家酒藏自元祿年間（1688～1704）創業以來，至今仍堅持使用木製道具，並進行費工的手工釀製。「樽平」的這款「金樽平」是裝在吉野杉製的酒桶中，未以活性碳過濾，經過長期熟成的特別純米酒，飄散著木頭香。屬於口感厚重的旨口酒。

這款也強力推薦！

住吉 特別純米酒 銀住吉

特別純米酒

原料米 山形縣產笹錦／精米比例 60%／使用酵母 協會7號／日本酒度 +5／15.3度

象徵酒藏、餘韻綿長的辛口純米酒

「住吉」的這款「銀住吉」對於所有釀造細節都很講究，是可感受到「笹錦」鮮味的辛口樽酒。酸與胺基酸完美地交融。

山形

丸桝米鶴 限定純米吟釀
（マルマス米鶴）

純米吟釀酒

DATA

原料米 山形縣產 　　　酒造好適米	使用酵母 不公開 日本酒度 不公開
精米比例 55%	酒精度數 16度

充滿果實芳醇風味的頂級酒款

這家酒藏建立於寶永元（1704）年。江戶末期還曾擔任上杉家的御用酒造。與地區農家合作，組成酒米研究會。釀酒作業從製米開始進行。該酒藏每年都會重新評估釀酒作業並持續進化，因此「丸桝米鶴」是一款CP值極優、品質絕佳的酒。

米鶴 超辛純米

純米酒

原料米 山形縣產米／精米比例 65%／使用酵母 不公開／日本酒度 +7～10／酒精度數 15度

鮮味與酸味適中的辛口純米酒

這款是正統派的純米酒，使用完全熟成的純米醪，實現了正統的辛口風味。愈喝愈能嚐到典雅香氣中的強勁鮮味。

辯天 純米大吟釀原酒 出羽燦燦

純米大吟釀酒

DATA

原料米 山形縣產酒造好 　　　適米・出羽燦燦	使用酵母 山形吟釀酵母 日本酒度 13
精米比例 48%	酒精度數 17度

使用當地產米「出羽燦燦」的原酒

這家酒藏自天明8（1788）年創業以來，便持續以少量生產方式釀造高品質的酒。原料米是藏人自行栽培的契作米與相當講究的酒造好適米。使用當地產酒米「出羽燦燦」的這款純米大吟釀，香氣沉穩且口感柔和。品牌名「辯天」是取自七福神。

辯天 特別純米原酒 出羽之里

特別純米酒

原料米 山形縣產酒造好適米・出羽之里／精米比例 60%／使用酵母 山形吟釀酵母／日本酒度 +3／酒精度數 17度

感受得到酒米力量的辛口特別純米酒

以當地產的酒米「出羽之里」釀製而成。特色在於帶有辛口風味與舒暢的口感，獲得「山形精選」的認定。

山吹極 適合進階者 餐中酒
（上級者向け 食中酒）

純米酒

DATA

原料米 山形4號	日本酒度 +9
精米比例 58%	酒精度數 17度
使用酵母 山形KA酵母	

經過長期熟成的純米無過濾原酒

這家酒藏建立於文政5（1822）年。以來自月山的雪水為釀造用水，釀出大吟釀、長期熟成酒與利口酒等各式酒款。榮獲無數金賞等獎項。「山吹極」的這款「餐中酒」是經過3年以上熟成，以生酛釀造法釀成的無過濾原酒。建議加熱成爛酒。

朝日川龜之尾

純米吟釀 無過濾原酒

純米吟釀酒

原料米 山形縣產龜之尾／精米比例 50%／使用酵母 山形KA酵母／日本酒度 +4／酒精度數 17度

感受得到米原有鮮味的純米吟釀無過濾原酒

使用美味日本米的始祖，山形原產的「龜之尾」。可感受到日本酒的原始滋味。建議飲用冷酒。

高木酒造

突然現身在當時以淡麗辛口風味為主流的日本酒業界，如今已成為夢幻酒款的「傳說中的十四代」，藏元下一個追求的目標為何？

日本到處都是「在地」產品。
使用好的東西而不拘泥於產地，
是酒藏的使命。

相信已滲透進身體的感覺
所孕育出的酒款

「十四代」是經由高木酒造第15代的高木顯統先生之手釀造出來的。顯統先生的父親，也就是第14代當家，據說在研究古酒之際便申請了「十二代」至「十六代」的名稱，而獲得許可的正巧是「十四代」。先有了名稱，其後又歷經50幾年的歲月，「十四代」才得以實現前所未有的豐盈滋味，並風風光光上市。

「因為住家與酒藏相鄰，所以我從出生以來便是聞著米的味道長大。因此，我對當時不帶澄淨米味的流行酒款，內心總感到不太對勁。為了實現我所說的理想酒款，在一些孩提時期就認識我的藏人的鼎力相助之下，完成的就是這款十四代。」

談到對於酒藏今後的展望，顯統先生的回答是「希望能更珍惜與下一步的連結」。「我想進行各式各樣的挑戰，無論成功或失敗，都能回饋到下一次。我認為這就是身為擁有400年傳統歷史的酒藏之使命。」

一瓶難求的十四代「本丸」（Regular酒款）。以等同高級酒的嚴謹釀造作業釀成，搭配任何料理都適合。

金水晶 大吟釀

大吟釀酒

DATA		
原料米 山田錦		日本酒度 +3
精米比例 40%		酒精度數 15度
使用酵母 明利酵母（M-310）		

日本全國新酒鑑評會金賞酒藏所釀的大吟釀

建立於明治28（1895）年，福島市唯一的酒藏。酒藏所在的松川過去曾有金礦山，擁有自金礦礦脈湧現的名水。使用好水並以低溫發酵釀成的「金水晶」大吟釀，帶有令人聯想到水果的香氣，屬於喝起來口感扎實的芳醇酒款。

福島
金水晶酒造店
福島市

//// **這款也強力推薦！** ////

金水晶 純米吟釀

純米吟釀酒

原料米 夢之香／精米比例 55%／使用酵母 美島夢酵母／日本酒度 ±0／酒精度數 15度

品味得到福島恩澤的純米吟釀

這款純米吟釀堅持使用福島的品牌，包括福島的酒造好適米「夢之香」與酵母等。滋味芳醇，可以享受到米原有的鮮味。

大天狗 大吟釀

大吟釀酒

DATA		
原料米 夢之香		日本酒度 +3
精米比例 50%		酒精度數 16.7度
使用酵母 美島煌酵母（うつくしま煌酵母）		

靠杜氏技術以當地素材釀成的辛口酒

建立於明治5（1872）年。委託當地契作農家栽培酒米。以安達太良山的伏流水「雷神清水」為釀造用水，並透過傳統南部杜氏的技術來釀造。這款「大天狗」的大吟釀是帶有舒暢滋味的辛口酒，酒名是源自不可思議的吉兆。冷飲或冷酒為佳。

福島
大天狗酒造
本宮市

//// **這款也強力推薦！** ////

大天狗 特別純米酒

特別純米酒

原料米 夢之香／精米比例 60%／使用酵母 美島煌酵母／日本酒度 15／酒精度數 13.3度

使用「夢之香」的華麗酒款

使用當地酒造好適米與酵母，百分之百福島製的特別純米酒。充滿果香且風味華麗。在米蘭世界博覽會上也有展出。

千功成 大吟釀袋吊

大吟釀酒

DATA	
原料米	山田錦
精米比例	40%
使用酵母	M310
日本酒度	+4
酒精度數	17度

嚴謹地搾取，十分講究的大吟釀

建立於明治7（1874）年，致力於釀酒事業的酒藏。代表品牌「千功成」的大吟釀是使用「山田錦」低溫發酵而成的極品。充滿米味，口感滑順。品牌名稱是源自二本松藩主的君主，也就是豐臣秀吉的「千成葫蘆[4]」。

福島
檜物屋酒造店
二本松市

//// **這款也強力推薦！** ////

千功成 純米酒

純米酒

原料米 千代錦（チヨニシキ）／精米比例 60%／使用酵母 協會701號／日本酒度 +3／酒精度數 16度

帶有純米酒豐盈香氣的芳醇酒款

唯有純米酒才有這般豐盈濃醇的滋味。這是一款香氣十分平衡，令人放鬆身心的酒。冷酒或溫爛皆宜。

註4：豐臣秀吉每打勝仗便會在旗幟上增加一個葫蘆，因此成串的葫蘆馬印「千成葫蘆」便成了秀吉的代表。

大七 生酛純米大吟釀 箕輪門

DATA			
原料米	山田錦	使用酵母	大七酵母
精米比例	超扁平精米	日本酒度	+2
	50%	酒精度數	15度

集酒藏技術於一身
極富深度的酒款

這家酒藏建立於寶曆2（1752）年。獨自開發出將傳統的「生酛釀造法」發揮到極致，進而提引出酒米力量的「超扁平精米技術」等等，憑藉著超高的技術與酒的品質，在日本國內外皆享有高度評價。

成為其招牌商品的就是「箕輪門」的這款純米大吟釀。透過超扁平精米技術徹底去除會成為雜味來源的成分，喝起來的口感舒暢，卻仍感受得到其中的鮮味，帶有高雅的芳香與圓熟的口感。建議以10～15℃的冷酒來品飲。清爽的滋味可以襯托料理，因此也很適合搭配懷石料理或白肉魚這類清淡的料理。

這款也強力推薦！

大七 生酛 純米吟釀 皆傳

純米
吟釀酒

原料米 五百萬石／精米比例 超扁平精米58%／使用酵母 大七酵母／日本酒度 +2／酒精度數 15度

香氣馥郁
帶有圓潤滋味的酒款

這款純米吟釀的芳香宛如頂級沉香「伽羅」般幽雅，滋味圓潤飽滿。若要享受豐富濃郁的風味，以12～15℃的微冷溫度為佳。溫燗也不錯。搭配擁有柔和甜味的料理，或是帶有奶油、鮮奶油風味的濃厚料理也很對味。

人氣一 大吟釀

DATA			
原料米	山田錦	日本酒度	+4
精米比例	40%	酒精度數	17度
使用酵母	煌酵母		

兼具鮮味與俐落尾韻的大吟釀

在平成25（2013）與26（2014）年度日本全國新酒鑑評會上榮獲金賞的酒藏。對於傳統製法與道具相當講究，僅釀製吟釀酒。這款招牌酒「人氣一 大吟釀」，香氣與味道之間的平衡相當出色，是兼具鮮味與俐落尾韻的酒款。冷飲或冷酒為佳。

這款也強力推薦！

人氣一 黃金級人氣 純米大吟釀

純米
大吟釀酒

原料米 千代錦・五百萬石／精米比例 50%／使用酵母 煌酵母／日本酒度 +2／酒精度數 15度

微甜且不會過辣的辛口酒

香氣馥郁且滋味扎實的大吟釀。亦被採用作為諾貝爾獎的宴會酒。建議以冷飲或冷酒方式飲用。

奥之松 大吟醸

大吟釀酒

DATA			
原料米	五百萬石	日本酒度	+5
精米比例	50%	酒精度數	15度
使用酵母	自社酵母		

滋味淡麗而澄淨的
大吟釀

這家酒藏建立於享保元（1716）年，擁有約300年的歷史。以安達太良山清冽的伏流水作為釀造用水、嚴選出優質的酒造好適米，並使用自社製造的酵母。當地藏人以越後杜氏的傳統技術來釀酒，至平成27（2015）年為止，連續7年獲得日本全國新酒鑑評會的金賞。在海外拓展方面也十分積極，專為國外打造的商品在酒質與滋味上也毫不妥協，在釀酒上煞費苦心。經典品牌「奧之松」的大吟釀是款無比芳醇的逸品，帶有高雅的吟釀香與淡麗辛口的滋味。搭配香魚或竹筍料理等都相當對味。建議稍微冰鎮後再飲用。

奧之松 純米大吟釀 高級氣泡酒

純米大吟釀酒

原料米 五百萬石／精米比例 50%／使用酵母 自社酵母／日本酒度 −25／酒精度數 11度

大吟釀的
氣泡日本酒

閃在瓶內二次發酵而帶有發泡性的純米大吟釀。在日本最高規格的公路自行車競賽中，也採用此酒作為「勝利的美酒」。建議冰得透心涼再飲用。搭配沙拉、水果或甜點等也很對味。亦可作為餐前酒來飲用。

自然酒 純米吟釀

純米吟釀酒

DATA			
原料米	自然米	日本酒度	不公開
精米比例	60%	酒精度數	16度
使用酵母	不公開		

自然酒先驅所釀造的純米吟釀

這家全量純米釀造的酒藏建立於正德元（1711）年，僅用自然米（不用農藥或化學肥料栽培）、天然水與自然派酒母來釀酒。日本首瓶自然酒便出自這家酒藏。這款「自然酒」純米吟釀可感受到細緻滑順的甜味與深邃的鮮味。亦可加熱成燗酒。

穩 純米吟釀

純米吟釀酒

原料米 自然米／精米比例 60%／使用酵母 不公開／日本酒度 不公開／酒精度數 15度

可盡情品味
米原本鮮味的餐中酒

使用自然米釀成的純米吟釀。可感受到日本酒原本的鮮味，帶有上好的香氣與沉穩的滋味。屬口感水潤且尾韻俐落的餐中酒。

大吟醸原酒 開成

大吟醸酒

DATA		
原料米	山田錦	日本酒度 +5
精米比例	40%	酒精度數 17度
使用酵母	廣島酵母	

滋味豐富而平衡的原酒

這家酒藏建立於明治2（1869）年。以釀造「易飲、鮮味澄淨且能與日本料理一同享用的酒」為目標。獲獎經歷無數，包括日本全國新酒鑑評會金賞等。這款「開成」的香氣華麗，滋味豐富而平衡。後味十分舒暢。建議以冷酒方式飲用。

天之粒（天のつぶ） 古早風味 純米酒

純米酒

原料米 天之粒／精米比例 80%／使用酵母 協會7號／日本酒度 +3／酒精度數 15度

感受得到「天之粒」鮮味的純米酒

這款酒充滿酸味與米的鮮味。精米比例為80%，釀成令人懷念的古早滋味。風味扎實，尾韻卻不失俐落。

若關 大吟醸 さかみずき

大吟醸酒

DATA	
原料米	山田錦
精米比例	40%
使用酵母	協會1601號
日本酒度	+4
酒精度數	16度

和諧交融且滋味高雅的酒款

酒藏的前身建立於文久年間（1861～1864）。1961年3家酒藏聯合設立了公司組織。在阿武隈山系的自然環境下，嚴謹地進行釀酒作業。「さかみずき」帶有高雅的香氣與滋味。酒名出自《萬葉集》，有酒宴之意。

純米吟醸 天之粒（天のつぶ）

純米吟醸酒

原料米 天之粒／精米比例 58%／使用酵母 F7-01／日本酒度 +2／酒精度數 15度

使用「天之粒」而帶有鮮味的酒款

使用福島縣花15年開發出的酒米「天之粒」，嚴謹釀製而成的純米吟醸。口感清爽，可感受到福島米蘊含的可能性。

傳統名酒 南鄉 純米吟醸 麗（うらら）

純米吟醸酒

DATA		
原料米	廣島縣產 八反錦	使用酵母 協會9號
		日本酒度 +3
精米比例	55%	酒精度數 15度

宛如春風般清爽的純米吟醸

這家酒藏建立於天保4（1833）年。使用久慈川清冽的伏流水與經過嚴選的米，尤其致力於「麴的釀造」，打造品質至上的酒款。以低溫慢慢釀製而成的「麗」，是款香氣清爽且入喉滑順的純米吟醸。建議以冷飲、溫燗或人肌燗方式飲用。

傳統名酒 南鄉 吟醸通（吟醸つう）

吟醸酒

原料米 廣島縣產八反錦／精米比例 55%／使用酵母 協會9號／日本酒度 +6／酒精度數 16度

充滿果香風味的 辛口吟醸酒

以低溫發酵釀製而成，帶有熟成香氣的吟醸酒。希望能盡情品味辛口酒略厚重的入喉口感。

千駒 白河產五百萬石 純米吟釀

DATA

原料米	五百萬石	日本酒度	+3
精米比例	50%	酒精度數	15～16度
使用酵母	煌酵母901-A113		

堅持使用當地產的米

建立於大正12（1923）年。期望釀出的酒擁有年輕馬匹清亮的蹄聲與健壯的身姿而命名為「千駒」。仔細辨別素材優劣，嚴謹地釀造1年內能賣完的酒量。「白河產五百萬石」帶有純米特有的濃郁感，入喉口感卻不失舒暢。冷酒或冷飲為佳。

這款也強力推薦！

千駒 純米大吟釀

原料米 吟風／精米比例 40%／使用酵母 煌酵母901-A113／日本酒度 +2／酒精度數 15～16度

後味宜人的頂級大吟釀

將原料的酒米加以精磨，並以嚴謹作業釀成的頂級酒款，口感十分輕快。充滿果香與米的鮮味，喝下後會留下宜人的餘韻。

白陽 純米吟釀酒

DATA

原料米	千代錦	日本酒度	±1
精米比例	55%	酒精度數	16度
使用酵母	素島煌酵母		

將白河市映照得更明亮的沉穩酒款

這家酒藏自明治12（1879）年創業以來，堅持以當地產的米與水，並融合越後杜氏的技藝與最新技術來釀酒。代表品牌「白陽」便是運用該技術釀成的純米吟釀，味道極富深度。帶有沉穩的香氣與濃郁感，很適合搭配生魚片或鮮魚等。冷酒為佳。

這款也強力推薦！

白陽 登龍 特別純米

原料米 十代錦／精米比例 55%／使用酵母 素島煌酵母／日本酒度 +3／酒精度數 16度

風味強勁不輸料理的純米酒

這款純米酒是由未來可期的年輕杜氏兄弟親手打造出的傑作。屬於一款搭配濃郁料理也毫不遜色的辛口酒。冷酒或溫燗皆宜。

奈良萬 純米大吟釀

DATA

原料米	五百萬石	日本酒度	+3
精米比例	48%	酒精度數	16度
使用酵母	美島夢酵母		

使用當地產米「五百萬石」的頂級酒

由於代代相傳的「夢境啟示」而於明治10（1877）年創業的酒藏。以栂峰的名水、福島產酵母與喜多方市產的米來釀酒。這款「奈良萬」的純米大吟釀，酒名是取自創業時的屋號「奈良屋」，使用「五百萬石」釀成，為酒藏自豪的傑作。

這款也強力推薦！

奈良萬 純米酒

原料米 五百萬石／精米比例 55%／使用酵母 美島夢酵母／日本酒度 +5／酒精度數 15度

適合搭配任何料理的經典純米酒

這款是「奈良萬」的經典酒，喝起來既舒暢又輕快。原料米是使用「五百萬石」。從冷酒至爛酒，任何溫度都美味無比。

大吟釀純米 交響曲 藏粹

福島
小原酒造

喜多方市

純米
大吟釀酒

DATA

原料米	山田錦	日本酒度	+5
精米比例	40%	酒精度數	16.7度
使用酵母	協會9號		

古典且去除雜味的純米酒

這家酒藏建立於享保2（1717）年，採全量純米釀造，以釀製更好的酒為目標，「藏粹」是讓醪聽莫札特音樂發酵而釀成。「交響曲」這款大吟釀是聽第41號交響曲《朱彼特》釀成，香氣馥郁且口感舒暢。建議冰鎮後飲用。獲獎經歷無數。

////// 這款也強力推薦！

阿瑪迪斯（Amadeus）藏粹

純米
吟釀酒

原料米 山田錦／精米比例 60%／使用酵母 協會9號／日本酒度 +1.5／酒精度數 15.7度

雖屬淡麗辛口
卻不失圓潤的純米酒

冠上莫札特中間名的「藏粹」系列。這款易飲的純米酒，從冷酒至燗酒，任何飲用方式都很美味。

特別純米 無過濾生原酒 星自慢

福島
喜多之華酒造場

喜多方市

特別
純米酒

DATA

原料米	五百萬石・高嶺實（タカネミノリ）	使用酵母	福島9號系
		日本酒度	-1
精米比例	50%・55%	酒精度數	17〜18度

酒精度數稍高的生原酒

這家酒藏建立於大正8（1919）年，戰後以「喜多之華」這個品牌重新復活出發。使用飯豐山系湧出的水、契作農家的酒米與當地產的酵母，嚴謹地進行釀酒作業。「星自慢」的滋味相當扎實。亦可充分享受到鮮味與香氣。

////// 這款也強力推薦！

辛口純米酒 藏太鼓

純米酒

原料米 美山錦・千代錦／精米比例 50%・60%／使用酵母 TUA／日本酒度 +10／酒精度數 15〜16度

百喝不膩
酒藏自豪的辛口酒

這款辛口純米酒是使用契作栽培的低農藥米，也成為了酒藏的經典款。帶有米的鮮味，滋味舒暢而不膩口。

純米カスモチ[5]原酒 彌右衛門

福島
大和川酒造店

喜多方市

純米酒

DATA

原料米	五百萬石	日本酒度	-23
精米比例	65%	酒精度數	17度
使用酵母	協會701號		

屬超甘口，卻仍帶有米的鮮味的原酒

建立於寬政2（1790）年。以飯豐山的伏流水為釀造用水，米則是在自社田地「大和川農場」栽培的。「純米カスモチ原酒」加入多一倍的米麴，並以低溫長期發酵釀成，相當罕見。雖屬濃厚的甘口酒，仍可感受到米的鮮味。建議加冰塊飲用。

////// 這款也強力推薦！

純米大吟釀 生命（いのち）

純米
大吟釀酒

原料米 無農藥無化學肥料山田錦／精米比例 40%／使用酵母 美島夢酵母／日本酒度 +7／酒精度數 16度

酒藏的自豪之作
猶如白酒般的大吟釀

品牌「彌右衛門」中的頂級酒款。使用無農藥、無化學肥料的「山田錦」。滋味猶如白酒般高雅，搭配生魚片也很適合。

註5：「カスモチ」是指讓醪（カス）長期保存（長く持たせる，簡略成モチ），也就是「讓醪長期發酵」之意。

峰之雪 大和屋善內 純米生詰

福島
峰之雪酒造場
喜多方市

純米酒

DATA			
原料米	五百萬石	日本酒度	−2
精米比例	60%	酒精度數	15度
使用酵母	福島縣酵母		

帶有甜味與濃郁風味的純米生詰酒

建立於昭和17（1942）年，在喜多方算是較新的酒藏，由藏元擔任杜氏。這款「大和屋善內」的純米酒，是冠上如今已停業的本家創始者之名。屬於只進行一次火入的生詰型，帶有宜人的酸味，以及與其相輔的甜味和濃郁感。使用「五百萬石」。

這款也強力推薦！

峰之雪 大和屋善內
純米生原酒

純米酒

原料米 五百萬石／精米比例 60%／使用酵母 福島縣酵母／日本酒度 ±0／酒精度數 16度

甜味與香氣更強勁的純米生原酒

這款是「大和屋善內」系列中，未經過火入的生原酒。強勁的甜味與濃厚的香氣為其特色。

會津譽（会津ほまれ）
播州產山田錦釀造 純米大吟釀

福島
譽酒造（ほまれ酒造）
喜多方市

純米大吟釀酒

DATA			
原料米	山田錦・五百萬石	使用酵母	協會1801號
精米比例	40%・50%	日本酒度	＋3.5
		酒精度數	16度

華麗而清爽，別具格調的酒款

這家酒藏建立於大正7（1918）年。以飯豐山的伏流水「喜多方名水」作為釀造用水。使用播州產的「山田錦」釀成的「會津譽」純米大吟釀，帶有高貴優雅的滋味。為IWC的冠軍日本酒，獲獎無數。

這款也強力推薦！

會津譽 純米吟釀 異藏
（会津ほまれ）

純米吟釀酒

原料米 五百萬石／精米比例 50%／使用酵母 羊鳥夢酵母・ALPS酵母／日本酒度 ＋3／酒精度數 15度

滋味深邃的頂級純米大吟釀

相當於純米大吟釀規格的極品。華麗的香氣中透著深邃的滋味，CP值也相當高，可說是酒藏的自信之作。

純米吟釀 笹正宗

福島
笹正宗酒造
喜多方市

純米吟釀酒

DATA			
原料米	五百萬石	日本酒度	−1
精米比例	50%	酒精度數	16度
使用酵母	F701		

甜味滑順的純米吟釀

這家酒藏自文政元（1818）年創業以來，奉品質第一為宗旨，進行古傳的釀酒作業。與當地農家合作，從栽培低農藥米、有機米開始作業。這款「純米吟釀 笹正宗」的特色在於滑順的甜味。為G7伊勢志摩高峰會上提供的酒款。

這款也強力推薦！

純米大吟釀原酒 生一本

純米大吟釀酒

原料米 山田錦／精米比例 40%／使用酵母 M-310／日本酒度 ＋0.5／酒精度數 16度

奢侈的原酒 細細品味其高級感

「笹正宗」品牌的顛峰之作。這款純米大吟釀原酒充滿果實味與深邃香氣，是以優質素材、嚴謹的寒釀造法釀製的奢侈逸品。

會津若松的酒造
MAP

福島縣會津若松市內也有酒藏聚集。與喜多方市等制定了「乾杯條例」，傾全鎮之力來振興地酒。

福島縣

會津若松市

會津若松車站

七日町車站

JR磐越西線

鶴乃江酒造 → 97頁

辰泉酒造 → 97頁

山口 → 95頁

名倉山酒造 → 95頁

末廣酒造 → 96頁

宮泉銘釀 → 96頁

118

252

325

49

64

千石外環道路

福島 名倉山酒造 會津若松市

純米酒 月弓

純米酒

DATA

原料米	山田錦・夢之香
精米比例	55%
使用酵母	福島夢酵母
日本酒度	+2
酒精度數	15度

華麗感與豐盈感兼備的酒款

這家酒藏建立於大正7（1918）年，最注重五味（甘、酸、辛、苦、鹹）的調合，以釀出「澄淨的甜味」為理想。「月弓」使用了2種酵母，是款帶有華麗感與豐盈感的純米酒。榮獲日本全國日本酒競賽的最高獎項。

純米吟釀酒 善哉（善き哉）

純米吟釀酒

原料米 山田錦／精米比例 50%／使用酵母 M-310／日本酒度 -0.5／酒精度數 16度

喝不膩的奢侈純米吟釀

奢侈地採吟釀製法釀成的酒款。雖然帶有酸味，卻仍兼具輕盈柔和的口感，百喝不膩。建議以冷飲或溫爛方式飲用。

福島 山口 會津若松市

會州一 純米吟釀酒

純米吟釀酒

DATA

原料米	美山錦	日本酒度 +3
精米比例	50%	酒精度數 15.5度
使用酵母	美島煌酵母	

香氣清爽的辛口純米吟釀酒

建立於寬永20（1643）年。熬過戊辰戰爭的占領與掠奪，今日已然是各獎項中金賞的常勝軍。這是一家堅持地產地銷、採少量生產的酒藏，這支堪稱經典款的「會州一」純米吟釀酒，是使用「美山錦」的舒暢辛口酒。香氣清爽。冷飲或冷酒為佳。

會州一 夢之香

特別純米酒

原料米 夢之香／精米比例 55%／使用酵母 美島夢酵母／日本酒度 +2／酒精度數 15.5度

可品味到福島風味的芳醇純米酒

使用當地產的酒造好適米「夢之香」與「美島夢酵母」，屬於百分之百福島產的特別純米酒。滋味芳醇，可感受到米的鮮味。

福島 花春酒造 會津若松市

花春 純米大吟釀酒

純米大吟釀酒

DATA

原料米	夢之香	日本酒度 ±0
精米比例	49%	酒精度數 16～17度
使用酵母	美島煌酵母	

希望冰鎮後飲用的頂級純米大吟釀

自享保3（1718）年創業以來，便以優質的地下水與當地產的米釀造可感受「會津美好」的酒款。「花春」的這款純米大吟釀融合了會津米的鮮味與圓潤口感，為芳醇的逸品。榮獲「最適合用葡萄酒杯品飲的日本酒大獎」的最高金賞。冷酒為佳。

花春 濃醇純米酒

純米酒

原料米 舞姬（まいひめ）／精米比例 55%／使用酵母 花春吟釀酵母／日本酒度 -3／酒精度數 15～16度

希望能以爛酒品飲濃醇的中辛口酒

這款風味濃醇的中辛口純米酒，酸味與日本酒度間的平衡堪稱絕妙。是慢食日本爛酒競賽最高金賞的得獎酒。

寫樂 純米酒

福島
宮泉銘釀
會津若松市

福島

純米酒

DATA

原料米	夢之香	日本酒度	+1～+2
精米比例	60%	酒精度數	16度
使用酵母	美島夢酵母		

主流「寫樂」的舒暢純米酒

這家酒藏建立於昭和30（1955）年，嚴謹地進行所有作業，在釀酒上下足苦心，連細節都毫不馬虎。代表品牌「寫樂」的這款純米酒，特色在於果實系的含香。米的鮮味會均衡地在口中擴散，後味十分舒暢俐落。

////// 這款也強力推薦！

寫樂 純米吟釀 備前雄町

純米吟釀酒

原料米 雄町／精米比例 50%／使用酵母 美島夢酵母／日本酒度 +1／酒精度數 16度

可感受到豐富酒米鮮味的吟釀酒

可以感受到「雄町」豐盈鮮味的純米吟釀。散發著果實系的香氣，口感柔和且入喉滑順。

大吟釀 玄宰

福島
末廣酒造
會津若松市

大吟釀酒

DATA

原料米	山田錦	日本酒度	+3.5
精米比例	35%	酒精度數	17.2度
使用酵母	M-310		

滋味纖細又渾厚的大吟釀

建立於嘉永3（1850）年。將最先進的技術融入會津的大地恩澤與繼承的工匠技藝中，釀造出道地的地酒。「玄宰」這款大吟釀是冠上建立起會津當地產業的會津藩家老之名。香氣華麗，滋味既纖細又渾厚。建議以冷酒方式當作餐前酒。

////// 這款也強力推薦！

傳承山廢純米 末廣

純米酒

原料米 日本國產米／精米比例 60%／使用酵母 協會901號／日本酒度 ±0／酒精度數 15.5度

榮獲IWC金賞的山廢釀造酒

這款純米酒至今仍承繼創業時的山廢釀造技術。主要使用會津產的「五百萬石」。是款酸味與鮮味完美調合的餐中酒。

會津娘 純米酒

福島
高橋庄作酒造店
會津若松市

純米酒

DATA

原料米	福島縣產五百萬石	使用酵母	協會9號系
		日本酒度	+1～3
精米比例	60%	酒精度數	15度

滋味令人懷念的酒藏經典款純米酒

這家酒藏建立於明治之初。善用四周田園環繞的環境，秉持著「土產土法」釀造的概念，也就是由在地人採用當地的手法，並利用當地的米與水來釀造。代表品牌「會津娘」是使用會津產的「五百萬石」，屬於滋味樸實的純米酒。

////// 這款也強力推薦！

會津娘 特別純米酒「無偽信」

特別純米酒

原料米 福島縣產有機栽培五百萬石／精米比例 60%／使用酵母 協會9號系／日本酒度 +3～5／酒精度數 15度

使用有機栽培米的特別純米酒

使用未用農藥或化學肥料栽培而成的酒米「五百萬石」。冠上會津出身的名僧之名，以「土產土法」釀造而成的特別純米酒。

福島

鶴乃江酒造

會津若松市

純米大吟釀酒

純米大吟釀 YURI（ゆり）

DATA			
原料米	五百萬石	日本酒度	+5
精米比例	50%	酒精度數	15度
使用酵母	美島夢酵母		

以充滿女性感性釀成的純米大吟釀

這家酒藏於寬政6（1794）年，在適合釀酒的會津若松創業。一邊謹守著會津杜氏的傳統，一邊嚴謹地進行釀酒作業。平成24（2012）年至28（2016）年為止，連續5年獲得日本全國新酒鑑評會的金賞，平成26（2014）年則在東北清酒鑑評會上得到最優秀賞等，擁有無數佳績。

這款純米大吟釀「YURI」是由女性杜氏以極為細膩的感性釀造而成，屬於口感舒暢而圓潤的辛口酒。酒造好適米是使用會津產的「五百萬石」，酵母也是採用當地產的「美島夢酵母」。建議冰鎮後飲用。

〳〳〳〳 這款也強力推薦！ 〳〳〳〳

會津中將 純米吟釀 夢之香

純米吟釀酒

原料米 夢之香／精米比例 55%／使用酵母 美島夢酵母／日本酒度 +3／酒精度數 15度

香氣飽滿百分之百「福島製」的酒款

代表品牌「會津中將」的這款純米吟釀，是使用「夢之香」和福島產的酵母「美島夢酵母」釀製，堅持釀出代表福島縣的「福島之味」。這款香氣飽滿的酒，建議冰鎮後飲用。

福島

福島

辰泉酒造

會津若松市

純米大吟釀酒

純米大吟釀 京之華

DATA			
原料米	福島縣產京之華	使用酵母	明利310
		日本酒度	+1
精米比例	50%	酒精度數	16～17度

以夢幻之米「京之華」釀成的大吟釀

這家酒藏建立於明治10（1877）年。讓曾一度消失的夢幻之米「京之華」再度復活，並與當地農家一起從米的栽培開始著手，嚴謹地進行釀酒作業。「京之華」純米大吟釀的香氣豐富，具有獨特的深邃鮮味，是款充滿高雅氣質且餘韻芳醇的酒。

〳〳〳〳 這款也強力推薦！ 〳〳〳〳

特別純米 辰泉 夢之香

特別純米酒

原料米 福島縣產夢之香／精米比例 60%／使用酵母 福島縣酵母F7-01／日本酒度 +2／酒精度數 15～16度

使用「夢之香」口感滑順的酒款

這款特別純米酒的甘辛平衡絕佳、柔和的香氣與滑順的滋味完美地交融。使用的是福島的酒米「夢之香」。

福島
磐梯酒造

耶麻郡磐梯町

福島

磐梯山 特別純米酒

特別純米酒

DATA

原料米	福島縣產五百萬石	使用酵母	福島縣煌酵母
精米比例	58%	日本酒度	+1
		酒精度數	16.6度

以會津的頑強技術釀成的特別純米酒

這家酒藏建立於明治23（1890）年，在靈峰磐梯山腳下的原野，以日本名水百選「磐梯西山麓湧水群」的伏流水為釀造用水，並憑藉會津杜氏的頑強技術來釀酒。這款使用會津產五百萬石的「磐梯山」，是極富深度且香氣四溢的特別純米酒。

///// 這款也強力推薦！/////

紅色酒 會津櫻

原料米 福島縣產舞姬與古代米／精米比例 70%／使用酵母 福島TM-1／日本酒度 −14／酒精度數 13.6度

營養豐富
帶莓果系香氣的酒款

以當地產黑米（古代米）釀成的紅色酒。秉持地產地銷的概念，並抱持對地區做出貢獻的想法而加以商品化。

福島
榮川酒造

耶麻郡磐梯町

榮川 純米吟釀酒

純米吟釀酒

DATA

原料米	豐錦	日本酒度	+3
精米比例	60%	酒精度數	15度
使用酵母	美島煌酵母701-15		

富深度的頂級辛口純米吟釀酒

建立於明治2（1869）年。為了追求好水而在1989年將釀造部門遷至磐梯山環繞之地。以日本名水百選「磐梯西山麓湧水群」的伏流水為釀造用水，志在打造頂級酒。「榮川」的這款純米吟釀是使用會津產的豐錦。為鮮味圓潤的淡麗辛口酒。

///// 這款也強力推薦！/////

榮川 特別純米酒

特別純米酒

原料米 福島縣產美山錦／精米比例 60%／使用酵母 美島夢酵母／日本酒度 +2／酒精度數 15度

堅持使用福島素材的
特別純米酒

這款淡麗辛口的純米酒堅持使用福島產的素材，例如當地製作栽培的「美山錦」等。富深度的鮮味與清澄的酸味完美地交融。

福島
玄葉本店

田村市

阿武隈（あぶくま） 大吟釀

大吟釀酒

DATA

原料米	山田錦
精米比例	40%
使用酵母	不公開
日本酒度	+4
酒精度數	16度

以手工釀製，擁有高雅鮮味的大吟釀

這家酒藏的信念是：正因為是小規模的酒藏才能做到仔細嚴謹的釀酒作業。如今已廢止杜氏制度，僅由當地人來釀酒。這款「阿武隈大吟釀」沉穩的吟釀香與鮮味完美均衡地融合。

///// 這款也強力推薦！/////

阿武隈（あぶくま） 純米酒

原料米 夢之香等／精米比例 60%／使用酵母 不公開／日本酒度 +1／酒精度數 16度

使用當地產的米，略偏辛口的純米酒

使用當地產的米，像是福島的酒造好適米「夢之香」等。這款略偏辛口的純米酒完全提引出米的鮮味。

山之井60

純米酒

DATA			
原料米	五百萬石	日本酒度	不公開
精米比例	60%	酒精度數	16度
使用酵母	不公開		

善用軟水釀製出豐潤的純米酒

這家酒藏於元祿年間（1688～1704），在環境十分適合釀酒的南會津創業。利用圓潤的地下軟水，釀製發揮出酒米原有鮮味的酒款。眾所期待的年輕杜氏所釀製的「山之井60」，屬於風味溫和圓潤的純米酒，足以代代流傳。

福島
會津酒造
南會津郡
南會津町

這款也強力推薦！

會津 純米吟釀 夢之香

純米吟釀酒

原料米 夢之香／精米比例 50%／使用酵母 不公開／日本酒度 不公開／酒精度數 15度

使用「夢之香」充滿果實風味的酒款

這款純米吟釀可以感受到福島產酒造好適米「夢之香」帶有的鮮味。散發著十足的果香，滋味舒暢而柔和。

福島

國權 純米大吟釀

純米大吟釀酒

DATA			
原料米	美山錦・山田錦	使用酵母	美島煌酵母
		日本酒度	+2
精米比例	40%	酒精度數	16度

帶有如洋梨般的華麗香氣

這家酒藏建立於明治10（1877）年，堅持平均精米比例為55％。使用奧會津帶有滑順口感的水作為釀造用水。「國權」在日本全國新酒鑑評會上連續9年獲得金賞。這款純米大吟釀帶有如洋梨般的華麗香氣。建議冷飲或冰鎮後再飲用。

福島
國權酒造
南會津郡
南會津町

這款也強力推薦！

一吉 純米大吟釀

純米大吟釀酒

原料米 山田錦／精米比例 40%／使用酵母 美島夢酵母／日本酒度 +1／酒精度數 16度

在福島縣新酒鑑評會獲得最高獎項

在福島縣新酒鑑評會的純米酒部門中，獲得最高獎項「縣知事獎」。果香十足，令人聯想到桃子或梨子。冷飲或冷酒為佳。

開當男山 大吟釀

大吟釀酒

DATA			
原料米	山田錦	日本酒度	+4
精米比例	45%	酒精度數	16.2度
使用酵母	不公開		

滋味柔和優美的大吟釀

這家酒藏建立於享保元（1716）年。南會津位於大雪地帶，該酒藏使用其清冽的雪水，並善用寒冷地區的環境進行獨特的釀酒作業。「開當男山」是取自於創始者的名字「開當」。這款大吟釀隱約散發出高雅的香氣，滋味柔和且入喉爽快。

福島
開當男山酒造
南會津郡
南會津町

這款也強力推薦！

開當男山 夢之香

特別純米酒

原料米 夢之香／精米比例 60%／使用酵母 福島煌酵母／日本酒度 +3／酒精度數 15.3度

香氣豐富的福島品牌認證酒

使用當地產的酒造好適米「夢之香」，是款百喝不膩的純米酒。帶有宜人的香氣與柔和的口感。建議冷飲或以冷酒飲用。

羅曼（口万）純米吟醸 一次火入

純米吟醸酒

DATA	
原料米	五百萬石・夢之香・姬之糯（ヒメノモチ）
精米比例	60%
使用酵母	美島夢酵母
日本酒度	不公開
酒精度數	16度

以成為備受喜愛的地酒為目標

這家酒藏秉持的宗旨是「製酒過程中須堅持在地與手作的精神」，僅使用契作農家栽培的南會津產酒米。杜氏與藏人均為當地人。米、水與人，徹底追求釀造貨真價實的「地酒」。從冷飲至燗酒，皆有一番樂趣。

//////// 這款也強力推薦！ ////////

花泉 特別純米酒

特別純米酒

原料米 夢之香・姬之糯／精米比例 60%／使用酵母 美島煌酵母／日本酒度 不公開／酒精度數 15度

堅持使用南會津產的材料

堅持使用稱為「糯米四段式釀造」的古傳製法，酵母則是使用福島縣開發的「美島煌酵母」。建議當作餐中酒飲用。

太平櫻 純米酒岩城浪漫（純米酒いわきろまん）

純米酒

DATA	
原料米	夢之香
精米比例	60%
使用酵母	美島夢酵母
日本酒度	+4
酒精度數	15度

口感不厚重的甘口純米酒

這家酒藏建立於享保10（1725）年。僅使用福島縣產米，有9成以上是由當地人所消費，實現了地產地銷的模式。用心地釀製少量的酒。代表品牌「太平櫻」的「岩城浪漫」是一款使用「夢之香」、略偏甘口的純米酒。口感不厚重，後味舒暢。

//////// 這款也強力推薦！ ////////

太平櫻 夢之香 純米原酒

純米酒

原料米 夢之香／精米比例 60%／使用酵母 美島夢酵母／日本酒度 +3／酒精度數 17度

百分之百福島製造風味沉穩的純米原酒

這款純米原酒是使用福島縣產的酒造好適米「夢之香」，並利用「美島夢酵母」來釀製。香氣沉穩，滋味扎實。

又兵衛 上撰

DATA	
原料米	千代錦
精米比例	65%
使用酵母	協會901號
日本酒度	+5
酒精度數	15.5度

作為岩城的地酒而受到喜愛的清酒

這家酒藏建立於弘化2（1845）年。初代的又兵衛是愛酒之人，原本僅是為了自己飲用而開始釀酒。冠上其名的「又兵衛」，作為岩城的地酒而備受喜愛。這款上撰堪稱其代表酒款。風味扎實且深度廣度兼備。

//////// 這款也強力推薦！ ////////

又兵衛 純米酒岩城鄉（純米酒いわき鄉）

純米酒

原料米 千代錦／精米比例 60%／使用酵母 TM-1（有可能變更）／日本酒度 +3／酒精度數 15.4度

鮮味中帶有舒暢酸味的純米酒

這款純米酒的酒體飽滿，提引出原料米「千代錦」的鮮味。扎實的鮮味中帶有舒暢的酸味。

天明 純米吟釀 火入

福島
曙酒造
河沼郡
會津坂下町

純米吟釀酒

DATA

原料米	山田錦	日本酒度	+2
精米比例	55%	酒精度數	16度
使用酵母	協會9號·福島夢酵母		

經過1年熟成的火入型原酒

活用當地產米的特色，並以獨具個性的酒款為理想。這款「天明」純米吟釀是堅持以少量釀造法釀成，未進行過濾，火入之後經過1年熟成的原酒。特色在於豐潤的甜味。

//////// 這款也強力推薦！ ///////

一生青春 特別純米酒

特別純米酒

原料米 麴米：山田錦·掛米：夢之香／精米比例 60%／使用酵母 自社酵母／日本酒度 +1／酒精度數 15度

價格適中
卻很正統的純米酒

品牌名稱是寄託了「莫忘初心」的規訓來命名。屬於香氣沉穩而鮮味溫和的餐中酒。以打造居家經典酒款為概念。

福島

飛露喜 純米大吟釀

福島
廣木酒造本店
河沼郡
會津坂下町

純米大吟釀酒

DATA

原料米	山田錦	使用酵母	協會10號系
精米比例	麴米·40%	日本酒度	+2
	掛米·50%	酒精度數	16.0度

華麗又雅致的純米大吟釀

這家酒藏建立於文化文政年間（1804～1830）。這款酒是藉由徹底管理浸米的時間，並進行長期低溫發酵，不辭辛勞地釀製而成。品牌「飛露喜」的這款純米大吟釀是在瀕臨停業之際孕育而出，並獲得爆炸性的人氣，風味華麗卻不失雅致。

//////// 這款也強力推薦！ ///////

特別純米 飛露喜

特別純米酒

原料米 山田錦·五百萬石／精米比例 麴米：50%·掛米·55%／使用酵母 協會9號·10號系／日本酒度 +3／酒精度數 16.3度

形成絕妙平衡的
特別純米酒

這款特別純米酒是使用「五百萬石」細心釀製而成。在甜味、辛味、酸味與杳氣上皆取得半衡。

一步己 純米原酒

福島
豐國酒造
石川郡古殿町

純米酒

DATA

原料米	美山錦	日本酒度	+1
精米比例	60%	酒精度數	16度
使用酵母	福島酵母		

感受得到第9代之覺悟的純米原酒

建立於天保年間（1830～1844）。使用來自阿武隈山峽清冽的水，並以手工作業來釀酒。該酒藏連續9年獲得日本全國新酒鑑評會的金賞。這款「一步己」是香氣馥郁的純米酒。將「不急、不躁、不鬆懈、逐步踏實」的態度寄託在酒名之中。

//////// 這款也強力推薦！ ///////

東豐國 大吟釀 幻

大吟釀酒

原料米 山田錦／精米比例 40%／使用酵母 福島酵母／日本酒度 +5／酒精度數 15度

以南部杜氏純熟的技術
釀成的極品大吟釀

香氣清爽且甜味高雅的大吟釀。釀製這款酒的築田博明杜氏，曾兩度在南部杜氏自家清酒鑑評會上獲得首席的獎項。

東北
各式各樣的日本酒

在此介紹東北的古酒、濁酒與氣泡日本酒。

氣泡酒

山形縣 **米鶴酒造**

**米鶴
Sparkling**

這款日本酒的氣泡會咕嚕咕嚕地冒出，飲用時能帶來全新的感受。甜度較低，滋味舒暢且鮮味濃郁，可以享受到透明而澄淨的氣泡。

宮城縣 **一之藏**

**一之藏
發泡清酒 鈴音（すず音）**

不斷冒出又細又清涼的氣泡，口感滑順，入喉的感受猶如香檳一般。酒精度數不高，只有5度，也很推薦給女性。

秋田縣 **秋田銘釀**

**跳躍奔放的
蘋果氣泡酒 Ringo
（はじける林檎の
スパークリングRingo）**

蘋果清爽的酸味與溫和的甜味在口中跳躍，可以帶來全新感受的低酒精氣泡酒。建議以冷飲方式飲用。

秋田縣 **刈穂釀造**

**刈穂
活性純米酒 六舟**

氣泡極為細緻，口感相當清爽。含有些許沉澱物，一倒入玻璃杯中便會呈現出朦朧感，別有一番情趣。

福島縣 **榮川酒造**

**FUME PIZZICARTO
（フューメ・ピッチカート）**

為了支援東日本大地震的復興，而與義大利的品牌共同開發出這款適合搭配義式料理的酒。果味十足的香氣與喝起來舒暢的口感為其特色所在。

濁酒

岩手縣 **朝開**

**純米吟釀
濁酒**

春天上槽的濁酒僅經過一次火入，便以瓶裝冷藏來貯藏，是一款帶有清爽熟成香氣的酒。建議冰得透心涼或是以溫燗方式來品飲。

秋田縣 **秋田銘釀**

**古傳的濁酒
（昔ながらのにごり酒）**

特色在於新鮮濃稠的甜味與滑順的口感。可以享受到充滿懷舊感的醪之風味。

山形縣 **米鶴酒造**

**米鶴 盜吟釀
發泡濁酒**

內含碳酸氣體，在舌尖上跳躍的口感令人十分愉悅，是款帶有清新滋味的吟釀酒。從油膩的料理到清淡的料理，適合搭配任何料理。

古酒

| 宮城縣 | 一之藏 | | 秋田縣 | 齋彌酒造店 | | 福島縣 | 笹之川酒造 |

一之藏 熟成酒 招膳

這款純米古酒複雜而具深度的熟成香氣中，融合了濃醇的鮮味與酸味。很適合搭配烤牛舌等調味濃郁的料理。

雪之茅舍隱藏版
（雪の茅舍 隱し酒）

這款是在酒藏內冷藏貯藏超過10年的純米古酒。風味圓熟，可以享受到古酒獨特且複雜的純熟滋味。

秘藏純生25年古酒

熟成的香氣與深邃的滋味均衡地融合，入口令人聯想到雪莉酒的滋味。經過25年歲月釀製出的古酒，特色在於柔和的口感。

其他氣泡酒&濁酒&古酒

種類	縣市	酒藏	商品名稱	概要
氣泡酒	青森	西田酒造店	外濱Micro Bubble	特色在於清新的香氣與酸中帶甜的柔和滋味。氣泡細緻而纖細，留下宜人的餘韻。
	岩手	櫻顏酒造	盛岡（もりおか）SAKE 氣泡酒330ml	碳酸恰到好處地融於高雅的甜味與清爽的酸味之中，可以享受到氣泡在舌尖上跳躍的滋味。
	宮城	新澤釀造店	愛宕之松氣泡酒	酒精度數為13度，是一款完美呈現出日本酒原有滋味的餐中氣泡酒。碳酸極為細緻卻不失勁道，可以享受到清爽輕快的口感。
	秋田	鈴木酒造店	La Sente（ラシェンテ）	溫和的微甜滋味來自從米孕育出的天然葡萄糖。奔放的碳酸與絕妙的酸味釀出一股爽快感。
	山形	千代壽虎屋	酒和（しゅわ和）	沉穩香氣與溫和滋味完美融合的發泡性純米酒。建議冰得透心涼再飲用。
	福島	奧之松酒造	純米大吟釀 氣泡酒	特色在於極細氣泡的清涼感與微甜的吟釀香。這是一款能感受到純米大吟釀特有的米鮮味，以及俐落尾韻的逸品。
濁酒	青森	桃川	桃川 濁酒	古傳的濁酒品味醇扎實有勁的口感。雖然屬於超甘口風味，但後味絕佳，舌尖無滋味殘留。
	岩手	廣田酒造店	南部初雪	這款酒僅使用米與米麴，並且發揮山本原有的鮮味。特色在於微量碳酸帶米爽口輕快的口感。加冰塊飲用也OK。
	宮城	中勇酒造店	天上夢幻濁酒	在深濃的風味中，酸味、甜味與香氣完美地交融在一起。無論是冰鎮或以溫燗方式飲用都很推薦。
	秋田	淺舞酒造	天之戶SILKY（天の戶シルキー）	甜度略低而帶有較多碳酸的清爽酒款。白麴的檸檬酸帶有如檸檬般舒暢的餘味，風味也別具一格。
	山形	羽根田酒造	羽前白梅 濁酒 火入	帶有淡淡吟釀香的滑順口感為其特色。完成的滋味爽口不膩。
	福島	大七酒造	雪搾濁酒	經過瓶內發酵的微發泡性濁酒。果實般的高雅甜味會在口中擴散開來，鮮明的碳酸口感十分宜人。※冬季限定商品
古酒	岩手	南部美人	純米古酒	將特別純米酒靜置於一升瓶（1800ml）中，經過常溫熟成的古酒。可以享受美麗的琥珀色與馥郁的熟成香氣。
	宮城	森民酒造店	純米吟釀10年古酒	在酒藏中慢慢熟成10年而成的酒款。帶有芳醇的香氣與濃稠深邃的滋味。
	秋田	金紋秋田酒造	熟成古酒 山吹GOLD	連續5年在IWC上獲獎。在酒桶中熟成而釀出的香氣、甜味與爽口的滋味，搭配任何料理都很對味。
	秋田	天壽酒造	天壽 秘藏大吟釀	嚴選出來作為官方鑑評用的吟釀酒，經過10年慢慢低溫熟成。可以感受到古酒獨特的圓潤香味。
	山形	出羽櫻酒造	枯山水 三年大古酒	經過3年慢慢熟成，釀製出風味高雅的大古酒。冰涼後飲用十分美味，隨著不同飲用方式而變化的滋味也令人十分愉悅。
	福島	奧之松酒造	特別純米古酒 1988年	將極富甘口的特別純米酒經過熟成的酒款。甜味與酸味之間的調合堪稱絕妙，滋味近似紹興酒。建議以溫燗方式飲用。
	福島	大七酒造	大古酒RARE OLD VINTAGE（レア・オールド・ヴィンテージ）	以1989年至1992年間釀成的稀有大吟釀零原酒混合而成。以微冷溫度飲用帶有深邃的滋味，而溫燗則可品嚐到圓潤的甜味。※限定商品

關東的酒

栃木縣

在吟釀酵母開發上引領著關東地區

雖然位居關東地區，卻受到鄰近的新潟、長野的釀酒業強烈的影響。昔日有無數家越後杜氏的酒藏，近年則因為後繼者不足，使得以南部杜氏為主的釀酒業漸增。熱衷於吟釀酵母的開發而成為引領關東圈的存在。受惠於鬼怒川、那珂川、渡良瀨川等水源，製米業也蓬勃發展。

代表性酒藏
- 惣譽酒造（p.113）
- 仙禽（p.119）

群馬縣

關東第1號酒米「若水」的誕生之地

群馬縣嚴冬期的氣候有「上州（群馬縣的古稱）的乾燥風」之稱，相當適合釀酒，同時亦為良水流經之地，水源來自統稱為上毛三山的赤城山、榛名山與妙義山。縣產酒米的培育也相當興盛，「若水」即是關東首次獲得指定產地的酒米。近年由於「群馬KAZE酵母」的誕生，使得大吟釀的濃厚滋味受到矚目。

代表性酒藏
- 永井酒造（p.124）
- 龍神酒造（p.125）
- 町田酒造（p.126）

埼玉縣

熱衷於開發全新酒質，首都圈最大的酒產地

埼玉縣最自豪的是酒品的出貨量，為關東地區最大且在全日本位居第8名。自古以來便以交通往來頻繁的陸羽海道與中山道為中心發展釀酒業。該縣也很盛行開發全新的酒質，還誕生了縣產酒米「酒武藏（さけ武藏）」與獨家酵母「埼玉C酵母」。成為縣內各酒藏在釀製吟釀上的主力。

代表性酒藏
- 五十嵐酒造（p.129）
- 釜屋（p.131）
- 神龜酒造（p.134）

東京都

顛覆都會形象的「東京地酒」

北區1家、多摩地區有8家酒藏在運作。自從江戶幕府設立了「御免關東上酒賣捌所（官准關東上酒販售所）」向民眾廣泛且大量地銷售酒品後，釀酒業遂得以發展。近年來推廣顛覆都會形象的「東京地酒」，積極舉辦試飲會或參觀酒藏等活動。

代表性酒藏
- 小澤酒造（p.143）
- 石川酒造（p.146）

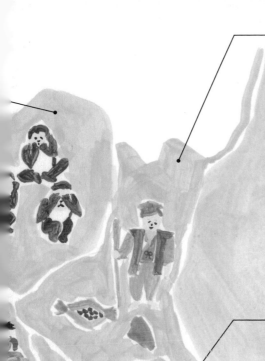

茨城縣

酒藏數為關東之首
有豐沛水系且歷史悠久的銘釀地

受惠於久慈川、那珂川、鬼怒川、利根川、
筑波山這5大水系，擁有多達54家酒藏，為
關東地區之首。近年來因平成15（2003）
年組成的茨城縣酒造公會「PURE茨城」而
聲名大噪，使用縣產酒米「日立錦（ひたち
錦）」與「日立酵母（ひたち酵母）」等致
力於開發純茨城的酒款。

代表性酒藏
●須藤本家（p.107） ●來福酒造（p.110）

千葉縣

古酒與山廢釀造等
個性派酒藏齊聚

以房總半島為中心，約存在40家酒藏。有
許多口感扎實的辛口酒，用來搭配以魚貝類
為主的「磯料理（海產料理）」。進行古酒
與山廢酒等釀造作業的個性化酒藏也群聚於
此。近年來縣產酒米「總之舞」與獨家酵母
「手兒奈之夢」也相繼登場。

代表性酒藏
●吉野酒造（p.137） ●寺田本家（p.138）

神奈川縣

丹澤山系的名水支撐著縣內的釀酒業

使用可列入日本三大名水的丹澤山系的水，釀出以淡麗
酒質為特色的酒。縣內13家酒藏的生產規模雖小，不
過平均精米比例在全日本卻很高。一直以來皆仰賴外縣
市產的米，然而近年也陸續出現投入栽培酒米的酒藏。

代表性酒藏
●大矢孝酒造（p.149）
●泉橋酒造（p.150）

一品 純米酒

茨城
吉久保酒造
水戸市

純米酒

DATA			
原料米	玉榮	日本酒度	+4
精米比例	60%	酒精度數	15度
使用酵母	自社酵母		

以優質米釀成，風味洗鍊的一支酒

在日本國內外競賽中擁有無數獲獎經歷的吉久保酒造，是在江戶時代於水戶創業的酒藏，擁有悠久的歷史。這款「一品」的純米酒，可以感受到使用優質原料米與米麴所釀製出的圓熟風味。建議以冷酒方式飲用。

這款也強力推薦！

百歲 山廢純米吟釀

純米吟釀酒

原料米 山田錦・美山錦／精米比例 50%／使用酵母 自社酵母／日本酒度 +5／酒精度數 15度

以山廢釀造法釀製的純米吟釀酒

「百歲」的原料米是使用「山田錦」以及「美山錦」，將其精磨至50%釀成的一支酒。建議以溫燗方式飲用。

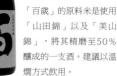

副將軍 純米吟釀

茨城
明利酒類
水戸市

純米吟釀酒

DATA			
原料米	五百萬石・美山錦	使用酵母	M310
		日本酒度	+4
精米比例	50%	酒精度數	15度

在日本國內外獲獎無數的酒款

建立於安政年間（1854～1860）的加藤酒造店在昭和25（1950）年成為法人組織後，所成立的就是這家明利酒類。「副將軍」是將自社開發的酵母特性充分發揮所打造出的酒款，可以享受到清新舒暢的吟釀香。冰鎮後飲用最受喜愛。

這款也強力推薦！

副將軍 水府自慢本釀造 生原酒

本釀造酒

原料米 五百萬石・曙（アケボノ）／精米比例 60%／使用酵母 M310／日本酒度 +4／酒精度數 19度

感受到生酒特有爽快感的酒款

將本釀造生原酒經過冰溫貯藏所打造出的「水府自慢」，特色在於喝起來的清爽口感。請務必以冷藏方式保存。

武勇 純米吟釀 和（なごやか）

茨城
武勇
結城市

純米吟釀酒

DATA			
原料米	雄町	日本酒度	不公開
精米比例	58%	酒精度數	16度
使用酵母	自社酵母		

感受得到獨特柔和感的一支酒

武勇是建立於江戶末期慶應3（1867）年的酒藏，藉由傳統手法與經過嚴選的原料提引出來的鮮味。這款「武勇」的純米吟釀帶有馥郁的香氣與柔和的滋味。建議以冷飲方式飲用。

這款也強力推薦！

武勇 辛口純米酒

純米酒

原料米 主要是雄町・山田錦・五百萬石／精米比例 63%／使用酵母 自社酵母／日本酒度 不公開／酒精度數 15度

感受得到純米特有滋味的日本酒

使用「山田錦」與「五百萬石」作為原料米的清酒。俐落的尾韻與鮮味完美調合，從冷飲至燗酒，可享受不同的飲用溫度。

茨城

結YUI（結ゆい）純米吟醸酒

純米
吟醸酒

DATA		
原料米 雄町		日本酒度 −1
精米比例 50%		酒精度數 16度
使用酵母 M310		

品味米原有的鮮味與純粹的吟醸香

江戶時代於城下町的結城創業，是一家擁有約400年悠久歷史的老字號酒藏。如今仍謹守著使用腹地內井水釀酒的古傳製法。這款「結YUI」的純米吟醸，特色在於口感溫和且滋味豐盈。建議以冷飲方式品飲。

富久福 特別純米酒

特別
純米酒

原料米 山田錦／精米比例 60%／使用酵母 協會7號系／日本酒度 +1／酒精度數 16度

可用不同方式
廣泛享用的一支酒

使用「山田錦」作為原料米的「富久福」特別純米酒，是一款極富深度的清酒。從冷飲至爛酒，可用任何方式飲用。

霞山 純米大吟醸酒 無過濾 純生酒

純米
大吟醸酒

DATA		
原料米 龜之尾系的越光		使用酵母 自社酵母
（コシヒカリ）		日本酒度 +5
精米比例 50%		酒精度數 15～16度

無過濾且未經火入處理
有所堅持的生酒

須藤本家是一間存在已久的古老酒藏，繼承了源自平安後期的生酛釀造法。因為在日本國內首次推出生酒而聲名大噪。在國際葡萄酒競賽上榮獲了金賞與銀賞等無數獎項。亦被用於G7伊勢志摩高峰會上，得到日本國內外的高度評價。在原料米上有所堅持，100%使用笠間當地產的一等米的新米來釀酒。

代表品牌「霞山」的這款純米大吟醸，特色在於擁有扎實渾厚的滋味。用來搭配魚肉類料理可以更襯托出食物的美味。不管冷飲或爛酒都很推薦。

山櫻桃

純米大吟醸酒 無過濾 純生酒

純米
大吟醸酒

原料米 龜之尾系的越光／精米比例 40%／使用酵母 自社酵母／日本酒度 +5／酒精度數 15～16度

尾韻俐落
喝起來口感爽快

屬於滋味輕快的辛口酒。與魚貝類特別對味。連羅曼尼康帝酒莊的社長也為之驚豔。除了日本酒愛好者外也推薦給葡萄酒通。

日乃出鶴 純米吟釀

茨城

井坂酒造店

常陸太田市

茨城

純米吟釀酒

DATA			
原料米	日立錦	日本酒度	+3
精米比例	55%	酒精度數	15度
使用酵母	日本國產米		

香氣絕佳
建議當作餐中酒飲用

這家酒藏建立於江戶時代後期的文政元（1818）年。

釀造用水是直接取用後山的優質伏流水。這款清酒善用了來自當地自然環境的水以及土藏（倉庫）的優點。

「日乃出鶴」的這款純米吟釀，特色在於香氣絕佳，含在嘴裡充滿濃郁的風味，不過後味卻十分舒暢。可以享受到經過仔細精磨的米所釀出的獨特滋味。這款酒是藏元的自信之作，建議當作餐中酒飲用。

這支酒也成為了茨城縣常陸太田市的特產。

日乃出鶴
古代酒 紫式部（古代さけ 紫しきぶ）

原料米 日本國產古代米／精米比例 不公開／使用酵母 日本國產米／日本酒度 −20／酒精度數 15～16度

透著淡紅色
平衡感絕佳的酒款

使用古代米作為原料米釀成，甜味與酸味達到絕佳平衡的一支酒。淡紅色的酒色十分華麗，外觀也賞心悅目。亦可當作甜點來飲用，也很推薦給女性。

松盛 純米吟釀 無過濾生原酒

茨城

岡部

常陸太田市

純米吟釀酒

DATA			
原料米	美山錦	日本酒度	+4
精米比例	55%	酒精度數	18度
使用酵母	M310		

提引出酒米鮮味的日本酒

岡部自明治8（1875）年創業以來，便在擁有優質水與優質米的環境中持續釀酒至今。這款「松盛」也是酒藏的代表品牌，擁有輝煌的得獎史，曾數度在日本全國新酒鑑評會上獲得金賞。這支酒是初露頭角且前途無量的年輕藏元的自信之作。

松盛 特別本釀造

特別本釀造酒

原料米 當地產日本晴／精米比例 60%／使用酵母 M310／日本酒度 +3／酒精度數 15度

口感清新舒暢
容易入口

「松盛」的這款特別本釀造，是使用當地產的「日本晴」作為原料米釀成，入喉口感舒暢，無論冷飲或燗酒都很美味。

渡舟 純米大吟釀

純米大吟釀酒

DATA

原料米	茨城縣產 渡船	使用酵母	自社酵母
精米比例	35%	日本酒度	+1左右
		酒精度數	16.5度

希望能搭配海鮮料理飲用的一支酒

成功復育出明治大正時期所使用的酒米「渡船」——相當於「山田錦」的親本種，並因而遠近馳名的酒藏。

據說當時手邊僅留有14g的稻種，並以那些米來釀製代表品牌「渡舟」。

大吟釀「渡舟」擁有在日本全國新酒鑑評會上4度獲得金賞的輝煌佳績。

將「渡船」精磨至35%釀成的這款純米大吟釀，建議搭配清淡的海鮮料理。只要經過冰鎮就會散發出如果實般的香氣，這點也別有特色。

這款也強力推薦！

太平海

特別純米

特別純米酒

原料米 茨城縣產五百萬石／精米比例55%／使用酵母 自社酵母／日本酒度+1左右／酒精度數15.5度

適合搭配使用鮪魚肚肉等魚料理的清酒

這款「太平海」的特別純米酒是使用茨城縣產的「五百萬石」作為原料米釀成的。香氣豐富且滋味豐盈。可冷飲或加熱成溫燗，搭配富含脂肪的魚類一同享用。

茨城

霧筑波 知可良

大吟釀酒

DATA

原料米	山田錦	日本酒度	+4
精米比例	40%	酒精度數	16度
使用酵母	小川酵母		

經過慢慢熟成釀製而成的一支酒

自明治10（1877）年創業以來，這家酒藏便在筑波地區持續釀製日本酒。冠上酵母發現者之名的這款「知可良」是花費3年以上的時間，以冰溫慢慢熟成的古酒。特色在於圓潤的口感與溫和的滋味。

這款也強力推薦！

霧筑波 特別純米酒

特別純米酒

原料米 五百萬石／精米比例55%／使用酵母 小川酵母／日本酒度 +3／酒精度數15度

帶有淡麗滋味的清爽純米酒

使用富山縣產的「五百萬石」作為原料米釀成的清酒。特色在於舒暢爽口的滋味，在該酒藏中也是人氣第一的酒款。

來福 純米吟釀 愛山

純米吟釀酒

DATA			
原料米	兵庫縣產愛山	使用酵母	蔓薔薇酵母
		日本酒度	±0
精米比例	50%	酒精度數	15度

使用花酵母釀製而成的一支酒

這家酒藏據說是享保元（1716）年由近江商人所建立，擁有長達約300年歷史。

釀酒的特色在於，不僅使用酒造好適米，還使用天然的花酵母。這款純米吟釀「愛山」是以兵庫縣產的愛山作為原料米，酵母則是使用「蔓薔薇酵母」。

這款酒的特色是充滿果實風味及花酵母特有的濃郁甜味。

飲用時建議冷飲，可以享受到花香味。

這款也強力推薦！

來福 純米吟釀 山田穗

純米吟釀酒

原料米 兵庫縣產山田穗／精米比例 50%／使用酵母 秋海棠花酵母／日本酒度 +5／酒精度數 16度

以花語「愛的告白」釀製而成的日本酒

「來福」是以兵庫縣產的「山田穗」釀製而成。這款「山田穗」中使用了「秋海棠花酵母」，花語是「愛的告白」。以冷酒至溫爛的溫度帶來飲用最受喜愛。

大觀 純米大吟釀

純米大吟釀酒

DATA			
原料米	山田錦	日本酒度	+2
精米比例	50%	酒精度數	15度
使用酵母	協會9號系		

感受得到雅致香氣的極品

這家酒藏建立於明治2（1869）年。第4代社長與近代日本畫的橫山大觀素有深交，銘酒「大觀」便是因為橫山的提議而釀造出來的。這款純米大吟釀是一支可以確實品味到高雅的水果香與酒米鮮味的清酒。

這款也強力推薦！

大觀 藍標純米吟釀

純米吟釀酒

原料米 日立錦／精米比例 55%／使用酵母 協會9號系／日本酒度 +4／酒精度數 15度

享受柔和吟釀味的酒款

使用當地茨城縣產的「日立錦」作為原料米的純米吟釀。在大觀的系列中，這支酒可以享受到散發出透明感的澄淨滋味。

一人娘 本醸造

茨城
山中酒造店

本醸造酒

常陸市

DATA
原料米	一般米	日本酒度	+8
精米比例	70%	酒精度數	15～16度
使用酵母	M310		

口感平滑的經典款「一人娘」

山中酒造店建立於文化2（1805）年，因「一人娘」在第15回品評會上躍居日本第一而為人所知，確實就像在培育一人娘（獨生女）般，灌注誠意與愛意來釀酒。這款本醸造在「一人娘」中也屬經典款，深受當地人喜愛。冷飲或熱燗皆美味。

////// 這款也強力推薦！ //////

一人娘 特別純米

特別純米酒

原料米　夢日立（ゆめひたち）／精米比例　60%／使用酵母 M310／日本酒度　+4／酒精度數 15～16度

滋味淡麗
卻極富層次的清酒

「一人娘」的特色在於清新舒暢的滋味。帶有濃郁層次，未使用添加物。建議以冷飲至溫燗的方式來飲用。

紬美人 大吟醸

茨城
野村釀造

大吟醸酒

常總市

DATA
原料米	山田錦	日本酒度	+5
精米比例	35%	酒精度數	17～18度
使用酵母	M310		

感受得到華麗香氣的大吟醸

建立於明治30（1897）年的酒藏。自當時起便持續釀造品質第一的酒，迄今在日本全國新酒鑑評會上多次獲得金賞而大放異彩。「紬美人」的這款大吟醸，屬於香氣絕佳又富有濃郁風味的清酒。建議以冷飲方式飲用，因為入口後香氣會更加明顯。

////// 這款也強力推薦！ //////

紬美人 山廢特別純米

特別純米酒

原料米　五百萬石／精米比例 60%／使用酵母 協會10號／日本酒度　+4／酒精度數 15～16度

口感舒暢滑順
卻又不失醇厚

以山廢釀造的酒來說，這款酒的滋味滑順卻勁道十足，同時還富有深度。請搭配肉類或較油膩的料理來飲用。

京之夢 純米吟醸

茨城
竹村酒造店

純米吟醸酒

常總市

DATA
原料米	五百萬石	日本酒度	+3
精米比例	60%	酒精度數	15.2度
使用酵母	協會9號		

精心釀製而成，香氣豐富的一支酒

由來自滋賀縣的近江商人所建立的酒藏。之後長達約260年間，便在這個擁有豐沛水資源的地區持續釀著酒。「京之夢」的這款純米吟醸，是在重視米的味道下釀製而成的清酒。建議以冷飲方式當作餐中酒來飲用。

////// 這款也強力推薦！ //////

京之夢 活性原酒 上澄

本醸造酒

原料米　五百萬石／精米比例 60%／使用酵母 協會9號／日本酒度　+3／酒精度數 18度

盡情享受鮮搾新酒
特有的滋味

這款是無過濾、無調整的高濃度原酒，可以品嚐到鮮搾酒的果實風味，是藏元的自信之作。請以冷飲方式飲用。

月之井 有機米特別純米 和之月60

茨城

月之井酒造店

東茨城郡大洗町

特別純米酒

DATA			
原料米	有機米 美山錦	使用酵母	秋田今野 NO.25
精米比例	60%	日本酒度	+5
		酒精度數	15～16度

風味鮮明且帶有俐落尾韻的日本酒

這家酒藏建立於慶應元（1865）年。使用全量有機米，在原料與所有製造工程上都講究有機性。這款「和之月60」屬於滋味舒暢且易飲的辛口酒。建議以溫燗方式飲用。

這款也強力推薦！

月之井 大吟釀

大吟釀酒

原料米 山田錦／精米比例 40%／使用酵母 M310／日本酒度 +5／酒精度數 15～16度

可享受到如果實般的吟釀香

這款辛口日本酒的滋味圓潤，入喉乾爽而不黏膩。帶有宛如蘋果或哈密瓜般的吟釀香。建議冷飲。

茨城

木內酒造

那珂市

菊盛 大吟釀

大吟釀酒

DATA			
原料米	山田錦	日本酒度	+5
精米比例	40%	酒精度數	16～17度
使用酵母	自社酵母		

果香味十足，滋味無比舒暢

建立於文政6（1823）年的木內酒造，除了日本酒之外，也持續不斷挑戰釀製啤酒或葡萄酒等各式酒款。代表品牌「菊盛」的這款大吟釀，特色在於華麗的香氣。建議以冷酒方式飲用。

這款也強力推薦！

菊盛 純米吟釀濁酒 春一輪

純米吟釀酒

原料米 五百萬石・山田錦／精米比例 55%／使用酵母 自社酵母／日本酒度 +1／酒精度數 15～16度

內含碳酸氣體 風味清爽不已的酒

這款酒是將酵母仍十分活躍的鮮搾新酒進行裝瓶，並藉由在瓶內產生的二次發酵而形成氣泡酒。建議冷飲。

COLUMN 酒器 讓氣氛更熱鬧的器皿

享受日本酒不可或缺的要素就是器皿。器皿所散發的氛圍是選擇酒器時的重要因素之一。倘若器皿富有情緒或玩心，還能讓飲酒時的心情更加高昂。這不僅只是理論，使用自己喜歡或外型魅力十足的酒器，不僅可以增添風味，還能使杯裡瓊漿玉液的滋味更上層樓。

這款是「鬼面盃」，外側設計成鬼臉，內側則為多福娃娃。意味著「將福氣納於掌心，鬼則屏除在外」，是相當吉祥的酒杯。

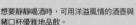

想要靜靜喝酒時，可用洋溢風情的酒壺與豬口杯優雅地品飲。

栃木

惣譽酒造

芳賀郡市貝町

純米大吟釀酒

惣譽 生酛釀造 純米大吟釀

DATA			
原料米	兵庫縣 特A地區產 山田錦	使用酵母	不公開
		日本酒度	+4
		酒精度數	16度
精米比例	45%		

奢侈的鮮味、生酛的酸味
以及優雅的香氣一次滿足

這家酒藏建立於明治5（1872）年。在豐富的大自然環繞下，一邊追求傳統的滋味，一邊嚴謹地以手工作業進行釀酒。酒藏以「在傳統的生酛釀造技術上精益求精，追求更加洗鍊的現代味道」為目標，並稱其為「生酛文藝復興」。這款生酛釀造的純米大吟釀正是運用這種現代的製法，追求優雅的酒質所釀造出來的。在唯有純米大吟釀才品嚐得到的奢侈香氣中，交織著生酛特有的酸味與極富深度的鮮味。建議以冷飲或溫爛的方式來享受這種極致的好滋味。

▨▨▨ 這款也強力推薦！ ▨▨▨

惣譽 生酛釀造 特別純米

特別純米酒

原料米 兵庫縣特A地區產山田錦／精米比例 60%／使用酵母 不公開／日本酒度 +4／酒精度數 15度

純米的甜味與鮮味、生酛的
酸味交織成層次濃郁的酒款

在純米酒特有的豐盈甜味與鮮味中，混合了生酛獨具的酸味，形成層次濃郁的滋味。若要冷飲，以接近井水溫度的12～15℃為佳，燗酒的話則是45℃左右，如此，會更添滋味。只要搭配發揮出素材味道的和食，即可互相襯托出彼此的味道。

栃木

栃木

外池酒造店

芳賀郡益子町

大吟釀酒

燦爛 大吟釀

DATA			
原料米	山田錦	日本酒度	+3
精米比例	38%	酒精度數	17度
使用酵母	協會1801號		

口感猶如葡萄酒，可搭配乳酪來享用

建立於昭和12（1937）年的酒藏。「燦爛」是使用嚴選的酒米與水，並藉由南部杜氏的傳統技術釀製而成的清酒。其中的這款大吟釀擁有華麗的滋味，並透著如水果般的香氣。可以搭配西餐或乳酪，以品味葡萄酒的心情來享用。

▨▨▨ 這款也強力推薦！ ▨▨▨

燦爛 純米大吟釀

純米大吟釀酒

原料米 有機五百萬石／精米比例 45%／使用酵母 M310／日本酒度 −2／酒精度數 15度

很推薦給
日本酒的入門者

在嚴冬時節以手工作業一瓶一瓶仔細釀造而成的清酒。特色在於純米大吟釀獨有的華麗香氣與芳醇的滋味。

栃木
若駒酒造
小山市

若駒 雄町50 無過濾生原酒

純米酒

DATA

原料米 雄町	日本酒度 不公開
精米比例 50%	酒精度數 17度
使用酵母 T-F	

水潤的滋味就像把水果直接放入口中

建立於萬延元（1860）年的若駒酒造，是以家族為中心進行釀酒的小酒藏。現在則由33歲的年輕杜氏持續進行釀酒。使用精磨至50%的「雄町」作為原料米所釀出的這款酒，像是直接將果實放入口中一般十分水潤。

這款也強力推薦！

若駒 龜之尾80 無過濾生原酒

純米酒

原料米 龜之尾／精米比例 80%／使用酵母 T-ND／日本酒度不公開／酒精度數 17度

感受得到80%特有鮮味的一支酒

以精米比例80%的「龜之尾」來釀製的「龜之尾80 無過濾生原酒」，特色在於具有80%特有的鮮味與澄淨的滋味。

栃木
小林酒造
小山市

鳳凰美田
「WHITE PHOENIX」純米大吟釀

純米大吟釀酒

DATA

原料米 愛山	日本酒度 +2
精米比例 45%	酒精度數 16度
使用酵母 栃木縣酵母	

吟釀酒藏所釀製的純米大吟釀
一方面果香味十足，
一方面味道強勁

這家建立於明治5（1872）年的酒藏僅釀製吟釀酒，在日本全國新酒鑑評會上得過許多金賞。味道纖細的吟釀酒是本著日本精神，孕育出充滿藝術風味的酒。這家酒藏釀製的酒，特色在於猶如麝香葡萄般的吟釀香，以及酒液注入葡萄酒杯接觸到空氣後就會變得更加豐富、米的溫和甜味與在舌尖留下的優雅口感。這款純米大吟釀兼具豐富的果香與無過濾生原酒的強勁滋味。外型優雅的香檳瓶是義大利Monte Rossa公司所製造的。建議冷飲。

這款也強力推薦！

鳳凰美田
辛口純米「鳳凰美田 劍」

純米酒

原料米 五百萬石・山田錦／精米比例55%／使用酵母 栃木縣酵母／日本酒度 +5~6／酒精度數 16度

香氣與俐落的尾韻魅力十足
純米吟釀等級的純米酒

雖然標示為「純米酒」，卻將「五百萬石」與「山田錦」精磨至55%，屬於純米吟釀等級的酒。帶有酒藏特有的果實香氣，卻不會搶過料理的風味，兩者形成絕妙的平衡。屬於尾韻俐落的辛口酒，最適合作為餐中酒。

柏盛M 原酒

栃木
片山酒造
本醸造酒
日光市

DATA			
原料米	五百萬石	日本酒度	+2
精米比例	65%	酒精度數	19度
使用酵母	協會701號		

持續受到愛好者支持的酒款

建立於明治13（1880）年的酒藏。受惠於日光市的氣候與風土，持續以傳統技法進行釀酒，力求將日本酒原有的滋味傳遞出去。利用日光美味的水釀製而成的這款酒，特色在於略帶辛口風味卻又不失圓潤的口感。以冷飲或是加冰塊飲用為佳。

這款也強力推薦！

柏盛素顏 原酒

純米酒

原料米 五百萬石／精米比例65%／使用酵母 協會701號／日本酒度 +2／酒精度數 19度

舒暢的滋味與擴散開來的芳醇酒香

這款「素顏」是無過濾的生原酒，為了避免味道裡混入雜味而投注時間釀製而成。不妨冷飲或是加冰塊飲用。

杉並木 大吟釀

栃木
飯沼銘釀
大吟釀酒
栃木市

DATA			
原料米	山田錦	日本酒度	14
精米比例	40%	酒精度數	16.5度
使用酵母	協會1801號・榛曾901號		

發揮出米的味道，滋味天然的大吟釀

這家酒藏建立於文化8（1811）年。所有藏人皆抱持著嚴格與溫柔的態度，以日光大谷川的伏流水來釀酒。酒藏代表品牌「杉並木」的這款大吟釀，魅力在於米的鮮味與香氣所帶來的天然滋味。冰鎮後更能品嚐其舒暢的滋味與滑順入喉的口感。

這款也強力推薦！

姿 純米吟釀生原酒

純米吟釀酒

原料米 山田錦・人心地（ひとごころ）／精米比例 55%／使用酵母 協會1801號／日本酒度 +2／酒精度數 17.2度

酸味與鮮味之間達到絕佳平衡的生原酒

這款「姿」是以當地產的「山田錦」與「人心地」釀成的酒。帶有果實香，以及平衡感絕佳的酸味與鮮味，建議冰鎮後飲用。

開華 特別純米原酒 包覆竹葉

（みがき竹皮）

栃木
第一酒造
特別純米酒
佐野市

DATA			
原料米	五百萬石・朝日之夢（あさひの夢）	使用酵母	栃木縣酵母
		日本酒度	+2
精米比例	59%	酒精度數	17～18度

代表品牌開華的代表作品

這家栃木縣最古老的酒藏建立於延寶元（1673）年，擁有340年以上的歷史。在釀酒上有所堅持，由藏人在自社的水田裡栽培原料米。在開華系列中人氣數一數二的這款酒使用的是在地米，稱得上是道地的地酒。帶有原酒獨有的香氣與鮮味。

這款也強力推薦！

開華 純米吟釀 黑瓶

純米吟釀酒

原料米 五百萬石・美山錦／精米比例 53%／使用酵母 栃木縣酵母／日本酒度 +1／酒精度數 16度

經過熟成而帶有清新滋味的「開華」

這款清酒僅進行一次火入，將對酒的傷害降至最低。火入之後置於低溫貯藏庫中經過10個月的熟成，再原封不動地出貨。

栃木

辻善兵衛 純米吟釀 五百萬石

栃木

辻善兵衛商店

真岡市

純米吟釀酒

DATA			
原料米	五百萬石	日本酒度	+2
精米比例	53%	酒精度數	15度
使用酵母	T-1・協會1401號		

活用當地素材釀製而成的酒款

建立於寶曆4（1754）年的酒藏。自創業以來，在堅守歷史與傳統的同時，也經常引進新技術來釀酒。「辻善兵衛」的這款純米吟釀五百萬石是百分百的地酒，全部使用當地產的原料米、水與技術來釀造。建議以冷飲方式品嚐其完美調合的味道。

▨▨▨▨ 這款也強力推薦！ ▨▨▨▨

櫻川 PREMIUM S

原料米 夢錦・朝日之夢／精米比例 65%以下／使用酵母協會701號／日本酒度 +2／酒精度數 16度

目標在於釀造頂級的餐中酒

這是以「打造最適合作為餐中酒的酒款」為目標所釀出的正規酒款。用餐時以冷飲或爛酒方式來飲用最受喜愛。

松之壽 純米酒

栃木

栃木

松井酒造店

鹽谷郡鹽谷町

純米酒

DATA			
原料米	五百萬石	日本酒度	+5.5
精米比例	65%	酒精度數	15度
使用酵母	協會1601號・協會601號		

藏元杜氏與藏人投注心力並寄託感情所釀製的純米酒

這家酒藏建立於慶應元（1865）年，藏元對未知的釀酒作業抱持著探究之心，同時還肩負杜氏的職務。酒藏後方為連綿不絕的山峰，使用自山中湧現的超軟水作為釀造用水，投入感情和心力來進行釀酒。在日本全國新酒鑑評會等擁有無數獲獎經歷。

「松之壽」這個品牌是以老松高尚的品格與挺拔堅韌之姿，結合酒藏的名稱來命名。這款純米酒屬於低溫瓶貯藏酒，使用酒造好適米「五百萬石」，並以酒藏特有的超軟水湧水釀製而成。可以享受到沉穩的香氣與張力十足的味道。建議冷飲或以溫爛方式飲用。

▨▨▨▨ 這款也強力推薦！ ▨▨▨▨

男人的友情 本釀造

本釀造酒

原料米 一般米／精米比例 65%／使用酵母 協會901號／日本酒度 +8.5／酒精度數 15度

作曲家船村徹命名的本釀造屬於口感舒暢的辛口酒

這款本釀造酒是從有鄉土地酒之稱的「松之壽」中嚴選而出，並由當地出身的作曲家船村徹以自創曲〈男人的友情〉來命名。酒標上的文字也是出自船村之筆。這款酒屬於口感舒暢的辛口酒，百喝不膩。從冷飲至熱爛，可享受不同溫度的品飲樂趣。

栃木

鳳鸞 酒造

大田原市

鳳鸞 低溫熟成1.8L

DATA	
原料米	日本國產米
精米比例	66%
使用酵母	協會7號・協會10號
日本酒度	+2
酒精度數	15～16度

在那須野的自然中釀製而成的清酒

建立於明治14（1881）年的酒藏。在適合釀造清酒的氣候、水與米一應俱全的那須野原持續進行釀酒。「鳳鸞」的這款低溫熟成酒，是在冷藏貯藏庫中經過慢慢熟成的一支酒。可品味到天然的鮮味與熟成後的圓潤感。

鳳鸞 純米大吟釀 與一傳承720ml

純米大吟釀酒

原料米 山田錦／精米比例 40%／使用酵母 協會1801號／日本酒度 +3／酒精度數 15～16度

以圓潤口感為特色的純米大吟釀

「鳳鸞」的這款純米大吟釀「與一傳承」，是將原料米「山田錦」精磨至40%。口感豐潤且滋味沉穩。

栃木

池島 酒造

大田原市

池錦 大吟釀

大吟釀酒

DATA	
原料米	山田錦
精米比例	40%
使用酵母	栃木縣酵母
日本酒度	+3
酒精度數	17度

香氣沉穩且各種味道間的平衡絕佳

建立於明治40（1907）年的酒藏。為了傳遞釀造者的想法，自創業以來便持續以手工作業進行釀酒事業。這款清酒的香氣沉穩，可以感受到如水般的優美。建議冷飲或是加入冰塊飲用。

池錦 純米吟釀 酒聖

純米吟釀酒

原料米 美山錦／精米比例 55%／使用酵母 栃木縣酵母／日本酒度 +3／酒精度數 15度

比起香氣，更重視味道的清酒

使用「美山錦」作為原料米釀成的一支酒。帶有清澄的香氣與舒暢的滋味。加入冰塊或以冷飲方式飲用皆美味不已。

栃木

天鷹 酒造

大田原市

天鷹心 純米大吟釀

純米大吟釀酒

DATA		
原料米	A地區產山田錦	使用酵母 協會酵母
		日本酒度 +5
精米比例	50%	酒精度數 15度

重視酒米鮮味釀製而成的一支酒

建立於大正3（1914）年的酒藏。「若非辛口酒就稱不上是酒」，謹守著初代的這番話，直至今日仍持續釀造屬於辛口風味，卻仍相當重視酒米鮮味的酒。這款芳醇的酒帶有沉穩的香氣，受到眾人喜愛而熱銷超過45年。

天鷹 有機純米酒

純米酒

原料米 栃木縣產有機五百萬石／精米比例 65%／使用酵母 協會901號／日本酒度 +4／酒精度數 15度

滋味溫和的有機清酒

使用有機米「五百萬石」作為原料米的酒款。具有鮮味與濃郁風味，已取得日美歐的有機認證。

菊 大吟釀

大吟釀酒

DATA			
原料米	山田錦	日本酒度	+1.4
精米比例	40%	酒精度數	18.1度
使用酵母	協會1801號		

令人想起花卉的華麗香氣

建立於天明8（1788）年，坐落在宇都宮中心地區的酒藏。打造的酒款在鑑評會上數度獲得金賞。「菊」的這款大吟釀帶有如花卉般馥郁的香氣，滋味十分滑順。感受得到高雅的濃郁風味，宜人的餘韻縈繞不絕。

這款也強力推薦！

七水55 純米吟釀

純米吟釀酒

原料米 雄町／精米比例 55%／使用酵母 栃木縣酵母／日本酒度 +1.5／酒精度數 17度

香氣馥郁且滋味強勁的純米吟釀

這款是以精磨至55%的「雄町」釀成的純米吟釀酒，維持原酒的狀態進行裝瓶。屬於風味強勁且別具魅力的一支酒。

澤姬 大吟釀 真・地酒宣言

大吟釀酒

DATA			
原料米	人心地	日本酒度	+5
精米比例	40%	酒精度數	17度
使用酵母	栃木縣酵母		

IWC 2010「冠軍日本酒」得獎品牌

建立於明治元（1868）年的酒藏，秉持「真・地酒宣言」的概念，100%使用栃木縣當地產的原料米等素材來釀酒。「澤姬」的這款大吟釀，可謂是頂級的栃木地酒。可以享受到華麗的香氣與俐落的尾韻。建議以冷飲方式飲用。

這款也強力推薦！

澤姬 生酛純米 真・地酒宣言

純米酒

原料米 栃木酒14／精米比例 60%／使用酵母 栃木縣酵母／日本酒度 +2／酒精度數 15度

讓米的魅力大放異彩的一支酒

這款清酒將栃木縣自產的酒造好適米「栃木酒14」的魅力展現無遺。帶有煙燻香氣，很適合搭配燻製物或乾貨。

四季櫻 柳田米鮮釀（大吟釀酒）
（柳田の米かもしたて）

大吟釀酒

DATA			
原料米	柳田町產五百萬石	使用酵母	栃木縣酵母TF
		日本酒度	+5
精米比例	50%	酒精度數	15.5度

以在地米釀製而成的圓潤酒款

這家酒藏建立於明治4（1871）年。以「日本酒是仰賴天（天候）與地（米質）的恩澤釀成，而酒的味道則是由釀酒者的意志決定」為信念，進行釀造作業。風味淡麗且略偏辛口的這款酒是以當地的「五百萬石」釀製而成，因此帶有溫和的香氣。

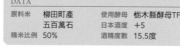

這款也強力推薦！

四季櫻 今井昌平（純米大吟釀酒）

純米大吟釀酒

原料米 柳田町產五百萬石／精米比例 50%／使用酵母 栃木縣酵母TS／日本酒度 +4／酒精度數 15.5度

榮獲SFJ PREMIERE 燗酒部門的金賞

在慢食日本燗酒競賽中獲得金賞的這支酒，特色是帶有淡淡的吟釀香與溫和的滋味。

栃木

大那 純米吟醸五百萬石

純米
吟釀酒

DATA

原料米	五百萬石
精米比例	55%
使用酵母	栃木縣酵母
日本酒度	+4
酒精度數	16.2度

使用講究的米打造而成的純米吟釀

建立於慶應2（1866）年的酒藏。以「味道扎實但後味澄淨，能提升食物風味的餐中酒」為目標，由兩代家族與兩名員工共同進行釀酒作業。原料米是使用「那須五百萬石」。以冷酒飲用為佳。

////// 這款也強力推薦！ //////

大那 超辛口純米酒

特別
純米酒

原料米 五百萬石／精米比例 60%／使用酵母 栃木縣酵母／日本酒度 +10／酒精度數 16.2度

為更加享受飲食生活而生的名配角

這款「大那」的超辛口純米酒，將日本酒度提高至＋10。建議以冷酒搭配料理來飲用。

摩登仙禽（モダン仙禽） 無垢

純米
大吟釀酒

DATA

原料米	山田錦、人心地	使用酵母	栃木縣酵母
精米比例	50%	日本酒度	不公開
		酒精度數	15度

結合傳統技術與現代感受的優質酒

酒藏的經典酒款

酒藏前身的仙禽建立於文化3（1806）年。仙禽的意思是「侍奉仙人的烏（鶴）」，以此作為酒藏名稱代代相傳下來，然而在平成20（2008）年將漢字「仙禽」改為平假名，以「せんきん」之姿重新改頭換面。其後，在重視傳統的同時，也堅持使用當地產的原料米，以「契合現代飲食生活的優質酒款」為目標來進行釀酒。

這款「摩登仙禽 無垢」是仙禽系列中的經典商品。屬於一款豐盈果香與圓潤鮮味交融而成的柔和酒款。酸味也很溫和適中。建議冰鎮至8～10℃，並以葡萄酒杯來飲用。

////// 這款也強力推薦！ //////

古典仙禽（クラシック仙禽） 龜之尾

特別
純米酒

原料米 龜之尾／精米比例 50%／使用酵母 栃木縣酵母／日本酒度 不公開／酒精度數 15度

這款原酒可仿效葡萄酒的方式來享受「龜之尾」獨有的味道

雖然是一款原酒，但酒精度數只有15度，可以像葡萄酒般暢快地飲用。話雖如此，仍可確實感受到夢幻酒米「龜之尾」的獨特味道與鮮活酸味絕妙地交織在一起。請冰鎮至8～10℃，並以葡萄酒杯來飲用。

栃木縣櫻花市
仙禽

仙禽很早就著眼於帶出「酸味」作為酒的特色，並且全心投入至今。在此訪問了藏元堅持的信念。

攝影／羽渕みどり

瀕臨退無可退之際，
破釜沉舟的戰略是必要的。
還曾經被質疑：
「該不會是酸度計壞了吧？」

希望將葡萄酒搭配飲食的
觀點也帶入日本酒中

東日本的焦點酒藏

　　藏元薄井一樹先生原本是葡萄酒侍酒師。據說他曾經應一位前輩的要求，帶了老家的酒請一間天婦羅老店的老闆試飲，但是反應卻不太好。反倒是他喝了對方遞來的「飛露喜」（福島縣廣木酒造）感到驚為天人，心想：「日本酒居然這麼好喝。」當時老家酒藏的經營日漸困難，因此必須由薄井先生繼承家業，然而他並不打算模仿自己認為美味得不可思議的飛露喜。在面臨停業之際，他心想已經沒有什麼好失去了，因此決定放手一搏，打破「甜酒NG、酸酒更NG」的日本酒常規，開始打造「酸酸甜甜的酒款」。

　　「現代的飲食生活是源自於歐美，一般家庭裡有番茄醬或美乃滋是理所當然的事。若要搭配這樣的料理，自然少不了酸味吧？我從葡萄酒中得到了這樣的啟發。」

　　由此孕育而生的「仙禽」超乎預期地大受歡迎，原本討厭日本酒的人、年輕人還有女性全都讚譽有加。

「運用木桶、選用龜之尾但不過度精磨，並且使用天然酵母，我希望能讓這種『硬派生酛釀造法』進行下去。」藏元薄井　樹先生如此表示。

　　據說在薄井先生回老家之前，一直都是以桶裝販售為主，並以成本為優先來釀酒。他打算全部逆向操作，愈來愈注重木桶釀造、生酛與低技術卻耗時費力的方式。

　　「因為是如此慎重其事釀出的酒，所以我也會要求銷售的店家帶著像是要結婚的態度來認真挑選，以確認是否喜愛我們家的酒。」

仙禽全量使用櫻花市產的米。這是出於「利用與釀造用水相同的水所栽培的米，屬性應該會較契合」的想法。

栃木

西堀酒造

小山市

純米
大吟醸酒

雄町米 西堀 金箔

DATA			
原料米	雄町米	日本酒度	−13
精米比例	50%	酒精度數	17度
使用酵母	M310		

釀製個性派酒款的酒藏
推出香甜的純米大吟釀酒

建立於明治5（1872）年的這家酒藏，在守護傳統的同時，也時常挑戰新做法或釀製方式。熟成古酒、超甘口酒、甜味與酸味強烈的酒等等，釀製出充滿個性的酒款。一邊提升技術，一邊致力於釀造出順應時代的酒，在日本全國新酒鑑評會上也常得到金賞。

「雄町米 西堀 金箔」是一款講究香氣與甜味的純米大吟釀酒。含一口在嘴裡，米的強烈甜味便擴散開來。話雖如此，甜味卻不濃膩，後味舒暢而清爽，可以感受到水潤感。這是款能夠享受到華麗口感的酒。

///// 這款也強力推薦！/////

獲「講究環境米認證」的短桿渡船 門外不出

原料米 講究環境米「短桿渡船」／精米比例 60%／使用酵母 獨家酵母／日本酒度 +10／酒精度數 17度

以講究栽培環境的「短桿渡船」
釀成的純米大吟醸

這款純米大吟釀酒是採用夢幻酒米「短桿渡船」作為原料米，這種米是比照國家特別栽培農產品的標準，主要使用有機質肥料並減少農藥栽培而成。「短桿渡船」獨具的鮮味會緩緩地擴散開來。這款辛口酒的魅力在於纖細又有深度的滋味。

群馬

近藤酒造

綠市

大吟醸酒

赤城山 特別大吟醸

DATA			
原料米	山田錦	日本酒度	+5
精米比例	38%	酒精度數	17.5度
使用酵母	群馬KAZE		

這支酒令人讚嘆藏元對辛口酒的執著

自創業以來超過140年，藏元皆堅持使用赤城山的天然水來釀製辛口酒。這款大吟釀在第77回關東信越國稅局酒類鑑評會上獲得最優秀賞主席。建議以冷酒來領會那舒暢辛口、入喉清爽的滋味。

///// 這款也強力推薦！/////

赤城山 辛口

特別
純米酒

原料米 美山錦／精米比例 60%／使用酵母 協會901號／日本酒度 +3／酒精度數 15度

帶有淡麗辛口風味
藏元人氣第一的酒款

雖屬淡麗辛口的酒款，尾韻卻十分俐落，酒質清爽不膩口。從冷飲至溫燗，可享受不同溫度的品飲樂趣，這點也很加分。

栃木／群馬

流輝 純米吟釀 無過濾

群馬
松屋酒造
藤岡市

純米吟釀酒

DATA			
原料米	若水	日本酒度	不公開
精米比例	60%	酒精度數	16度
使用酵母	協會10號系		

群馬藤岡的小酒藏，新一代所釀製的酒

這款「流輝」是杜氏寄託了「希望它像自己的孩子一樣成長」的心願，親自打造的一支酒。從原料處理、釀造到裝瓶為止，都投注心力親力親為，並奉此為信念。這是一款生產量也十分有限的手工逸品。

這款也強力推薦！

平井城 超辛純米吟釀

純米吟釀酒

原料米 舞風／精米比例 60%／使用酵母 群馬KAZE酵母／日本酒度 不公開／酒精度數 15度

可用各種溫度享受帶有鮮味的辛口酒

這款尾韻俐落的辛口純米吟釀酒，是以自社培養的酵母與縣產酒米舞風釀成。滑順的口感與鮮味相互調合，後味扎實。

群馬

秘幻 大吟釀

群馬
淺間酒造
吾妻郡長野原町

大吟釀酒

DATA			
原料米	山田錦	日本酒度	+1
精米比例	48%	酒精度數	15度
使用酵母	協會9號系		

擁有無數獲獎經歷的藏元的代表作

不限於日本酒，藏元也廣泛著手釀造使用當地特產的梅酒或利口酒。這款「秘幻」擁有無數獲獎經歷，包括日本全國新酒品評會金賞、世界葡萄酒食品評鑑會金賞等。充滿果實風味的吟釀香與淡麗爽快的辛口風味，建議冰得透心涼來飲用。

這款也強力推薦！

草津節 純米

純米酒

原料米 不公開／精米比例 60%／使用酵母 協會9號系／日本酒度 +3／酒精度數 16度

帶有濃郁層次感味道卻百喝不膩

這支酒帶有濃郁的層次感，可分別嘗到濃厚的滋味、香氣與風味。可透過廣泛的溫度來享用，也很適合當作每天的晚酌酒。

左大臣 純米酒

群馬
大利根酒造
沼田市

純米酒

DATA			
原料米	若水	日本酒度	+2
精米比例	65%	酒精度數	15〜16度
使用酵母	協會9號系・自社酵母		

藏元本身也想品飲的尾瀨地酒

將酒藏建在尾瀨的山麓上，以獨家手法傳承著地酒的滋味。這款以長期低溫發酵釀成的芳醇純米，帶有深厚濃郁的風味、沉穩的香氣與恰到好處的甜味，最適合當作餐中酒。冷飲美味不已，加熱成燗酒享受宜人的餘韻也充滿魅力。

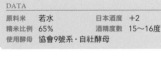

這款也強力推薦！

花一匁 純米吟釀

純米吟釀酒

原料米 群馬縣產若水／精米比例 60%／使用酵母 群馬縣KAZE酵母／日本酒度 +2／酒精度數 15〜16度

以大吟釀酒母為基礎釀成的酒款

將縣產的「若水」加以精磨，並以大吟釀的「酛」釀成的純米吟釀。芳醇的香氣與淡麗的滋味，令人心花朵朵開。

譽國光 特別純米酒

群馬

土田酒造

利根郡川場村

特別純米酒

DATA			
原料米	華吹雪·五百萬石	使用酵母	協會1401號
		日本酒度	+2
精米比例	60%	酒精度數	15.4度

口感舒暢的罕見純米酒

酒藏透過與地區緊密結合的釀酒作業，不斷挑戰釀造喝一百年也不會膩的美味酒款。這款特別純米酒擁有連續3年獲得世界菸酒食品評鑑會金賞的紀錄，味道舒暢、百喝不膩，希望推薦給純米酒愛好者。比起熱燗飲用，更建議冷飲。

////// 這款也強力推薦！

土田 山廢釀造 純米吟釀

純米吟釀酒

原料米 華吹雪／精米比例 60%／使用酵母 協會701號／日本酒度 −2／酒精度數 15度

生貯藏酒獨具的清新滋味

在貯藏釀好的日本酒之前，刻意省略火入的程序，藉此呈現出清新豐潤的滋味。

水芭蕉 純米吟釀

群馬

永井酒造

利根郡川場村

純米吟釀酒

DATA			
原料米	兵庫縣產山田錦	使用酵母	群馬KAZE
		日本酒度	+4
精米比例	60%	酒精度數	15度

以代代持續守護的好水來釀製

由於初代當家希望能以經過尾瀨大地過濾的水來進行釀酒作業，因而於明治19（1886）年在此創業。此後便逐一購置釀造用水流經的森林，並且落實守護大自然的對策。以藏元醉心的水源釀成的這款「水芭蕉」，特色在於柔和溫婉的滋味。

////// 這款也強力推薦！

谷川岳 純米大吟釀

純米大吟釀酒

原料米 美山錦／精米比例 50%／使用酵母 群馬KAZE／日本酒度 +3／酒精度數 15度

滋味高雅澄淨的純米大吟釀

這款純米大吟釀雖然香氣內斂，卻帶有舒暢的辛口風味。滋味不會令人感到膩口，建議以冷酒飲用。

分福 純米吟釀 冷溫三年貯藏

群馬

分福酒造

館林市

純米吟釀酒

DATA			
原料米	玉榮·日本晴	使用酵母	自社酵母
		日本酒度	+3
精米比例	50%	酒精度數	15.5度

經過冷凍貯藏，喝起來口感水潤

自文政8（1825）年創業以來，便堅持以古傳的手工作業來釀酒。這款純米吟釀是讓手工釀製的酒經過3年冷溫貯藏，使滋味變得沉穩柔和。最好避免讓溫度產生變化，或是稍微冰鎮後再飲用。

////// 這款也強力推薦！

分福 純米吟釀（使用山田錦）

純米吟釀酒

原料米 山田錦／精米比例 55%／使用酵母 自社酵母／日本酒度 +4／酒精度數 15.5度

可從精磨過的「山田錦」感受到新鮮的風味

藉由裝瓶之後再進行火入（瓶燗火入），將酒新鮮的風味原原本本地封存其中，滋味華麗而高雅。冰鎮後飲用更加美味。

尾瀬之融雪 純米大吟釀 生詰
（尾瀬の雪どけ）

純米大吟釀酒

生詰

純米大吟釀

尾瀬の雪どけ

群馬

龍神酒造

館林市

DATA			
原料米	不公開	日本酒度	±0
精米比例	50%	酒精度數	15度
使用酵母	不公開		

宛如雪水般
溫和澄淨的滋味

經歷平成元（1989）年廢止級別制度之後，在連「特定名稱酒」的定義都還未出現的時期，這家酒藏就以「吟醸釀造・純米・生酒」為目標釀造出這款酒。當時搶先一步著手還不熟悉的純米吟醸無濾過生酒的釀造，為了比喻那種澄淨的酒質而將其命名為「尾瀬之融雪」。榮獲平成18（2006）與19（2007）年酒造年度日本全國新酒鑑評會的金賞。達成縣內首度且唯一在山田錦部門獲獎的成就。令人聯想到果實的香氣與滑順的口感在口中擴散開來，圓潤柔和的鮮味十分持久，是一支風味獨具特色的酒。

這款也強力推薦！

尾瀬之融雪
（尾瀬の雪どけ）
純米大吟釀 山田錦

純米大吟釀酒

群馬

原料米 山田錦／精米比例 47%／使用酵母 不公開／日本酒度 +2／酒精度數 15度

帶有溫和風味與滋味的
純米大吟釀

帶有「山田錦」獨特的鮮味與果實般的香氣。純米大吟釀特有的柔和酸味與宜人的甜味互相交融，可好好享受一番。

SAKAEMASU JYUNMAISHU 2015 SIXTH VINTAGEE

純米酒

群馬

清水屋酒造

館林市

DATA			
原料米	五百萬石	日本酒度	+5
精米比例	55%	酒精度數	16度
使用酵母	協會901號		

猶如高級葡萄酒般熟成的日本酒

日本酒以往是以剛釀好的清新感為賣點，而清水屋酒造則導入了瓶內熟成（Bottle Aging）的概念。這款純米酒的特色在於清新的酸味與辛口風味，可透過溫度變化明顯感受到舒展開來的香氣與酸味互相交融的狀態。

這款也強力推薦！

SAKAEMASU
JYUNMAIGINJO 2015 SIXTH VINTAGE

純米吟釀酒

原料米 五百萬石／精米比例 50%／使用酵母 協會701號／日本酒度 −4／酒精度數 16度

與同品牌的純米酒相較
口味偏甜的純米吟釀酒

具有豐富的口感、俐落的後味，有洋梨的果香味，但不會太強，很推薦給日本酒的入門者。

群馬

町田酒造 純米吟醸55 山田錦 直汲。

群馬

町田酒造

前橋市

純米吟醸酒

DATA

原料米	兵庫縣產山田錦	日本酒度	─2
		酒精度數	16～17度
精米比例	55%		
使用酵母	協會1801號‧群馬KAZE酵母		

可享受到華麗香氣與豐盈滋味的一支酒

建立於明治16（1883）年的酒藏，目前由第5代繼承。代表品牌的町田酒造系列，是僅使用取自700kg釀酒槽中的「中取」酒液而成的逸品。不僅如此，這款酒還是無過濾的生原酒，算是商品化後的奢侈酒款。主要是從搾取醪的機器（藪田）直接進行裝瓶。這款酒的特色是，強烈濃郁的鮮甜味會從瀰漫的香氣中散發出來。含一口在嘴裡，「山田錦」的水潤感便在口中化開，儘管如此，直接、強烈的辛辣氣體也呈現出清爽的口感，更加凸顯出其俐落的尾韻。

註6：直汲是指酒液搾出後不經過存放，而是立即裝瓶。

這款也強力推薦！

町田酒造

特別純米酒

特別純米55 美山錦 直汲

原料米 長野縣產美山錦／精米比例55%／使用酵母 協會1801號‧群馬KAZE酵母／日本酒度 ─1／酒精度數16～17度

充滿果香而容易入口

以麝香葡萄系的香氣為底，同時略帶些微的荔枝味，香氣清爽。雖給人清新爽口的印象，不過因為帶有鮮味，所以平常不喝日本酒的人也很容易入口。

群馬

柳澤酒造

前橋市

純米吟醸酒

桂川

DATA

原料米	一般米‧糯米
精米比例	65%
使用酵母	協會10號
日本酒度	─10
酒精度數	15.5度

以傳統手法釀製，十分講究的甘口酒

利用自明治10（1877）年創業以來傳承至今的「糯米四段式釀造法」來釀酒。「桂川」是藏元的自信之作，不同於一般帶有甜味的日本酒，而是殘留大量葡萄糖的甘口酒，希望可藉此審視近年減少的甘口日本酒。

這款也強力推薦！

結人 純米吟醸無過濾

本醸造酒

原料米 五百萬石／精米比例 55%／使用酵母 自社酵母／日本酒度 +1／酒精度數 16.5度

以自社選拔酵母釀製，適合當作餐中酒

使用「五百萬石」為原料米，並以自社選拔酵母釀成的酒。香氣高雅，帶有微甜滋味，適合以冷飲方式當作餐中酒。

埼玉 | 小山本家酒造 | 埼玉市

二八 特別純米二八

特別純米酒

DATA

原料米	麴米・掛米：秋田小町・越息吹（こしいぶき）
精米比例	麴米：50%・掛米：75%
使用酵母	協會9號・協會14號
日本酒度	＋4
酒精度數	14～15度

靠這一瓶即可享受廣泛的樂趣

建立於文化5（1808）年的小山本家酒造，堅守創業以來日積月累的釀酒技術，持續釀造品質第一的酒款。這款特別純米的「二八」是以純米大吟釀與純米酒混合而成，特色在於華麗的香氣與濃郁的滋味。

///// 這款也強力推薦！ /////

米一途 純米酒米一途

純米酒

原料米 秋田小町／精米比例 麴米：75%・掛米：82%／使用酵母 協會9號／日本酒度 ＋3／酒精度數 13～14度

建議當作晚酌酒，百喝不膩的酒款

這款純米酒運用了藏元的技術，抑制低精白時會出現的雜味。香氣沉穩且口感絕佳。建議以冷飲至溫燗方式飲用。

埼玉 | 鈴木酒造 | 埼玉市

大手門 大吟釀

大吟釀酒

DATA

原料米	山田錦	日本酒度	＋6
精米比例	50%	酒精度數	15度
使用酵母	協會9號		

釀造作業嚴謹的酒藏所釀製的大吟釀

建立於明治4（1871）年。嚴選米、富含礦物質的地下水與傳統技術，以這些在釀酒上十分重要的元素持續在釀造業深耕。還附設了可以參觀與試飲的酒藏資料館。這款「大手門 大吟釀」是使用「山田錦」以低溫長期發酵慢慢釀成的極品。

///// 這款也強力推薦！ /////

岩槻 吟釀酒

吟釀酒

原料米 美山錦／精米比例 55%／使用酵母 協會9號／日本酒度 15／酒精度數 15度

香氣與味道形成絕妙平衡的吟釀酒

這款吟釀酒的特色在於，吟釀酒特有的香氣與「美山錦」馥郁的滋味。希望能盡情享受香氣與味道的絕佳平衡。

埼玉 | 麻原酒造 | 入間郡毛呂山町

琵琶之浪（琵琶のさゝ浪）純米酒 梅

純米酒

DATA

原料米	八反錦	日本酒度	＋1
精米比例	70%	酒精度數	15度
使用酵母	協會1601號		

在鮮味與酸味間取得平衡的一支酒

建立於明治15（1882）年的酒藏。除了日本酒之外，也有製造利口酒、正統燒酒、果實酒與啤酒等。這款酒在新鮮的口感、明顯的鮮味與適中的酸味這三者間達到平衡，建議以冷酒來飲用。

///// 這款也強力推薦！ /////

武藏野 純米大吟釀

純米大吟釀酒

原料米 美山錦／精米比例 50%／使用酵母 自社酵母／日本酒度 ＋2／酒精度數 15度

品味猶如水果般的獨特芳香

「武藏野」是藏元自豪的品牌，其中又以這款純米大吟釀被視為最高傑作。不妨以冷飲來享受宜人的吟釀香與柔和的鮮味。

埼玉

127

埼玉
長澤酒造
日高市

高麗王 純米吟醸

純米吟醸酒

DATA			
原料米	長野縣產美山錦	使用酵母	協會10號
		日本酒度	-1
精米比例	55%	酒精度數	15度

入口的瞬間，米的鮮味便擴散開來

這款酒藏於弘化元（1844）年，在源自奧武藏山的高麗川畔創業。使用優質的水與精選的米，一邊守護傳統的技術，一邊持續釀造清酒。這款「高麗王」是略偏甘口的純米吟釀。可以享受到在口中擴散的酒米鮮味，以及濃郁圓潤的味道。

//// 這款也強力推薦！ ////

高麗王 純米酒

純米酒

原料米 埼玉縣產彩輝（彩のかがやき）／精米比例 60%／使用酵母 協會10號／日本酒度 +3／酒精度數 15度

風味濃郁的辛口酒

「高麗王」這款純米酒是使用「彩輝」作為原料米釀成。建議的飲用方式為冷飲，加熱成爛酒也十分美味。

埼玉
小江戶鏡山酒造
川越市

鏡山 純米大吟釀

純米大吟醸酒

DATA			
原料米	山田錦	日本酒度	不公開
精米比例	40%	酒精度數	16度
使用酵母	M310		

徹底展現出酒米風味的酒款

這家酒藏建立於平成19（2007）年，是川越唯一的酒藏。藏人的平均年齡為30歲，雖然年輕，卻以少量生產方式釀製重視品質的酒。「鏡山」的這款純米大吟釀為風味均衡的極品，展現出原料米「山田錦」的滋味。以冷飲方式品飲最受喜愛。

//// 這款也強力推薦！ ////

鏡山 葡萄酒酵母釀造純米

純米酒

原料米 彩之實（彩のみのり）／精米比例 75%／使用酵母 W-15／日本酒度 不公開／酒精度數 14度

使用葡萄酒酵母香氣豐富的日本酒

這款是以年輕人為對象開發出的日本酒，特色在於味道比以往的酒款更為圓潤。建議冷飲或是加冰塊來飲用。

埼玉
文樂
上尾市

文樂 純米大吟釀720ml

純米大吟醸酒

DATA			
原料米	兵庫縣特A地區產山田錦	使用酵母	M310
		日本酒度	+1
精米比例	40%	酒精度數	15度

秉持「文樂」精神釀製的純米大吟釀

建立於明治27（1894）年。將傳統藝能「文樂」的義太夫、三味線及木偶操縱師三者一體的精神比喻成米、水與麴，希望能發揮在釀酒上——酒藏名稱中寄託了這樣的想法。這款純米大吟釀的高雅吟釀香與纖細柔和的甜味會均衡地在口中擴散。

//// 這款也強力推薦！ ////

文樂 生酛

純米酒

原料米 五百萬石／精米比例 60%／使用酵母 K-7／日本酒度 +3／酒精度數 15度

尾韻俐落，與料理百搭且喝不膩的吟釀酒

生酛獨有的酸味與米扎實的鮮味融合為一。這是一款尾韻俐落，與料理百搭且喝不膩的吟釀酒。建議以冷飲或溫爛方式飲用。

埼玉

五十嵐酒造

飯能市

天覽山 純米吟釀

純米吟釀酒

DATA			
原料米	五百萬石	日本酒度	+2
精米比例	55%	酒精度數	15度
使用酵母	協會1801號		

以天覽山清澈的空氣與奧秩父的水釀成的純米吟釀

這家酒藏建立於明治30（1897）年。後來在昭和12（1937）年遷移至現在的飯能市。其後便在注重與地區共生的想法下，持續在這塊土地上進行釀酒。天覽山也是品牌「天覽山」名稱的由來，以此處清澈的空氣與奧秩父潔淨溫和的伏流水釀出的每一款酒，都具有輕盈的口感與俐落的尾韻。

「天覽山 純米吟釀」是僅使用精磨至55%的酒造好適米「五百萬石」釀成的逸品，給人既柔和又穩重的印象。完整將米的鮮味、香氣與甜味提引出來。建議以冷飲至溫燗的方式，細細品味這支淡麗辛口酒的俐落尾韻。

▨▨▨▨▨ 這款也強力推薦！▨▨▨▨▨

五十嵐 直汲純米酒

純米酒

原料米 五百萬石／精米比例 65%／使用酵母 協會1001號／日本酒度 +3／酒精度數 18度

帶有直汲酒特有的濃厚感以及清新鮮味的純米酒

這款純米酒是一搾出酒液使直接裝瓶的直汲酒，風味既濃厚又清新，可以品嚐到豐富的鮮味。內含微量碳酸，舒暢的爽快感也令人十分愉悅。建議冷飲或加入冰塊飲用。若是喜愛日本酒的人，也很建議以溫燗方式飲用。

埼玉

武藏鶴酒造

比企郡小川町

武藏鶴 大吟釀

大吟釀酒

DATA			
原料米	山田錦	日本酒度	+4
精米比例	40%	酒精度數	15度
使用酵母	協會1801號		

香氣與味道十分平衡的一支酒

這家酒藏於文政2（1819）年在新潟縣創業，江戶末期才遷移至現址。在原料米、釀造用水以及手工作業上均相當講究，持續致力於釀酒。「武藏鶴」的這款大吟釀帶有豐富的滋味與飽滿度，口感十分乾爽，屬於平衡度極佳的酒。

▨▨▨▨▨ 這款也強力推薦！▨▨▨▨▨

武藏鶴 磨

純米吟釀酒

原料米 彩輝／精米比例 60%／使用酵母 協會1801號／日本酒度 +5／酒精度數 15度

受到眾人喜愛多位藏人的自信之作

若是說到「武藏鶴」，必會提及這款相當受到眾人喜愛的「磨」。味道的平衡度絕佳，無論冰鎮或加熱成燗酒都很美味。

埼玉

手造晴雲 純米吟釀

純米吟釀酒

DATA			
原料米	酒武藏・彩輝	使用酵母	協會9號
		日本酒度	+1
精米比例	60%	酒精度數	15～16度

感受得到酒米鮮味的淡雅清酒

明治35（1902）年在有「關東灘」之稱的埼玉縣小川町創業的酒藏。堅持自社精米、手工作業，並以少量生產的方式來進行釀酒。這款純米吟釀「手造晴雲」，可以在淡雅的風味中感受到酒米的鮮味。建議冷飲。

這款也強力推薦！

大晴雲 大吟釀

大吟釀酒

原料米 山田錦／精米比例 39%／使用酵母 協會1801號／日本酒度 +5／酒精度數 15～16度

晴雲的大吟釀酒帶有蘋果般的香氣

將酒造好適米的米粒精磨至39％以下，釀製出果香味十足的舒暢酒款。建議以冷飲方式飲用。

帝松 大吟釀

大吟釀酒

DATA			
原料米	兵庫縣吉川町產山田錦	使用酵母	協會10號系
		日本酒度	+3.5
精米比例	40%	酒精度數	15度

充滿果實風味且香氣高雅的大吟釀酒

建立於嘉永4（1851）年的松岡釀造，使用富含礦物質的優質伏流水作為釀造用水，釀製出風味圓潤的酒款。「帝松」的這款大吟釀，特色在於充滿果實風味，並帶有高雅的香氣、圓潤的滋味以及不膩口的後味。建議以冷酒方式飲用。

這款也強力推薦！

帝松 吟釀「社長的酒」

吟釀酒

原料米 山形縣產山酒四號／精米比例 60%／使用酵母 埼玉G酵母／日本酒度 +3／酒精度數 15度

香氣、酸味與甜味調合的飛黃騰達酒

「帝松」的這款吟釀「社長的酒」，高雅的吟釀香、甜味與酸味之間十分平衡。以冷酒方式品飲最受喜愛。

秩父路的銘酒 武甲正宗 純米酒

純米酒

DATA			
原料米	美山錦	日本酒度	+3
精米比例	60%	酒精度數	15度
使用酵母	自社酵母		

感受得到傳統滋味的日本酒

武甲酒造自寶曆3（1753）年創業以來，便在秩父這塊土地上走過漫漫歲月。以獲選為日本平成名水百選的「武甲山伏流水」為釀造用水。代表品牌「武甲正宗」的這款純米酒是僅用米與米麴釀成的傳統酒。建議以冷飲或人肌燗的方式飲用。

這款也強力推薦！

秩父路的銘酒 武甲正宗 大吟釀

大吟釀酒

原料米 山田錦／精米比例 40%／使用酵母 自社酵母／日本酒度 +4／酒精度數 16度

投注釀酒技術的藝術作品

集結釀酒技術打造而成的「武甲正宗」大吟釀，是宛如藝術作品般的逸品。請冰鎮來享用其香氣。

秩父小次郎 純米大吟醸

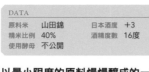

純米大吟釀酒

DATA

原料米	山田錦	日本酒度	＋3
精米比例	40%	酒精度數	16度
使用酵母	不公開		

以最小限度的原料慢慢釀成的一支酒

這家歷史悠久的酒藏建立於江戶初期的寬永2（1625）年，長達約380年的時間都在秩父這塊土地上持續進行釀酒。「秩父小次郎」的這款純米大吟釀，特色在於馥郁的吟釀香氣並帶點微酸的滋味。建議以冷酒方式飲用。

//// 這款也強力推薦！

秩父小次郎 純米酒

純米酒

原料米 日本國產米／精米比例 60%／使用酵母 不公開／日本酒度 ＋1／酒精度數 15度

品味米與酵母
日本酒的原點

以古傳日本酒完成的這款純米酒是酒通的最愛。帶有濃郁圓潤的風味。從冷飲到溫爛都很好喝。

直實 秘藏酒

DATA

原料米	八反	日本酒度	－19
精米比例	50%	酒精度數	15度
使用酵母	不公開		

超過半世紀以前就存在的酒款

這家酒藏建立於嘉永3（1850）年，以「絕不辜負愛好者」為宗旨，並以成為受地區愛戴的酒藏為目標，真誠地投入釀酒事業。這款「直實」是於昭和40（1965）年釀成的秘藏酒，被全日本的古酒愛好者評為極品。從冷飲至人肌爛皆美味。

//// 這款也強力推薦！

直實 特別純米

特別純米酒

原料米 酒武藏／精米比例 60%／使用酵母 協會901號／日本酒度 ＋1／酒精度數 13度

以當地產酒造好適米
釀製而成的地酒

這是一款滋味豐富的辛口酒，使用當地熊谷產的酒造好適米「酒武藏」釀製而成。飲用方式建議冷飲或微熱的爛酒。

力士 金撰本釀造

本釀造酒

DATA

原料米	美山錦・一般米	日本酒度	＋3
精米比例	68%	酒精度數	15度
使用酵母	協會701號		

經典酒，守護自古以來不變的味道

建立於寬延元（1748）年，擁有超過260年歷史的酒藏。總是以全力以赴的態度來面對釀酒作業，不斷在傳統技術上精益求精。這款金撰本釀造擁有「力士」的傳統味道與酒標，可以享受到不膩口的酒液原味。建議冷飲或是以溫爛方式飲用。

//// 這款也強力推薦！

特別純米酒 生酛釀造 釜屋

特別純米酒

原料米 山田錦／精米比例 60%／使用酵母 協會9號／日本酒度 ＋5.5／酒精度數 16度

特別純米酒
經由熟成帶來沉穩滋味

米的鮮味與乳酸所釀出的酸味達到平衡的一支酒。這款酒經過3年的時間熟成，唯有溫爛才能凸顯出其滋味。

埼玉
瀧澤酒造
深谷市

菊泉 大吟釀秘藏酒

大吟釀酒

DATA			
原料米	山田錦	日本酒度	+5
精米比例	40%	酒精度數	16.5度
使用酵母	埼玉C		

無雜質的華麗吟釀香

建立於文久3（1863）年。自創業起便堅持手工釀酒，一邊守護卓越的技術，一邊以優質的米與水來釀酒。這款「菊泉」的大吟釀秘藏酒是五年貯藏酒。在IWC 2014上獲得金牌而大放異彩。建議以冷飲方式來品味沉穩的香氣與圓潤的滋味。

▨▨▨▨▨ 這款也強力推薦！▨▨▨▨▨

菊泉 純米酒

純米酒

原料米 美山錦／精米比例 65%／使用酵母 協會901號／日本酒度 +3／酒精度數 15.3度

帶有恰到好處的濃郁感尾韻俐落的辛口純米酒

這款酒的特色在於俐落舒暢的尾韻。建議冷飲或是溫燗。亦可搭配燉魚等味道濃郁的料理。

埼玉
丸山酒造
深谷市

金大星正宗

DATA			
原料米	不公開	日本酒度	+6
精米比例	70%	酒精度數	15度
使用酵母	協會701號		

滋味平衡，代表酒藏的品牌

這家酒藏建立於明治6（1873）年，四周環繞著一大片富饒的菜田，並使用優質的地下水以手工釀酒。「金大星正宗」是一款適飲溫度範圍寬廣的酒，從冷飲至熱燗皆宜，香氣與味道間的平衡絕佳。這支酒是從丸山酒造創業以來就存在的品牌。

▨▨▨▨▨ 這款也強力推薦！▨▨▨▨▨

織星 特別純米酒

特別純米酒

原料米 埼玉縣產米／精米比例 60%／使用酵母 埼玉縣酵母／日本酒度 +4／酒精度數 15度

特色在於恰到好處的果實香與豐富的鮮味

使用當地深谷產的米釀造而成的特別純米酒。鮮味豐富，可以感受到舒暢的滋味。

埼玉
川端酒造
行田市

桝川 大吟釀

大吟釀酒

DATA			
原料米	兵庫縣產山田錦	日本酒度	+5
精米比例	40%	酒精度數	16.5度
使用酵母	協會1801號		

擁有無數得獎經歷的自信之作

建立於安政7（1860）年的酒藏。在忍城下的行田市，持續以嚴謹的手工作業進行釀酒。使用「山田錦」釀造而成的「桝川」大吟釀，特色在於馥郁的香氣與豐盈的滋味。這款酒在新酒鑑評會上數次得到金賞，請務必以冷飲方式來飲用。

▨▨▨▨▨ 這款也強力推薦！▨▨▨▨▨

桝川 特別純米酒

特別純米酒

原料米 長野縣產美山錦／精米比例 60%／使用酵母 協會1001號／日本酒度 +4／酒精度數 15.5度

飲用方式不受限的高雅純米酒

「桝川」的這款特別純米酒帶有圓潤高雅的滋味。香氣舒暢，無論冷飲或燗酒皆可享受到其美味。

日本橋 大吟釀 金賞得獎酒

埼玉
横田酒造

行田市

大吟釀酒

▨▨▨ 這款也強力推薦！

DATA
原料米 山田錦	日本酒度 +5
精米比例 40%	酒精度數 17〜18度
使用酵母 協會1801號	

榮獲平成26年度新酒鑑評會的金賞

這家酒藏為了尋求優良的水質而於文化2（1805）年在現址創業。精選原料，使用講究的水與米持續進行釀酒作業。代表品牌「日本橋」的這款大吟釀，是在新酒鑑評會上數次得到金賞的逸品。不妨以冷酒來享受其香氣與滋味之間的絕妙調合。

日本橋 濃醇純米 江戶之宴

純米酒

原料米 日本國產米・日本國產米麴／精米比例 70%／使用酵母 釀酒酵母清酒（サッカロマイセスサケ）／日本酒度 －6／酒精度數 15.5度

回歸清酒原點，使用日本最古老的酵母

這是一款滋味洗鍊的純米酒，雖然風味濃厚，留在舌尖上的觸感卻很滑順。甜味與酸味十分平衡。

花陽浴 純米吟釀

埼玉
南陽釀造

羽生市

純米吟釀酒

DATA
原料米 八反錦	日本酒度 不公開
精米比例 55%	酒精度數 16度
使用酵母 不公開	

名符其實，滋味華麗的酒款

建立於萬延元（1860）年的酒藏，以嚴謹的作業方式進行釀酒。「花陽浴」這個品牌建立於平成15（2003）年，當中寄託了「沐浴在陽光下，綻放出大大花朵」的期望，其中的這款純米吟釀屬於華麗的旨口酒。建議以冷飲方式飲用。

藍之鄉 純米酒

▨▨▨ 這款也強力推薦！

純米酒

原料米 五百萬石／精米比例 60%／使用酵母 不公開／日本酒度 不公開／酒精度數 15度

尾韻俐落、滋味清爽的純米酒

這款「藍之鄉」是使用精磨至60%的「五百萬石」作為原料米，特色在於爽口的尾韻。建議以冷飲至溫燗的方式來享用。

晴菊 大吟釀

埼玉
東亞酒造

羽生市

大吟釀酒

DATA
原料米 山田錦	日本酒度 +3
精米比例 40%	酒精度數 15〜16度
使用酵母 協會18號	

可以享受到果實香氣的大吟釀酒

建立於寬永2（1625）年的東亞酒造是擁有近400年歷史的酒藏。「晴菊」的這款大吟釀是將「山田錦」精磨至40%釀成的酒，帶有果實的香氣與柔和的滋味。在平成28（2016）年的日本全國新酒鑑評會上榮獲令賞。請稍微冰鎮再飲用。

晴菊 武州

▨▨▨ 這款也強力推薦！

特別純米酒

原料米 五百萬石／精米比例 60%／使用酵母 彩之國酵母／日本酒度 +1／酒精度數 15〜16度

可以感受到米的高雅鮮味

「晴菊」的這款武州，帶有芳醇的香氣與舒暢的滋味。建議以溫燗方式或是冰鎮後再飲用。

埼玉

神龜 純米

純米酒

DATA			
原料米	酒造好適米		
精米比例	60%	日本酒度	+6
使用酵母	協會9號	酒精度數	15.5度

全量純米酒藏的真本領
建議以熱燗品飲的純米酒

這家酒藏建立於嘉永元（1848）年。自昭和62（1987）年起轉為生產全量純米酒，因為是戰後首家全量純米酒藏而聞名。懷有強烈的信念，認為純米酒才是正統的日本酒並可襯托料理。「加熱成燗酒美味不已」、「不限和食，與任何料理都能完美搭配」，在這些方面下足苦心，持續釀造好酒。

「神龜 純米」經過2年以上的時間熟成，相當適合以燗酒方式來品飲。雖然建議飲用熱騰騰的燗酒，不過也希望可以從冷飲開始緩緩提高溫度，一邊享受味道的變化一邊悠閒地品飲。搭配使用沙丁魚或鰻魚的西式料理也很對味。

///// 這款也強力推薦！/////

曾孫（ひこ孫）純米

純米酒

原料米 山田錦／精米比例 55%／使用酵母 協會9號／日本酒度 +6／酒精度數 15.5度

經過3年以上的時間熟成
帶有豐盈鮮味的純米酒

這款「曾孫」的純米酒是經過3年以上的熟成時間釀製而成，以燗酒方式來品飲會更加美味。可以享受到「山田錦」特有的豐盈滋味。濃厚的鮮味搭配任何料理皆十分對味，其他酒款皆望塵莫及。從冷飲至熱燗，請依個人喜好的溫度來品飲。

清酒清龍 純米大吟釀【傳】生酛釀造720ml

純米大吟釀酒

DATA			
原料米	山田錦	日本酒度	+3
精米比例	40%	酒精度數	17度
使用酵母	自社酵母		

追求極致而打造出的純米大吟釀

建立於慶應元（1865）年的酒藏。講究品質，投注時間與心力進行釀酒事業。現在不限於清酒，也有生產米燒酒與利口酒。這款酒可以享受到純米酒的鮮味與吟釀酒恰到好處的香氣，建議以冷飲方式飲用。

///// 這款也強力推薦！/////

清酒清龍 大吟釀

大吟釀酒

原料米 山田錦／精米比例 40%／使用酵母 協會9號・協會10號／日本酒度 +3／酒精度數 17度

品味充滿
果實風味的吟釀香

使用被視為最高級的酒造好適米「山田錦」釀成的大吟釀。建議以冷飲方式來享受吟釀酒具有的獨特香氣。

長命泉 吟醸辛口

千葉
瀧澤本店
成田市

吟醸酒

DATA			
原料米	房乙女（ふさおとめ）・總之舞	使用酵母	協會901號
		日本酒度	＋4〜6
精米比例	55%	酒精度數	15度

香氣內斂且無特殊味道的日本酒

瀧澤本店是位於以關東靈場（神社、寺院、墳墓等所在的神聖土地）而聞名的成田山參道沿路上唯一的一家酒藏，其與代表品牌「長命泉」皆擁有100年以上的歷史。這款吟醸辛口帶有沉穩的香氣，適合佐餐。無論冷飲或熱燗皆可享受到美味。

////////// 這款也強力推薦！ //////////

長命泉 吟醸純米 備前雄町

純米吟醸酒

原料米 雄町／精米比例 55%／使用酵母 協會1801號／日本酒度 －1〜＋1／酒精度數 15度

甜味獨具特色
為「長命泉」中的異類

使用「備前雄町」作為原料米釀成的一支酒。滋味微甜，後味則相當舒暢。以冷酒方式飲用更添飽滿滋味。

不動 純米大吟醸

千葉
鍋店
成田市

純米大吟醸酒

DATA			
原料米	酒小町	日本酒度	＋2
精米比例	50%	酒精度數	15度
使用酵母	協會1801號		

IWC 2015金賞得獎作品

建立於元祿2（1689）年的酒藏。在國際葡萄酒競賽（IWC）2015上得到金賞的這款「不動」純米大吟醸，堪稱是獲得世界肯定的一支酒。特色在於圓潤芳醇的滋味。建議以冷酒方式飲用，可感受到華麗的吟醸香。

////////// 這款也強力推薦！ //////////

花山水 大吟醸

大吟醸酒

原料米 酒小町／精米比例 50%／使用酵母 協會1801號／日本酒度 ＋5／酒精度數 15度

風味輕盈
建議當作餐中酒飲用

花山水的滋味清爽且尾韻俐落，屬於風味輕盈而圓潤的大吟醸酒。不妨以冷飲方式當作餐中酒輕鬆地飲用。

吉壽 純米吟醸

千葉
吉崎酒造
君津市

純米吟醸酒

DATA			
原料米	總之舞・八反錦	使用酵母	協會901號
		日本酒度	＋2
精米比例	60%	酒精度數	15〜16度

以久留里的名水釀製的奢侈酒款

建立於江戶時代初期，擁有將近400年歷史的吉崎酒造，使用獲選為日本平成名水百選之一的「久留里之水」作為釀造用水，打造的每一款清酒都很容易入口。「吉壽」的這款純米吟醸，可以盡情品嚐到純米的香氣與吟醸的清爽口感。

////////// 這款也強力推薦！ //////////

吉壽 大吟醸 月華

大吟醸酒

原料米 山田錦／精米比例 40%／使用酵母 明利酵母／日本酒度 ＋5／酒精度數 15〜16度

以嚴謹的作業釀成
香氣馥郁的酒款

以兵庫縣產的「山田錦」作為原料米，釀造用水則是使用「久留里之水」。這是一款香氣馥郁且風味清爽的辛口大吟醸酒。

千葉

千葉

聖泉 純米酒

千葉 和藏酒造

富津市

純米酒

DATA			
原料米	總之舞・Fusakogane（ふさこがね）	使用酵母	協會901號
		日本酒度	＋4
精米比例	62%	酒精度數	15.5度

感受得到米的鮮味的純米酒

這家酒藏建立於明治7（1874）年，堅守傳統的手工釀造技術，並以「忠於基本」與「不辭辛勞」為信念，持續著釀酒事業。「聖泉」是一款充滿米的鮮味，並帶有濃郁風味的柔和純米酒。建議以人肌燗至溫燗的方式來飲用。

這款也強力推薦！

竹岡 火入一次無過濾

特別純米酒

原料米 總之舞／精米比例 55%／使用酵母 協會1901號／日本酒度 ＋3／酒精度數 16.5度

香氣絕佳且帶有清爽酸味的一支酒

使用「總之舞」作為原料米的特別純米酒。帶有馥郁的香氣，可以確實感受到酸味。建議冰鎮或是以溫燗方式飲用。

千葉

壽萬龜 超特撰大吟釀

千葉 龜田酒造

鴨川市

大吟釀酒

DATA			
原料米	兵庫縣三木市吉川特A地區產山田錦	精米比例	35%
		使用酵母	協會1801號
		日本酒度	＋5
		酒精度數	17度

感受得到高雅氣質的極致大吟釀

龜田酒造每年都會在明治神宮新嘗祭上供奉御神酒，釀造儀式主要是由明治神宮的宮司、相關官廳與當地有力人士所舉辦。「壽萬龜」是代表房總半島的清酒，建議以冷飲方式享用。

這款也強力推薦！

壽萬龜 愛山

純米大吟釀酒

原料米 兵庫縣產愛山（1等米）／精米比例 50%／使用酵母 M-310／日本酒度 ±0／酒精度數 16度

提引出夢幻酒米的鮮味

讓兵庫縣產的「愛山」經過長期低溫發酵所釀成的酒。特色在於口感澄澈且味道豐富。飲用時以冷飲為佳。

千葉

東魁盛 君不去（きみさらず）

千葉 小泉酒造

富津市

純米吟釀酒

DATA			
原料米	五百萬石	日本酒度	＋2
精米比例	55%	酒精度數	16度
使用酵母	協會1801號		

蘊含杜氏的傳統技術與心血結晶

建立於寬政5（1793）年的酒藏。代表品牌「東魁盛」在南部杜氏自釀清酒鑑評會上，曾得過多達30次的優等賞。房總當地品牌酒的「君不去」，特色在於充滿果香的圓潤風味。這支酒建議放入冰箱冰鎮後再飲用。

這款也強力推薦！

紫紺 純米大吟釀

原料米 山田錦／精米比例 40%／使用酵母 協會1801號／日本酒度 －2／酒精度數 16度

可愛又纖細，對於母校的回憶之酒

這款是杜氏懷念母校明治大學所開發出的一支酒。成品風味華麗而纖細，滋味略偏甘口。後味十分清爽。

千葉

腰古井 大吟醸

千葉
吉野酒造
勝浦市

大吟醸酒

DATA

原料米	山田錦	日本酒度	＋3
精米比例	40%	酒精度數	15～16度
使用酵母	M310・協會1801號		

榮獲平成27年
日本全國新酒鑑評會的金賞

吉野酒造建立於天保年間（1830~1844）。腹地內有樹齡高達數百年的古木叢生，在古木群中有個橫穴式的洞窟。酒藏便是使用從洞窟內湧現的天然軟水來進行釀酒。在得天獨厚的自然環境之下，使用以自社精米機精磨過的米，並透過技術熟練的南部杜氏與藏人的手工作業，堅守傳統並傳承至今。

代表品牌「腰古井」的這款大吟醸，在淡麗的風味中可感受到獨特的香氣與鮮味，是宛如藝術作品的酒款。不妨來享受這份充滿果實風味且高雅的吟醸香！

這款也強力推薦！

腰古井 純米吟醸

純米吟醸酒

原料米 山田錦／精米比例 50%／使用酵母 M310／日本酒度 +1／酒精度數 15～16度

全憑杜氏的技術
打造出的 支酒

「腰古井」的這款純米吟醸在南部杜氏自釀酒鑑評會的「純米酒部門」中，平成26（2014）年獲得第13名、27（2015）年則獲選為第3名。含一口在嘴裡，便曾被 股沉穩的香氣與純米吟醸酒特有的飽滿感包圍。

千葉

大多喜城 原酒特別本醸造生貯藏酒

千葉
豐乃鶴酒造
夷隅郡大多喜町

本醸造酒

DATA

原料米	麴米：山田錦	使用酵母	協會901號
	掛米：美山錦	日本酒度	＋5
精米比例	60%	酒精度數	18.5度

歷史悠久的酒藏所打造的生貯藏酒

建立於天明年間（1781～1788）的酒藏。原本位於大多喜町新丁字錢神，後來因為受到明治廢藩置縣的影響而遷移至夷隅郡。目前傳至第17代。「大喜多城」的這款特別本醸造生貯藏酒，特色在於喝起來舒暢的口感。

這款也強力推薦！

大多喜城 吟醸酒

吟醸酒

原料米 山田錦／精米比例 60%／使用酵母 M310／日本酒度 +4／酒精度數 15.3度

充滿果實風味的口感

「大多喜城」的這款吟醸酒是以精磨至60%的「山田錦」釀成。屬於充滿果實風味的辛口酒。

木戶泉 純米醍醐

千葉
木戶泉酒造
夷隅市

`純米酒`

DATA			
原料米	兵庫縣產酒造好適米・山田錦	使用酵母	協會7號系
		日本酒度	不公開
精米比例	60%	酒精度數	16度

這支酒也是木戶泉酒造的招牌酒

建立於明治12（1879）年的酒藏。自昭和31（1956）年起便以獨自開發的高溫山廢釀造法來進行全量生產。「木戶泉」的這款「純米醍醐」以冷飲方式品飲也不錯，不過加熱成溫爛則可帶出最佳滋味。

////// 這款也強力推薦！ //////

AFS 純米AFS生酒（純米アフス生）

`純米酒`

原料米 千葉縣夷隅市產總之舞／精米比例 65%／使用酵母 協會7號系／日本酒度 不公開／酒精度數 13度

宛如葡萄酒般的滋味

名稱雖然怪異，但卻是一款連滋味都宛如白葡萄酒般的日本酒。請冰得透心涼，再以碎冰或碳酸飲料稀釋。

東薰 大吟釀 叶

千葉
東薰酒造
香取市

`大吟釀酒`

DATA			
原料米	山田錦	日本酒度	+3
精米比例	35%	酒精度數	17度
使用酵母	M310		

代表南部的杜氏所釀製的一支酒

建立於江戶時代初期，擁有悠長歷史的酒藏。由代表南部的杜氏所釀造的大吟釀「叶」，在日本全國新酒鑑評會上曾多次得到金賞。這支酒不管是味道或香氣，在整體上均達到最佳平衡。建議以冷飲方式飲用，享受其華麗的香氣。

////// 這款也強力推薦！ //////

東薰 純米吟釀 卯兵衛

`純米吟釀酒`

原料米 總之舞／精米比例 55%／使用酵母 自社酵母／日本酒度 +2／酒精度數 15度

使用「總之舞」的純米吟釀

這支酒是使用千葉縣開發的「總之舞」釀造。特色在於留在舌尖上的滑順口感與沉穩的香氣。建議冷飲或以溫爛方式來飲用。

五人娘 純米酒

千葉
寺田本家
香取郡神崎町

`純米酒`

DATA			
原料米	美山錦・雪化妝	使用酵母	無添加
		日本酒度	+4
精米比例	70%	酒精度數	15度

感受得到酒原有的濃郁感與味道

寺田本家是一間擁有300年以上歷史的酒藏，原是於近江立業，江戶延寶年間（1673～1681）則遷移至千葉縣神崎町。「五人娘」的特色在於俐落的酸味與深厚濃醇的滋味。冷飲當然很美味，加熱成爛酒飲用也很受喜愛。

////// 這款也強力推薦！ //////

醍醐之雫 純米酒（醍醐のしずく）

`純米酒`

原料米 越光／精米比例 90%／使用酵母 無添加／日本酒度 -20～-80／酒精度數 6～17度

隨著釀製時期而變化的酒款

「醍醐之雫」是以「菩提酛釀造」這種自鐮倉時代就存在的釀造方式打造而成。味道與酒精度數會隨釀造時期而異。

海舟散人 大吟醸

千葉
馬場本店酒造
香取市

DATA

原料米　山田錦	日本酒度　+3～+5
精米比例　35%	酒精度數　15～16度
使用酵母　明利酵母	

充滿藏元技術的逸品

擁有300年以上歷史的酒藏。堅守傳統的製法，並堅持由自社杜氏與藏人來釀酒。「海舟散人」是將特等的「山田錦」精磨至35%釀造而成的酒款。可以享受到豐富的果香與深邃的滋味。建議以冷飲方式飲用。

////////// 這款也強力推薦！ //////////

糀善 本釀造

原料米　美山錦・三井光（みつひかり）／精米比例 65%／使用酵母 協會7號系／日本酒度 +3～+5／酒精度數 15～16度

酒藏內歷史最古老的品牌

馬場本店酒造所釀造的酒款中，歷史最悠久的就是「糀善」。屬於略偏辛口的舒暢滋味。冷飲或熱燗都美味不已。

千葉

惣兵衛 吟醸

千葉
飯田本家
香取市

DATA

原料米　雄山錦	日本酒度　+5
精米比例　55%	酒精度數　15度
使用酵母　協會101號	

堅守傳統製法的現代滋味

建立於明治10（1877）年的酒藏。未設置專屬的杜氏，而是由經營者率領全體員工一同進行重視酒質的釀酒作業，著重於現代風味所打造出的「惣兵衛」，是可以確實感受到酒的鮮味的一支酒。建議在盛夏時期以冷酒來飲用。

////////// 這款也強力推薦！ //////////

大姬 本釀造

原料米　岡山縣產朝日／精米比例 60%／使用酵母 協會901號／日本酒度 +4／酒精度數 15度

冠上2間神社名稱的酒款

創業時獲得大宮神社與姬宮神社兩間神社名稱的首字，因而為這款酒命名為「大姬」，自創業起釀製至今。具有清涼感。

寒菊 佳撰

千葉
寒菊銘釀
山武市

DATA

原料米　千葉縣產米	日本酒度　+3
精米比例　70%	酒精度數　15度
使用酵母　不公開	

堅持麴釀造法所打造出的一支酒

建立於明治16（1883）年的酒藏。「寒菊」也是酒藏名，是將其比喻成從12月到隔年1月會綻放出黃色花朵的冬菊命名而成。這款「寒菊佳撰」是使用千葉縣產的米作為原料米，並精米至70%釀造而成，為相當講究的一支酒。

////////// 這款也強力推薦！ //////////

幻乃花 特別純米酒

原料米　越光／精米比例 60%／使用酵母／日本酒度 +3／酒精度數 17度

投注真心釀造的純米酒

使用「越光」作為原料米釀成的特別純米酒「幻乃花」，帶有微微的辛口風味。這是一款可確實感受到深濃風味與香氣的酒。

東日本的焦點酒藏

千葉縣香取郡神崎町

寺田本家

採純米與生酛釀造，使用全量無農藥的米，連麴菌都是取自自社的田地。在此訪問了釀造出這種完全無添加物酒款的藏元——寺田優先生。

攝影／羽渕みどり

釀酒即是與看不見的微生物之間的共同作業。不希望以貪圖人類作業方便的方式來進行。

建立於延寶年間（1673～1681），歷史相當悠久的酒藏。

「五人娘」的命名之父土屋文明先生的書，以及古酒書籍等並排於書架上。據說第20代當家加入了阿羅羅木派（日本現代短歌的流派之一）。

希望能以無添加、無農藥的天然方式來釀酒

寺田本家的酒全是採純米生酛釀造，無任何添加物。無論是自家田地還是契作農家的產物，包括使用的米也一律未使用農藥。

「上一代便開啟了無添加的天然釀酒作業，所以自從我加入酒藏的行列之後，也未曾添加過酒精或採用速釀法。」第24代的寺田優先生如此表示。

釀酒的道具也有很多是自古傳承下來的，像是蒸米用的甑（大型蒸籠）等，盡可能以手工作業來進行。

「不使用添加物的話，管理起來相當辛苦，不過古傳的道具都打造得相當理想，像甑這類道具就可避免水分過多的狀況。」

之所以盡可能以手工作業來進行是因為這樣有趣得多

「釀酒要靠微生物的作用，借助這種自然的力量來進行。我不希望以圖自己方便的做法來進行釀造。」

然而像往昔一般相信自然的力量來進行釀酒，似乎相當吃力？

面對這樣的疑問，寺田先生回答道：「但是這麼做，心情會比較坦然愉快。」在這種未經嚴格隔絕、「歡迎雜菌」的環境下所釀造出來的酒，會憑著自己的力量戰勝各式各樣的細菌並融會力量。難怪會有人覺得「只要一喝這裡的酒，身體就歡快起來」。

寺田本家第24代當家，寺田優先生。

從巨大的蒸籠中取出蒸米。

正在釀製菩提酛的酒液。

釀酒大多為體力活，因此釀造作業主要由男性來進行。

丸真正宗 純米吟醸

東		純米
京		吟醸酒

小山酒造

北區

DATA

原料米　不公開	日本酒度　不公開
精米比例　60%	酒精度數　14度
使用酵母　協會901號	

希望以葡萄酒杯飲用的酒款

以東京都23區內唯一僅存的酒藏而聞名，使用自北區岩淵町地下湧出的伏流水來釀酒。在「最適合用葡萄酒杯品飲的日本酒大獎2015」上得到金賞，雖然是日本酒，卻很適合搭配使用乳酪或乳製品製作的料理一起享用。

這款也強力推薦！

丸真正宗 吟醸辛口

純米吟醸酒

原料米 不公開／精米比例 60%／使用酵母 協會901號／日本酒度 不公開／酒精度數 15度

可襯托清淡食材風味的最佳配角

這支酒的特色在於清爽的酸味與俐落的後味。可襯托出豆腐等清淡食材的鮮味，因此建議當作餐中酒飲用。

東京

國府鶴 純米吟醸

東		純米
京		吟醸酒

野口酒造店

府中市

DATA

原料米	長野縣產美山錦
精米比例	55%
使用酵母	不公開
日本酒度	－10
酒精度數	15.6度

以「武藏府中的地酒」而聞名

建立於萬延元（1860）年的野口酒造是位於東京都府中市的酒藏，負責釀造該市大國魂神社的御神酒。地酒「國府鶴」屬於甘口風味，是款可確實感受到吟醸香的純米吟醸酒。喝起來舒適宜人，適合搭配清淡的菜餚。

這款也強力推薦！

中屋久兵衛 純米酒

純米酒

原料米 長野縣產美山錦／精米比例 60%／使用酵母 不公開／日本酒度 ＋10／酒精度數 15.6度

具有濃郁風味與微微的米香

使用長野縣產的「美山錦」釀造的「中屋久兵衛」屬於辛口酒，特色在於帶有濃郁的風味。後味十分舒暢。

屋守 純米中取無調整生酒

東		純米
京		吟醸酒

豐島屋酒造

東村山市

DATA

原料米	八反錦	使用酵母	協會1601號
精米比例	麴米：50%	日本酒度	±0～±1.5
	掛米：55%	酒精度數	16度

東京老字號酒藏釀製的酒款

豐島屋酒造建立於慶長元（1596）年，擁有400年以上的歷史，從深達150公尺的水井中，汲取自富士山流下的伏流水作為釀造用水。這支使用「八反錦」作為原料米釀成的酒，特色在於絕佳的香氣與溫和的滋味。

這款也強力推薦！

十右衛門 純米無過濾原酒

純米酒

原料米 八反錦／精米比例 麴米：55%・掛米：60%／使用酵母 不公開／日本酒度 ＋3.5／酒精度數 17度

特色在於沉穩的香氣以及深邃的滋味

這款酒是在米蘭萬國博覽會的周邊活動——「米蘭Sake Week」上展出的自信之作。

嘉泉 田村「吟銀河」
（田むら「吟ぎんが」）

東京

田村酒造場

福生市

純米吟釀酒

DATA		
原料米	吟銀河	日本酒度 +1
精米比例	55%	酒精度數 16〜17度
使用酵母	自社酵母	

藏元有絕對自信的頂級酒款

田村酒造場從190多年前開始，便在玉川上水旁持續經營釀酒事業，並以「嘉泉」這個品牌而廣為人知。歷史悠久的田村酒造場所強力推薦的酒，就是這款「田村吟銀河」。帶有沉穩的滋味，酒體也相當扎實，可以感受到餘韻。

■■■■■ 這款也強力推薦！ ■■■■■

嘉泉 特別純米 東京和釀

特別純米酒

原料米 山酒4號／精米比例60%／使用酵母 協會9號／日本酒度 +2〜4／酒精度數 15〜16度

最適合當東京伴手禮
極富深度的日本酒

經過瓶中加熱（瓶燗火入），可以確實感受到酒原本的風味。描繪了櫻花與東京街景的外包裝也獨具特色。

東京

澤乃井 純米吟釀 蒼天

東京

小澤酒造

青梅市

純米吟釀酒

DATA		
原料米	五百萬石	日本酒度 +1
精米比例	55%	酒精度數 15〜16度
使用酵母	自社酵母	

在奧多摩的名水鄉釀成帶有
豐富香氣與滑順味道的純米吟釀

這家酒藏建立於元祿15（1702）年。自創業以來經過300多年，這家酒藏的酒被視為東京奧多摩的地酒，至今仍受人喜愛。奧多摩雖地處東京，四周卻有豐富的大自然環繞，該酒藏便在這塊土地上持續進行釀酒。酒藏所在地澤井是名水之鄉，有清涼而豐沛的河川流經。品牌「澤乃井」也是源自於這個地名。

「蒼天」是將「五百萬石」精磨至55%，再經過慢慢發酵而成，屬於滋味舒暢的純米吟釀酒。酒質雖然淡麗，卻可以感受到扎實的吟釀香，滋味十分滑順。如果要品味高雅的香氣，建議冷飲；如果想品嚐滑順的滋味，則以燗酒為佳。

■■■■■ 這款也強力推薦！ ■■■■■

澤乃井 純米大辛口

純米酒

原料米 曙／精米比例 65%／使用酵母協會901號／日本酒度 +10／酒精度數 15〜16度

讓米的柔和味道更集中
以「辛味」為魅力的純米酒

「澤乃井」中最辛口的純米酒。雖說是辛口酒，嗆辣的口感卻不會特別明顯，辛味反而恰如其分地讓純米柔和又豐盈的味道更集中。這款酒讓人百喝不膩，愈喝愈有滋味，因此很適合作為每天的晚酌酒。

東京都青梅市
小澤酒造

釀造出東京代表性品牌「澤乃井」的酒藏。在此訪問了在這裡擔任20年杜氏的田中充郎先生。

努力避免讓人覺得味道變了，但如果一成不變就不會進步。必須不斷登峰造極才行。

每一次都會有所不同
所以釀酒充滿樂趣

目前小澤酒造的原酒品牌約有20種左右。因為酒標各異，所以無論是滋味還是香氣都必須有所區別。從釀酒設計開始的所有事宜，全都交付給身為杜氏的田中充郎先生處理。由於精米、溫度管理或調配比例等作業會因品牌而異，因此主要依照田中先生的指示做出細微的變化。

「將機器運用於製造上時，像設定這類屬於軟體的部分，還是必須由人進行細膩的管理才行。終歸還是要謹守『以人為主，機器為輔』的關係。以往得花好幾天在現場過夜進行的作業，如今透過機械化得以24小時管理，儘管如此，一年裡還是必須在現場

過夜幾次，這也是有趣之處。」

田中先生擁有20年杜氏的經驗，然而每年米的生產狀況不一，因此即使有經驗，每年還是必須歸零重來。

整年都受理參觀酒藏的申請（需預約）。酒藏對面也有收費的品酒區與餐廳。

在小澤酒造擔任20年杜氏的田中充郎先生。

因為酒藏腹地內的杉木開始枯萎而砍下製成的木桶。由於不使用藥劑，在衛生管理上相當辛苦。使用前必須不斷進行「泡熱水（湯ごもり）」的動作讓木頭膨脹，把木桶的空隙填滿。

自1997年起商品化的「藏守」。藉由熟成作業去除澀味，讓味道變圓潤。

一樣卻又不完全一樣
必須時時不忘上進之心

　　「並不是持續做同樣的事情就算好。我們努力不讓顧客覺得味道變了，但是酒質仍然每年都在變化。我認識的一家販賣店的老闆告訴我，他停止與某家酒藏的交易。我問了理由，結果得到的回答是『因為都一成不變』。所以他看重的應該是對方是否懷有上進心吧。」

　　「釀酒很難，所以才有趣。」田中先生如此表示。

　　「我認為這是一個很難達到最高境界的世界。必須時時抱著『自己還不成氣候』的心情才行。我一直都覺得，直到最後一刻還是會認為自己未能完全掌握，然後就這樣引退。」

　　由此可見，即使是像田中先生這種每年都在鑑評會上得到金賞的老練杜氏，仍是以這般真摯的心情全力投入釀酒事業。

東京
石川酒造
福生市

東京

大吟釀酒

多滿自慢 大吟釀

DATA

原料米	山田錦	日本酒度	+5
精米比例	35%	酒精度數	15～16度
使用酵母	協會1801號		

不惜投注時間與心力釀製而成
優雅又芳醇的大吟釀

這家酒藏建立於文久3（1863）年。堅守自古以來的傳統，同時以「在釀酒上不惜投注時間與心力，絕不做任何妥協」為目標。在廣大的腹地內有6棟登錄為有形文化財的土藏，在四季分明的大自然下進行釀酒作業。酒藏內還附設可以悠閒享受美酒與鮮搾啤酒的餐廳。

「多滿自慢 大吟釀」是將「山田錦」精磨至35％，再花費時間以低溫發酵慢慢釀製而成。含一口在嘴裡，充滿果實風味的優雅香氣與芳醇的滋味便會蔓延開來，後味十分舒暢。建議冰鎮後再飲用。

這款也強力推薦！

多滿自慢 玉之慶 (たまの慶)

純米大吟釀酒

原料米 五百萬石／精米比例 50%／使用酵母 協會1501號／日本酒度 +3／酒精度數 15～16度

謹慎裝瓶再經火入處理
口感絕佳的純米大吟釀

這款純米大吟釀是將鮮搾的生酒小心翼翼地裝瓶，再進行火入處理。扎實的香氣與熟成帶來的圓潤口感是其魅力所在。推薦給追求絕佳口感的人。請稍微冰鎮一下，或是以溫燗方式慢慢品味。

東京
野崎酒造
秋留野市

純米酒

喜正 純米酒

DATA

原料米	五百萬石
精米比例	60%
使用酵母	協會901號
日本酒度	+2
酒精度數	15～16度

經過通路管控才將每瓶酒送到購買者手上

雖然是進行小規模釀造的小酒藏，卻以甑（蒸米用的蒸籠）來蒸米、用酒槽來搾取醪等等，保留了手工作業的優點。釀造用水是來自當地戶倉城山湧出的伏流水。偏軟水的水質中，鐵或錳等會導致酒質劣化的成分含量很少。水中添加了微量的酸味，可令食慾大開。

東京 中村酒造 / 秋留野市

千代鶴 純米大吟釀

純米大吟釀酒

DATA

原料米	山田錦	日本酒度	+3
精米比例	35%	酒精度數	16～17度
使用酵母	自社酵母		

使用清冽的水釀出的純米大吟釀

這家酒藏建立於文化元（1804）年，坐落在盛行釣香魚的清澈溪流——秋川流域。釀造用水是使用經過秩父古生層地層過濾的清冽地下水。這款純米大吟釀是將「山田錦」精磨至35％，以嚴謹作業釀成的酒。香氣馥郁，滋味高雅柔和。

這款也強力推薦！

千代鶴 吟釀辛口

吟釀酒

原料米 五百萬石／精米比例60%／使用酵母 自社酵母／日本酒度 +5／酒精度數 15～16度

抑制了香氣 味道喝不膩的吟釀酒

抑制了香氣，滋味相當深邃的吟釀酒。尾韻俐落，百喝不膩。建議冷飲或以溫燗方式盡情地品飲。

神奈川 石井釀造 / 足柄上郡大井町

曾我之譽 吟釀酒

吟釀酒

DATA

原料米	岡山縣產雄町
精米比例	50%
使用酵母	協會901號
日本酒度	+3
酒精度數	15度

挑戰四段式釀造法的酒藏釀成的輕快吟釀酒

這家酒藏建立於明治3（1870）年。不用一般的三段式釀造法，而是採用四段式釀造法來製醪，第4階段是使用糯米釀成濃醇型的酒醪。這款「曾我之譽 吟釀酒」帶有新鮮輕快的含香與飽滿的滋味，很推薦給入門者。

這款也強力推薦！

箱根街道 純米酒

 純米酒

原料米 長野縣產美山錦／精米比例60%／使用酵母 協會901號／日本酒度 +7／酒精度數 15度

酸味清爽且口感柔和的純米酒

這款純米酒帶有清爽的酸味與柔和的口感。冰鎮後即可品味洗鍊的辛口風味，加熱成燗酒則可享受到增強的酸味。

神奈川 井上酒造 / 足柄上郡大井町

箱根山 純米大吟釀

純米大吟釀酒

DATA

原料米	山田錦	日本酒度	+1
精米比例	40%	酒精度數	15度
使用酵母	協會1401號		

酒藏的代表作，可感受到米的甜味

井上酒造建立於寬政元（1789）年。酒藏的信念是「發揮出米的豐盈味道才是真正的日本酒」，並據此來進行釀酒。「箱根山」是在昭和42（1967）年作為出口專用品牌而開始販售的人氣之作。建議以冷飲方式來品飲飽滿的味道與高雅的香氣。

這款也強力推薦！

仙鳴鄉 無過濾純米生酒

 純米酒

原料米 麴米：五百萬石・掛米：曙／精米比例 麴米：55%・掛米：65%／使用酵母 協會7號／日本酒度 +1／酒精度數 16度

發揮米的風味

這款生酒中凝縮了米的鮮味。雖然冷飲也很美味，但特別建議加熱成50℃以上的熱燗，芳醇的味道會更加飽滿。

松美酉 本醸造

神奈川 中澤酒造

足柄上郡松田町

本醸造酒

松綠（松みどり）純米酒

純米酒

原料米 美山錦／精米比例 55%
／使用酵母 協會9號／日本酒
度 +3／酒精度數 15度

DATA			
原料米	麴米：五百萬石	使用酵母	協會7號
	掛米：曙	日本酒度	±0
精米比例	65%	酒精度數	15度

當地經典的手工釀造本醸造酒

自文政8（1825）年創業以來，這家酒藏便一直以小田原藩的御用商人身分輸送酒至小田原城，且至今仍堅持古傳的全量手工釀造。這款本醸造「松美酉」是貯藏在醸酒槽中進行熟成，加熱成爛酒飲用最為合適。也很建議以冷飲方式享用。

以溫爛方式來品飲
美味會進一步擴散開來

這款純米酒可以徹底享受到沉穩的香氣、米的鮮味與甜味。也很建議稍微加熱一下，可以讓甜度更加深濃。

隆 特別純米 雄町60火入

神奈川 川西屋酒造店

足柄上郡山北町

特別純米酒

DATA	
原料米	岡山縣產雄町
精米比例	60%
使用酵母	協會701號
日本酒度	+1.5
酒精度數	15～16度

丹澤山 麗峰 純米酒

純米酒

原料米 德島縣產山田錦／精米比例
60%／使用酵母 協會701號／日本酒
度 +6／酒精度數 15～16度

以佐餐酒為目標的酒藏嚴謹釀成的特別純米酒

這家酒藏建立於明治30（1897）年，因為「丹澤山」這個品牌而在當地享有盛名，平成10（1998）年則發售了「隆」，再度成為熱門話題。自平成26（2014）年起，轉換為生產全量純米酒。為求佐酒用餐時能讓料理與酒的味道更加凸顯且彼此調合，在醸酒作業上煞費苦心，以嚴密周到的作業謹慎地釀製。

「隆」基本上是在裝瓶後進行火入，再將整瓶酒進行貯藏。這款「特別純米 雄町60火入」的滋味豐盈，在俐落的尾韻中可以感受到「雄町」特有的鮮味。建議加熱成60℃左右的爛酒，不過溫度稍微下降一些會變得更加美味。

建議偏熱的爛酒
百喝不膩的純米酒

100％使用「阿波山田錦」釀成的純米酒。在醸酒槽中經過1年以上的熟成，完成適合加熱飲用的酒款。

當作餐中酒可襯托料理的滋味，百喝不膩。建議60℃左右偏熱的爛酒。可以讓品飲者充分感受到爛酒的深邃滋味。

白笹鼓 純米大吟釀酒

純米
大吟釀酒

DATA	
原料米	山田錦
精米比例	35%
使用酵母	協會1801號
日本酒度	+1
酒精度數	15.9度

堅守創業以來的傳統而打造出的銘酒

這家酒藏釀酒時會讓麴聽莫札特的音樂，以音樂釀造酒藏而聞名，持續挑戰將傳統融入現代的釀酒作業。「白笹鼓」是將「山田錦」精磨後，再以低溫發酵帶出米的鮮味，令人聯想到果實的溫和香氣與多層次的味道。

////// 這款也強力推薦！//////

笹之露 原酒

原料米 五百萬石／精米比例 65%／使用酵母 協會701號／日本酒度 +3.5／酒精度數 18.8度

希望能搭配料理一同享用

這款酒是長期熱銷的品牌，出自以圓潤深濃風味著稱的酒藏。建議與肉料理一起享用。

昇龍蓬萊 特別純米

特別
純米酒

DATA			
原料米	山田錦・美山錦	使用酵母	協會／號
		日本酒度	+5
精米比例	60%	酒精度數	15度

堅持「純米、熟成、燗酒」的酒藏打造的「昇龍蓬萊」特別純米

這家酒藏建立於文政13（1830）年。自平成21（2009）年酒造年度起，轉換為生產全量純米酒。之後便以純米酒的熟成酒以及適合燗飲的酒款為中心，致力於釀酒作業。此外還推出以白麴釀造、酸度高而酒精度數低的酒款，廣受不同顧客層的支持。

「昇龍蓬萊 特別純米」的特色在於恰到好處的熟成香與澄淨而圓熟的滋味。「昇龍蓬萊」是以搭配飲食享用為基礎釀製而成，其中又以這款酒的滋味特別適合當作餐中酒飲用。建議加熱至略微超過55℃偏熱的燗酒，味道會變得更加鮮明且易飲。

////// 這款也強力推薦！//////

殘草蓬萊

純米吟釀 Queeen 槽場直詰生原酒

純米
吟釀酒

原料米 山田錦・出羽燦燦／精米比例 60%／使用酵母 協會7號／日本酒度 −8／酒精度數 12度

讓人不覺是低酒精度的酒 鮮味與香氣濃郁的生原酒

這是一款實現了既是原酒、酒精度數又低的生原酒。話雖如此，味道卻很濃郁且酸味十足，幾乎不會認為是低酒精度的酒。帶有如蘋果般華麗的香氣與輕輕擴散開來的鮮味。建議冰鎮後飲用。

盛升 特別純米 盛升

特別純米酒

DATA

原料米	美山錦	日本酒度	+3
精米比例	60%	酒精度數	15度
使用酵母	協會901號		

繼承傳統的酒藏精心釀製的一支酒

在職人高齡化的趨勢中，這家酒藏在自社培訓下一代的杜氏，並獲得日本全國新酒鑑評會等無數的獎項，在傳統技術的傳承上也相當積極，而這款酒即為其代表作。傳統釀造法與新式釀造技術相互結合，從中孕育出清新舒暢且俐落的尾韻。

▨▨▨ 這款也強力推薦！▨▨▨

盛升 吟釀辛口 盛升

吟釀酒

原料米 美山錦／精米比例 55%／使用酵母 協會901號／日本酒度 +5／酒精度數 15度

喝起來口感舒暢
適合佐餐的辛口酒

這款酒喝起來口感舒暢，淡淡的吟釀香不會搶過料理的味道，建議當作餐中酒飲用。不管冷飲或溫燗皆非常美味。

泉橋（いづみ橋）惠 藍標

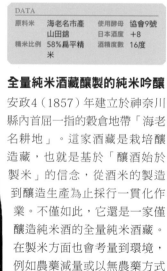

純米吟釀酒

DATA

原料米	海老名市產山田錦	使用酵母	協會9號
精米比例	58%扁平精米	日本酒度	+8
		酒精度數	16度

全量純米酒藏釀製的純米吟釀

安政4（1857）年建立於神奈川縣內首屈一指的穀倉地帶「海老名耕地」。這家酒藏是栽培釀造藏，也就是基於「釀酒始於製米」的信念，從酒米的製造到釀造生產為止採行一貫化作業。不僅如此，它還是一家僅釀造純米酒的全量純米酒藏。在製米方面也會考量到環境，例如農藥減量或以無農藥方式來栽種等。以酒標上紅蜻蜓交錯飛翔之地的圖案為目標，致力於釀酒作業。

「泉橋 惠 藍標」是款風味舒暢的辛口純米吟釀酒。適合搭配蔬菜或生魚片，與使用高湯的料理很對味。從冷酒至燗酒可享受不同溫度的品飲樂趣。

▨▨▨ 這款也強力推薦！▨▨▨

泉橋（いづみ橋）生酛 黑蜻蜓

純米酒

原料米 海老名市產山田錦／精米比例 65%／使用酵母 協會7號／日本酒度 不公開／酒精度數 16度

留有生酛獨有的味道
風味十分澄淨的辛口純米酒

使用當地產的「山田錦」，並透過生酛釀造法釀成的純米酒。藉由生酛釀造與硬水釀出口感澄澈的辛口酒。酸味極為細緻清爽，雖然屬於生酛，不過搭配和食或白肉魚生魚片等清淡的料理也很對味。加熱成燗酒可讓味道充分散發出來。

神奈川

熊澤酒造

茅崎市

純米吟醸酒

天青 純米吟醸 千峰

DATA			
原料米	山田錦	日本酒度	+2.5～3.5
精米比例	50%	酒精度數	16度
使用酵母	協會9號		

以手工作業嚴謹地少量釀製
風味舒暢溫和的純米吟釀

這家酒藏於明治5（1872）年在湘南創業。之後便以手工少量生產的方式持續釀造優質的好酒。代表品牌「天青」是源自於中國故事中的夢幻青瓷「雨過天青瓷」，追求釀造出如這種青瓷般具穿透力的沁涼感與水潤豐盈的滋味。

「純米吟釀 千峰」的口感清新舒暢，感受得到純米飽滿溫和的鮮味。宛如消失在口中般的俐落後味給人高雅的印象。搭配飲食一同飲用，亦可增添料理與酒的滋味。冰鎮後飲用更受歡迎。

▨▨▨ 這款也強力推薦！ ▨▨▨

天青 純米酒 吟望

純米酒

原料米 五百萬石／精米比例 60%／使用酵母 協會9號／日本酒度 +2.5～3.5／酒精度數 15度

將米的鮮味發揮到極致
尾韻俐落的純米酒

使用「五百萬石」，將其鮮味發揮得淋漓盡致的純米酒。清爽俐落的後味也別有魅力。此外，還帶有適度熟成的溫和鮮味，整體味道佳。冷飲雖然也很不錯，但加熱成燗酒後滋味會變得更加淬邃，轉變成能促進食慾的味道。

COLUMN
酒器

考慮酒與
空氣的接觸

酒器的表面積愈廣，香氣揮發與氧化速度都會變快。給人硬實深沉印象的酒款，倒入片口酒杯中使之接觸空氣，喝起來的口感就會變得圓潤。反之，若是香氣馥郁的酒款，則會導致香氣快速逸散。

與空氣接觸面積大的平盃，香氣較易擴散開來。

只要轉而倒入片口酒杯中，新酒硬實的口感就會變得圓潤。

關東
各式各樣的日本酒

在此介紹關東的古酒、濁酒與氣泡日本酒。

古酒

（茨城縣）**森島酒造**

大觀 白砂青松
熟成純米吟釀

在大谷石製的酒藏中貯藏600天以上，經過熟成的酒。將日本畫巨匠橫山大觀的作品〈白砂青松〉製成酒標的限定酒款。

（栃木縣）**片山酒造**

原酒柏盛
三年熟成

以日光美味的水釀出的圓潤口感獨具特色。略偏辛口，酒精度數19度的原酒。

（東京都）**小澤酒造**

藏守

在酒藏內經過靜置的熟成酒。為了進一步提引出其風味與魅力，直接以原酒的狀態裝瓶。

（神奈川縣）**黃金井酒造**

純米五年古酒

花費5年歲月變化成琥珀色的純米酒。香氣芬芳且具有深邃的鮮味與高雅感。

濁酒

（茨城縣）岡部

松盛搾酒

以低壓榨取而成的「荒走」，保留了醪原本的美味，屬於百喝不膩的甘口型濁酒。

（千葉縣）東薰酒造

十富祿酒

任何人都很容易入口的低酒精度酒。帶有濃醇的米味，甜、辣、酸達到平衡的道地純米酒。

其他氣泡酒&濁酒&古酒

種類	縣市	酒藏	商品名稱	概要
氣泡酒	茨城	月之井酒造店	淡薰泡	酒精度數低，口感輕盈。可享受到來自米的爽口酸甜滋味。
	茨城	木內酒造	發泡木內梅酒（しゅわしゅわ木内梅酒）	特色在於啤酒花的清爽香氣、俐落的酸味與輕盈的甜味。酒精度數6度。
	栃木	天鷹酒造	有機純米氣泡生酒	經過瓶內發酵所產生的碳酸氣體可促進食慾。為有機純米的平口氣泡酒。已取得歐美日有機認證的一支酒。
	群馬	永井酒造	Mizubasho pure	以尾瀨的天然水與在兵庫縣自作栽培的「山田錦」釀成的日本酒，打造出宛如香檳般的發泡性清酒。
	群馬	近藤酒造	赤城山純米氣泡酒	將碳酸封存在嗆辣的酒中，屬於入喉清爽的和風香檳。
	埼玉	麻原酒造	武藏野氣泡酒	氣泡清爽，可品嚐到低酒精濃度原酒特有的米鮮味與甜味。
	埼玉	釜屋	氣泡純米酒雪泡（ゆきあわ）	酒精度數8度。特色在於由瓶內二次發酵所產生的天然發泡性與酸酸甜甜的滋味。
	千葉	吉崎酒造	吉壽發泡清酒	酒精度數10度，連養酒者都可以滿足。與各式料理均十分對味，可當作餐中酒飲用。
	神奈川	井上酒造	發泡純米酒SWEET HEART	酸酸甜甜的滋味相當宜人，也很建議作為餐前酒或餐後酒。
	神奈川	黃金井酒造	氣泡酒清酒 SHUSHU	碳酸氣泡的口感令人十分舒暢。注入玻璃杯中，輕輕起泡又瞬間即逝的模樣十分美麗。
	神奈川	泉橋酒造	蜻蜓氣泡酒（とんぼスパークリング）	經過火入處理，即使是夏季也可用常溫運送。酒標上的蜻蜓相當可愛。
古酒	茨城	明利酒類	第11年春、第21年春、第31年春	貯藏在宇都宮市大谷地下石窟內的古酒，石窟內的溫度一整年都維持在8度左右。
	群馬	永井酒造	水芭蕉2005 Vintage	花費20年研究的酒款，這支酒並非古酒，而是提出一種「Vintage Sake」的全新概念。
	埼玉	晴雲酒造	晴雲古酒	花費10年以上的時間慢慢熟成的酒款。具有獨特顏色、香氣與圓潤口感的純米吟釀原酒。
	埼玉	權田酒造	直實 秘藏酒	在酒藏內的小型琺瑯酒槽中進行熟成的酒款。特色在於帶光澤感的透明琥珀色，具有如雪莉酒般高雅的甜味。
	千葉	東薰酒造	長期熟成酒原酒	本釀造的古酒，為29年的酒款。
濁酒	茨城	木內酒造	純米吟釀濁酒春一輪	讓鮮榨的酒在酵母存活的狀態下進行裝瓶的一支酒。在瓶中進行二次發酵，清爽的碳酸氣體即是由此而生。
	栃木	外池酒造店	山鄉之惠（山郷のめぐみ）濁醪	不斷冒泡且帶有酸味的古傳濃醇。可以享受到殘留的柔軟米粒與不會過甜的滋味。
	埼玉	清龍酒造	清酒清醴 大吟釀濁酒	使用「山田錦」，冬季限定的大吟釀濁酒。特色在於清爽的甜味。
	東京	石川酒造	多滿自慢 乾爽的濁酒純米原酒（さらさらにごり純米原酒）	不進行任何加熱處理，以原酒的狀態裝瓶，風味清新的一支酒。

甲信越的酒

新潟縣

以「地酒王國」之姿稱霸，越後杜氏的發祥地

新潟縣為「地酒王國」，「越乃寒梅」等多款難以取得的銘酒皆由此地推出。這裡具備寒冷積雪這種十分適合釀酒的氣候風土，而且是日本首屈一指的稻米產地，所生產的酒米「五百萬石」以能夠釀出淡麗圓潤滋味的酒款聞名。此地為越後杜氏的發祥地，縣內共有超過90家酒藏，憑著釀酒業展現出壓倒性的存在感。

代表性酒藏
- 宮尾酒造（p.174）
- 麒麟山酒造（p.176）
- 村祐酒造（p.177）
- 石本酒造（p.179）
- 久須美酒造（p.189）
- 八海釀造（p.193）
- 丸山酒造場（p.198）

長野縣

日本阿爾卑斯的名水，豐饒酒米「美山錦」的產地

長野縣四周有被稱為「日本屋頂」的北阿爾卑斯（飛驒山脈）、中央阿爾卑斯（木曾山脈）、南阿爾卑斯（赤石山脈）環繞，還擁有水質潔淨的天然水。同時也是知名酒米「美山錦」、「金紋錦」、「人心地」等的產地。約有100家酒藏，每個地區都有各式不同風味的地酒。

代表性酒藏
- 岡崎酒造（p.163）
- 宮坂釀造（p.164）
- 菱友釀造（p.165）
- 酒千藏野（p.169）
- 角口酒造店（p.169）

山梨縣

不僅葡萄酒，該地風土也很適合釀造日本酒

以葡萄酒銘釀地而家喻戶曉的山梨縣，也是十分適合釀造日本酒的地方。南阿爾卑斯山系與富士山系的伏流水，水質介於軟水至中軟水之間，造就出口感溫和舒暢的佳釀。這裡被指定為「美山錦」的產地，近年縣產酒米的栽培也很興盛。

代表性酒藏
- 山梨銘釀（p.157）
- 笹一酒造（p.158）

春鶯囀 純米酒 鷹座巢

特別
純米酒

DATA

原料米	玉榮	日本酒度	+5
精米比例	60%	酒精度數	15.5度
使用酵母	協會1501號		

甲斐的御酒
與謝野晶子曾在和歌中吟詠

自寬政2（1790）年創業以來，「一力正宗」這個名稱便令人耳熟能詳，然而酒藏主人因為在昭和8（1933）年聽到歌人與謝野晶子所朗誦的和歌而深受感動，遂改名為「春鶯囀」。自昭和51（1976）年起全面廢止使用釀造用糖類，並投注心力以當地酒米來釀製純米酒。釀造用水是使用南阿爾卑斯山系的伏流水。這款酒是將當地產的「玉榮」精磨至60％釀製而成，若是搭配料理一同飲用，酒不會過於搶味，加熱成溫燗則可增添鮮味。特別適合搭配和食。

這款也強力推薦！

春鶯囀
大吟釀 春鶯囀 かもさるる蔵

純米酒

原料米 山田錦／精米比例 40%／使用酵母 協會1801號／日本酒度 +4／酒精度數 15.6度

搭配料理很對味
歷史悠久的餐中酒

這款將「山田錦」精磨至40％釀成的大吟釀酒，特色在於華麗的香氣與乾爽的口感。作為餐中酒品嚐百喝不膩。冰鎮之後飲用為佳。

太冠 吟釀純米

純米
吟釀酒

DATA

原料米	山田錦	日本酒度	+4
精米比例	50%	酒精度數	15度
使用酵母	協會9號系	日本酒的類型	爽酒

眾人團結一心打造出地酒中的地酒

這家酒藏自創業以來已有130年以上的歷史，現任的杜氏相當年輕，所打造的酒款重視全新的感性與自古以來的傳統，在東京國稅局酒類鑑評會上連續29年獲獎，成績斐然。這支酒的特色在於圓潤的香氣與柔和的口感。

這款也強力推薦！

太冠 特別純米

特別
純米酒

原料米 山田錦／精米比例 60%／使用酵母 協會9號系／日本酒度 +5／酒精度數 16度／日本酒的類型 爽酒

能夠感受到
芳芳滋味的一支酒

這款酒在濃郁滋味與豐富香氣間達到完美平衡，口感十分滑順。建議冷飲或加熱成溫燗來飲用。

<table>
<tr><td>山梨
谷櫻酒造
北杜市</td></tr>
</table>

谷櫻 純米大吟釀 櫻花櫻花
（サクラサクラ）

純米
大吟釀酒

DATA

原料米	有機栽培認 證米山田錦	使用酵母	廣島酵母
精米比例	35%	日本酒度	＋4.5
		酒精度數	15度

具有高雅風味與芳醇香氣的一支酒

原名為「古錢屋」的這家酒藏擁有長達170年左右的歷史，持續守護著「谷櫻」的精神。運用傳統技術並配合時代與酒藏特色用心釀製的這款酒，可以將料理襯托得更出色。建議冰得透心涼來飲用。

////// 這款也強力推薦！ //////

谷櫻 純米吟釀 米之精

純米
吟釀酒

原料米 吟之里（吟のさと）・玉榮／精米比例 58%／使用酵母 協會1001號／日本酒度 ＋4／酒精度數 15.5度

充滿酒米鮮味的
天然吟釀酒

香氣與尾韻俱佳，加熱成燗酒味道較為強烈，若是溫燗則會轉為較溫和的滋味。希望能細細品味這支酒的酒米鮮味。

<table>
<tr><td>山梨
山梨銘釀
北杜市</td></tr>
</table>

七賢 大中屋 純米大吟釀

純米
大吟釀酒

DATA

原料米	山田錦	日本酒度	＋1
精米比例	37%	酒精度數	16度
使用酵母	不公開		

以甲斐駒岳的雪水孕育出的
道地地酒

由於初代當家十分鍾愛白州的好水，因而於寬延3（1750）年設立這家酒藏，使用此處清澈的名水（日本名水百選），以及自社田地與當地農家共同生產的酒造好適米釀製各式酒款。力圖融合古傳的釀造法與現代釀造技術，持續投入時間與心力在製麴到搾酒的釀造作業上。將「山田錦」精磨至37％釀成的這款純米大吟釀酒，帶有柔和溫潤的甜味以及新鮮水潤的後味。

////// 這款也強力推薦！ //////

七賢 風凜美山
純米

純米酒

山梨

原料米 人心地／精米比例 70%／使用酵母 不公開／日本酒度 ＋4／酒精度數 16度

融合古傳與現代的
釀造技術

使用契作栽培的酒造好適米「人心地」，並長期置於比以往更低的低溫下所完成的一支酒。特色在於豐富的香氣與舒暢的後味。

笹一 純米

山梨
笹一酒造
大月市

純米酒

DATA

原料米	美山錦	日本酒度	−1～+2
精米比例	60%	酒精度數	15～16度
使用酵母	協會酵母混合		

帶有透明感與澄淨香氣的餐中酒

為了讓製麴與酒母工程回歸手工釀造，於平成25（2013）年從大量生產方式的設備轉換成製造高品質清酒的設備。引進最新式的洗米機與搾酒機等，大幅改善了酒質。以從自家水井湧現的御前水作為釀造用水，並且奢侈地使用當地契作栽培的米。

根據山梨縣民嚮往大海的特質而打造的這款「笹一」純米酒，特色在於米的適中鮮味與俐落的後味。建議當作餐中酒來飲用。

〰〰〰 這款也強力推薦！ 〰〰〰

笹一 純米吟釀

純米吟釀酒

原料米 美山錦／精米比例 55%／使用酵母 協會9號系／日本酒度 +2～4／酒精度數 16～17度

香氣華麗且富含酒米高雅甜味的一支酒

將「美山錦」精米至55％，並以御前水釀成的純米吟釀。藉由釀製吟釀的速成法寶9號系酵母與「突破精」的麴菌，提引出華麗的吟釀香與米的高雅甜味。

註7：在蒸米上繁殖的麴菌菌絲，朝向米心內部延伸繁殖而呈爆裂狀態，即為「突破精」，釀成的酒味道較為清爽。

武之井 上撰 武之井

山梨
武之井酒造
北杜市

本釀造酒

DATA

原料米	日本國產米	日本酒度	+5
精米比例	70%	酒精度數	15度
使用酵母	日本釀造協會		

一支滋味始終如一的傳統酒

「武之井」為傳統品牌，名稱的由來是源自於創始人清水武左衛門之名與八岳山麓清冽的伏流水，這支酒是僅憑酒藏主人與2位東京農業大學釀造學系出身的優秀藏人打造而成。以溫燗方式飲用，可以品嘗到那份自古以來不變的安心味道。

〰〰〰 這款也強力推薦！ 〰〰〰

青煌 純米吟釀 青煌

純米吟釀酒

原料米 雄町／精米比例 50%／使用酵母 東京農業大學短大部釀造學系分離株「蔓薔薇」／日本酒度 +2／酒精度數 15度／日本酒的類型 爽酒

嶄新而不受限於常規

將岡山縣產的酒造好適米「雄町」精磨至50％所釀成的一支酒。以冷飲方式可品嘗到日本酒前所未有的全新滋味。

山梨

甲斐男山 純米酒

純米酒

DATA	
原料米	山梨縣產朝日之夢
精米比例	65%
使用酵母	協會901號
日本酒度	+2
酒精度數	15度

帶有純米的濃郁風味，百喝不膩的純米酒

初代八卷仲衛門是從文久2（1862）年開始釀酒事業，這個傳統品牌便是以擁有150年以上的歷史著稱。這款精心釀製的酒是使用當地產的「朝日之夢」，並且不添加釀造酒精，因而留下了純米特有的濃郁風味。

////// 這款也強力推薦！//////

館樣

純米酒

原料米 山梨縣產朝日之夢／精米比例 65%／使用酵母 協會901號／日本酒度 +3／酒精度數 15度

充滿果實風味的清爽酒款

將當地產的「朝日之夢」精磨至65％，喝起來口感扎實且帶有辛口風味的一支酒。建議以溫爛方式享用。

SQUARE ONE 純米酒

純米酒

DATA			
原料米	美山錦	日本酒度	+7
精米比例	59%	酒精度數	16.5度
使用酵母	不公開		

這支酒蘊含了創業精神的原點

這家酒藏建立於寶曆5（1755）年，擁有超過260年以上的歷史。直營店裡設有可計量販售並當場飲用的吧檯，從店內構造可以感受到古早的風情。

酒藏名稱「桝一」的縮寫是「□一」，若套用英文來為酒命名就是純米酒「SQUARE ONE」[8]。「SQUARE ONE」也帶有「原點、出發點」的意思，當中寄託了「思索釀酒的原點，邁向小布施沙龍文化的文藝復興」的期望。這款酒頑固地貫徹了老店的釀酒原點，可以品嚐到強勁扎實的辛口風味。

註8：日文的「桝」是指一種方形的計量容器，因此用正方形的符號來表示，正方形的英文即為「SQUARE」。

////// 這款也強力推薦！//////

碧漪軒

大吟釀純米生酒

純米
大吟釀酒

原料米 備前雄町／精米比例 40%／使用酵母 ／日本酒度 +5／酒精度數 16.5度

承繼葛飾北齋畫室之名的大吟釀

在冬季的嚴寒時期以低溫發酵製成的一支酒。容易入口且充滿果味的華麗吟釀香獨具特色，屬於略偏辛口的中性滋味，當作餐前酒也很適合。

淺間嶽 純米吟釀

長野
大塚酒造
小諸市

這款也強力推薦！

DATA

原料米	人心地	日本酒度	+1
精米比例	59%	酒精度數	15度
使用酵母	協會1401號		

少量釀製的純米吟釀

小諸市的嚴寒風土很適合釀酒，這家酒藏自江戶時代末期以來，便在此地持續以手工方式釀酒。詩人島崎藤村在《千曲川旅情之歌》中歌頌過的濁酒，據說就是這家酒藏的酒。純米吟釀微辛口的風味會柔和地擴散開來，也很建議以溫燗方式享用。

純米生酒 獻壽

原料米 美山錦／精米比例 55%／使用酵母 長野酵母／日本酒度 ±0／酒精度數 16度

以當地長野縣產的「美山錦」釀成的生酒

將長野縣產的「美山錦」精磨至55%，並使用長野酵母釀製而成的純米生酒。特色在於充滿果香的濃郁滋味。

淡麗辛口 千曲錦

長野
千曲錦酒造
佐久市

長野

DATA

原料米	一般米·美山錦
精米比例	68%
使用酵母	協會9號
日本酒度	+5
酒精度數	15度
日本酒的類型	爽酒

讓喝不膩的滋味成為日常的良伴

自天和元（1681）年創業至今，曾榮獲日本全國新酒鑑評會金賞等無數獎項，是一家兼具傳統與實力的老字號酒藏。這款酒為藏元推出的自信之作，風味淡麗卻帶有扎實的味道與香氣，搭配每天的飲食也美味不已。

這款也強力推薦！

Spark Riz Vin

原料米 長野縣產美山錦／精米比例 55%／使用酵母 不公開／日本酒度 −90／酒精度數 5度

推薦給崇尚天然者的氣泡酒

滋味猶如香檳般的氣泡純米酒。不妨先確實冰鎮，再來享受因瓶內發酵而產生的碳酸氣體所帶來的極細緻泡沫！

純米吟釀 深山櫻

長野
古屋酒造店
佐久市

DATA

原料米	長野縣產美山錦	日本酒度	+1
		酒精度數	15度
精米比例	55%	日本酒的類型	薰酒
使用酵母	協會10號系等		

持續挑戰「道地的地酒」

除了清酒之外，這家酒藏也有製造燒酒、葡萄酒、白蘭地與利口酒，從多方領域來切入釀酒事業。這款「深山櫻」帶有沉穩卻不失輕柔的高雅香氣，以及柔和濃郁的風味。

這款也強力推薦！

淺岳 輕井澤 純米

原料米 長野縣產美山錦／精米比例 65%／使用酵母 協會10號系等／日本酒度 +3／酒精度數 14度

清爽的滋味令人浮現高原的景象

將長野縣生產的「美山錦」精磨至65%釀製而成，在品嘗酒米鮮味的同時，還可以享受到純米酒的舒暢風味。

明鏡止水 純米吟釀

純米吟釀酒

DATA			
原料米	長野縣產美山錦	使用酵母	自社酵母
精米比例	麴米：50%掛米：55%	日本酒度	+3
		酒精度數	16度
		日本酒的類型	爽酒

發揮出酒米個性的釀酒作業

這家於元祿2（1689）年默默建立在舊中山道旁的酒藏，經營全由兄弟二人一手負責。「明鏡止水」是帶有清爽果香與酸味的一支酒。建議以冷飲至溫燗方式來享受其典雅的香氣，以及在口中擴散的滋味。

這款也強力推薦！

勢起 純米大吟釀

純米大吟釀酒

原料米 金紋錦／精米比例 麴米：45%・掛米：49%／使用酵母 自社酵母／日本酒度 +2／酒精度數 16度

散發出「金紋錦」氣質極富深度的一支酒

使用削磨過的「金紋錦」釀成的這款純米酒，帶有「金紋錦」純粹的香氣與滋味。建議以冷飲至溫燗方式飲用。

龜之海 大吟釀山田錦

大吟釀酒

DATA			
原料米	兵庫縣產山田錦	使用酵母	協會1801號
精米比例	39%	日本酒度	+4
		酒精度數	17度

代代傳承的吟釀造酒精髓

土屋酒造足首家在長野縣內發售吟釀酒的酒藏，不僅日本國內，連在海外的鑑評會上也榮獲金賞，在該縣是先驅般的存在。「龜之海」在日本全國新酒鑑評會上曾獲得10次金賞，深濃的風味與圓潤的滋味完美交融，簡直是藝術性十足的逸品。

這款也強力推薦！

茜射 （茜さす） 純米大吟釀

純米大吟釀酒

原料米 契作栽培米無農藥美山錦／精米比例 49%／使用酵母 不公開／日本酒度 −1／酒精度數 17度

因挑戰精神而誕生的酒藏自信之作

這款純米大吟釀酒是以完全不使用農藥、契作栽培的當地酒米釀成的。建議以冷飲方式品嚐那份純淨的滋味。

澤之花 籭（ささら）超辛口吟釀

吟釀酒

DATA			
原料米	人心地	日本酒度	+15
精米比例	60%	酒精度數	15度
使用酵母	不公開		

絕對不辜負期待的超辛口風味

這家酒藏自明治34（1901）年創業以來，已擁有115年以上的歷史。堅持釀造喝起來風味宜人的酒。「澤之花 籭」是100%使用當地產的酒米「人心地」，並精磨至60%釀成的超辛口吟釀酒。不妨以冷飲方式來享用這份舒暢的滋味。

這款也強力推薦！

澤之花 日葵 辛口純米（ひまり）

純米酒

原料米 人心地・福久興（ふくおこし）等／精米比例 60%・65%／使用酵母 不公開／日本酒度 +6／酒精度數 16度

可以慢慢品味風味沉穩的純米酒

使用長野縣當地產的「人心地」與「福久興」作為原料米，屬於滋味澄淨的純米酒。建議以冷飲至溫燗方式飲用。

初鶯 普通酒

長野
木內釀造

佐久市

DATA		
原料米	日本國產米	日本酒度 ±0
精米比例	65%	酒精度數 14度
使用酵母	協會901號	

正因為平易近人才更要費工夫釀製

這家老字號酒藏自安政2（1855）年創業以來歷經150多年，不斷精進釀酒技術並傳承至今。「因為是最貼近生活的商品才更應該堅持高品質」，基於這樣的理念將釀造酒精的量控制在最低限度，釀出這款屬於本釀造規格、滋味芳醇的普通酒。

===== 這款也強力推薦！ =====

初鶯 特撰生一本 純米酒

純米酒

原料米 美山錦／精米比例 55%／使用酵母 未公開／日本酒度－1／酒精度數 14度／日本酒的類型 爽酒

藏元滿懷信心釀製的代表性純米酒

將長野縣產的「美山錦」精磨後釀成的這款酒是屬於吟釀規格的純米酒。從冷飲至熱爛都很美味。

佐久乃花 純吟無過濾生原酒

長野
佐久乃花酒造

佐久市

純米吟釀酒

DATA		
原料米	人心地	日本酒度 +2
精米比例	59%	酒精度數 17度
使用酵母	長野C（ALPS）酵母	

亦可說是酒藏的代表 佐久乃花的原點

明治25（1892）年，在有千曲川清流與優質伏流水流經的田地附近建立了酒藏，因為這裡擁有「可進行理想製米作業」的環境。所有人團結一心，從製米開始展開釀酒作業，並在契作農家的協助下自行栽培原料米。

這款酒藏代表作「佐久乃花」的生原酒是將長野縣產的「人心地」精磨至59%釀製而成，可以感受到自然清爽的滋味。宜人的吟釀香、米的鮮味與水潤的酸味完美交融。可以襯托任何料理，建議用來搭配每天的飲食。

長野

===== 這款也強力推薦！ =====

佐久乃花

純吟無過濾生原酒Spec d

純米吟釀酒

原料米 長野縣產人心地／精米比例 59%／使用酵母 長野D酵母／日本酒度 +1／酒精度數 17度

改變酵母，釀出香氣更馥郁的「佐久乃花」

酒名中的「d」是取長野縣新開發出來的長野D酵母來命名。尾韻帶有極佳的香氣，將這種酵母釀製出的酒液特色展露無遺。

井筒長 特別純米酒

特別
純米酒

DATA

原料米	人心地	日本酒度	±0
精米比例	59%	酒精度數	15度
使用酵母	長野酵母		

徹底貫徹使用在地米的理念

從大吟釀至普通酒的所有酒款，皆是使用相當講究的長野縣在地米作為原料米，此外，從自社田地栽培酒米到精米為止，全都採一貫化管理。利用引以為傲的酒米釀成的這款特別純米酒，建議以冷飲或溫燗的方式，搭配調味清淡的料理一起享用。

////// 這款也強力推薦！//////

MARUTO （まると） 生酛釀造 純米酒

純米酒

原料米 美山錦／精米比例 65% ／使用酵母 協會901號／日本酒度 +3／酒精度數 15度

附在瓶身的稻穗 是其註冊商標

這款純米酒在全美日本酒歡評會的生酛部門連續3年獲得金賞，在海外也享有高人氣。可當作餐中酒搭配各種料理。

信州龜齡 特別純米

特別
純米酒

DATA

原料米	美山錦	日本酒度	－1
精米比例	59%	酒精度數	16度
使用酵母	不公開		

帶有「美山錦」 輕快舒暢的滋味

這家老字號酒藏自寬文5（1665）年創業以來，持續守護著超過350年的傳統，以及始終不變的傳統手工釀酒作業。重視信州的大自然、菅平水系的優質伏流水與長野縣產的酒米，吟釀酒等酒款是以篩子洗米等一道道嚴謹的手工作業釀製而成。期望能「像烏龜一樣長壽」而打造出的「龜齡」，是將長野縣產的「美山錦」精磨至59%釀製而成的純米酒。這是一款口感絕佳，沉穩的香氣與恰到好處的鮮味完美調合的逸品。建議冰鎮後當作餐中酒飲用。

////// 這款也強力推薦！//////

信州龜齡 純米吟釀

純米
吟釀酒

原料米 山田錦／精米比例 55%／使用酵母 不公開／日本酒度 －3／酒精度數 16度

自江戶時代前期延續至今 老店的招牌酒

使用兵庫縣產的「山田錦」以嚴謹製法釀成的「信州龜齡」，充分提出「山田錦」原有的鮮味，可以享受到華麗的香氣與柔和的滋味。

長野

真澄 純米吟釀 辛口生一本

<table>
<tr><td colspan="4">DATA</td></tr>
<tr><td>原料米</td><td>美山錦・
山田錦</td><td>日本酒度</td><td>+4</td></tr>
<tr><td>精米比例</td><td>55%</td><td>酒精度數</td><td>15度</td></tr>
<tr><td>使用酵母</td><td>協會9號・協會18號</td><td>日本酒的類型</td><td>爽酒</td></tr>
</table>

長野
宮坂釀造
諏訪市

純米吟釀酒

出自歷史悠久、優良酵母發祥的酒藏

這間家喻戶曉的酒藏，不僅在品評會上留下得獎紀錄，還是「協會7號」的發祥酒藏，這種優良的清酒酵母如今也運用於日本全國超過半數的酒藏中。這款辛口生一本冠上了諏訪大社寶物「真澄之鏡」的名字，香氣沉穩且舒暢易飲，擁有絕佳的平衡口感。「真澄」的「黑標」是以帶有透明感的滋味為目標，不斷改良製法孕育而出的酒款，在國際葡萄酒競賽2015上獲得銀牌。搭配簡單調味的魚或肉類料理十分對味，加熱成爛酒更能帶出脂肪的鮮味。

////// 這款也強力推薦！ //////

真澄 本釀造 特撰

本釀造酒

原料米 美山錦・人心地／精米比例60％／使用酵母 協會18號系・ALPS酵母／日本酒度 +3／酒精度數 15度／日本酒的類型 醇酒

2014年全新打造「真澄」的標準酒款

將長野縣產的米精磨至60％釀成的這款本釀造酒，香氣濃郁且後味輕快，帶有近似大吟釀的奢侈風味。以冷飲方式飲用風味極佳，加熱成爛酒則更加美味。

長野

翠露 純米大吟釀 美山錦 中汲生酒 精磨49

長野
舞姬
諏訪市

純米大吟釀酒

<table>
<tr><td colspan="4">DATA</td></tr>
<tr><td>原料米</td><td>美山錦</td><td>日本酒度</td><td>±0</td></tr>
<tr><td>精米比例</td><td>49%</td><td>酒精度數</td><td>16度</td></tr>
<tr><td>使用酵母</td><td>協會1801號</td><td></td><td></td></tr>
</table>

獲獎無數的實力派藏元釀製的大吟釀

這間酒藏曾在昭和27（1952）年第1回日本全國清酒品評會，以及關東信越國稅局酒類鑑評會、長野縣清酒品評會上多次得獎，進入平成年代以後也獲得20次以上的表彰，實力相當堅強。這款酒最適合當作餐前酒與餐中酒。

////// 這款也強力推薦！ //////

信州舞姬

純米吟釀酒 扇子酒標

純米吟釀酒

原料米 美山錦／精米比例 59%／使用酵母 協會1801號・協會901號／日本酒度 +2／酒精度數 14度

獲得諏訪市伴手禮推薦認證之肯定

這款酒的特色在於華麗的香氣、順暢的口感，以及果香味十足的舒暢滋味。建議冷飲。

麗人 純米吟釀

純米吟釀酒

DATA			
原料米	長野縣產美山錦	使用酵母	協會1801號
精米比例	59%	日本酒度	±0
		酒精度數	15度

如果實般的甘甜香氣與清爽滋味

這家酒藏建立於寬政元（1789）年。走過的歷史軌跡幾乎與法國大革命爆發、美國第一位總統就職的年代重疊。當時的頂梁柱構造至今仍支撐著酒藏，保留了當時的氛圍。建議以冷飲方式來品嚐豐富的果香與清爽的滋味。

這款也強力推薦！

麗人 吟釀 辛口的極致（辛口の極）

吟釀酒

原料米 長野縣產美山錦／精米比例 59%／使用酵母 協會1801號／日本酒度 ＋10／酒精度數 15度

入喉口感澄澈
達到極限的辛口風味

以百喝不膩、入喉的辛辣感為目標所打造出的吟釀酒。建議以冷飲至溫燗方式來品嚐。曾在世界菸酒食品評鑑會上獲得金賞。

御湖鶴 純米吟釀 黑瓶

純米吟釀酒

DATA			
原料米	美山錦	日本酒度	±0
精米比例	55%	酒精度數	15度
使用酵母	白社酵母		

重視傳統的同時
也挑戰日本酒的可能性

這家酒藏於大正元（1912）年在下諏訪町立業。在7年舉辦1次「御柱祭」的諏訪大社下社的所在地，持續釀造日本酒。以「具透明感的酸味」為概念，追求呈現出具纖細風味的日本酒，懷抱著無比熱情，在釀酒作業上堅持絕不妥協。為了讓飲用者更容易感到味道的細微變化，採行不會過度釋放出味道與香氣的釀造方式。日本航空自平成21（2009）年起將這款酒納入商務客艙的酒單中。這款純米吟釀酒100%使用長野縣產的「美山錦」釀製，可一邊感受豐富飽滿的口感，一邊品味其酸味與甜味。

這款也強力推薦！

御湖鶴 超辛純米酒

純米酒

原料米 米代（ヨネシロ）／精米比例 65%／使用酵母 自社酵母／日本酒度 ＋11／酒精度數 17度

發揮出米的鮮味
口感舒暢的超辛口酒

這款口感舒暢的辛口酒是將長野縣產的「米代」精磨至65%，並配合米的特性進行更長的發酵時間。尾韻俐落，可與料理完美搭配。

長野

井乃頭 純米

長野
漆戸釀造

伊那市

純米酒

DATA

原料米	人心地	日本酒度	不公開
精米比例	59%	酒精度數	15度
使用酵母	不公開		

兄弟二人合力釀製的信州伊那谷之酒

使用當地上伊那郡產的「人心地」，由藏元兄弟二人細心釀製出的酒款。將風味比「美山錦」還要柔和的酒米特色呈現出來，並帶有奇異果的酸味與舒暢的滋味，屬於不膩口的純米酒。

▨▨▨▨ 這款也強力推薦！ ▨▨▨▨

井乃頭 純米吟釀

純米吟釀酒

原料米 美山錦／精米比例 55%／使用酵母 不公開／日本酒度不公開／酒精度數 15度／日本酒的類型 薰酒

帶有微甜口感的純米吟釀酒

可享受到純米吟釀特有的濃郁風味與俐落的尾韻，以及如果實般更鮮明立體的芳醇香氣。建議確實冰鎮後再飲用。

信濃錦『完整生命（命まるごと）』特別純米酒

長野
宮島酒店

伊那市

特別純米酒

DATA

原料米	無農藥栽培美山錦	使用酵母	協會1401號
		日本酒度	+2
精米比例	61%	酒精度數	15.5度

採用手工精心釀造，將鮮味提引而出

在不會影響到品質的工程上極力削減人力，另一方面則讓藏人徹底活用五感，捕捉麴、酒母與醪的微妙變化，這些是仰賴機器所無法辦到的。這款酒可確實感受到鮮味，同時還能襯托料理。

▨▨▨▨ 這款也強力推薦！ ▨▨▨▨

斬九郎 特別純米生酒

特別純米酒

原料米 低農藥栽培美山錦／精米比例 61%／使用酵母 協會1101號／日本酒度 +10／酒精度數 15.5度

可襯托料理芳醇辛口的餐中酒

在散發出酒米鮮味的同時，還帶有乾淨俐落的尾韻。這支酒不僅只是料理的配角，還會讓人一杯接一杯。建議冷飲。

黑松仙釀 純米大吟釀 原型16

長野
仙釀

伊那市

純米大吟釀酒

DATA

原料米	長野縣產人心地	使用酵母	協會1801號
		日本酒度	-17
精米比例	40%	酒精度數	16度

精磨「人心地」釀成的一支酒

建立於慶應2（1866）年，享有150年以上的歷史。這款地酒在1960年代發售後，便成了酒藏的代表品牌。以精磨至40%的高精米方式釀製的這款酒，甜味中帶有獨特的透明感，可看出是為了挑戰釀出「人心地」的全新滋味。適合冷飲。

▨▨▨▨ 這款也強力推薦！ ▨▨▨▨

在這般的夜（こんな夜に）

山女 純吟

純米吟釀酒

原料米 長野縣產美山錦／精米比例 55%／使用酵母 長野D酵母／日本酒度 +2左右／酒精度數 16度左右

挑戰突破傳統的地酒

這款是新一代的地酒，使用的是信州的素材，但卻追求跳脫信州的風格。建議以冷飲方式品嚐。

長野

長野 大國酒造 伊那市

大國 純米

純米酒

DATA	
原料米	美山錦
精米比例	59%
使用酵母	協會1801號
日本酒度	－4
酒精度數	15.7度

源自於與酒結緣的神——大國主命

「大國」是這家酒藏自明治30（1807）年創業以來，遵循傳統手法與始終如一的方針所持續守護下來的品牌。全量使用「美山錦」，並以低溫發酵來進行釀造。這是一款保留柔和口感與甜味的純米酒。

///// 這款也強力推薦！ /////

御馬寄 普通酒

原料米 一般米／精米比例 70%／使用酵母 協會7號／日本酒度 －1／酒精度數 15.3度

採酒藏直接銷售的方式
以便宜價格將優質好酒分享出去

「日本酒應該是民眾的酒」，這款地酒體現了酒藏的宗旨，堅守不受時代潮流左右的味道。屬於酒藏直銷的限定品。

長野 酒造 長生社 駒根市

信濃鶴 純米

純米酒

DATA			
原料米	長野縣產美山錦	使用酵母	不公開
		日本酒度	＋4
精米比例	60%	酒精度數	15度

希望讓日常飲用的酒喝起來更有質感

這家僅釀造純米酒的酒藏建立於明治16（1883）年，只使用當地採收的「美山錦」來釀酒。以嚴謹方式釀出的酒質成為純米地酒的標竿而深受喜愛。帶有柔和的口感與舒暢的後味，從冷飲至溫燗都好喝，半時即可享受其美味。

///// 這款也強力推薦！ /////

信濃鶴 特別純米

特別純米酒

原料米 長野縣產美山錦／精米比例 55%／使用酵母 不公開／日本酒度 ＋3／酒精度數 15度／日本酒的類型 爽酒

風味完美調合的酒款

將原料米「美山錦」進一步精磨至55%所釀成的特別純米酒，特色在於沉穩的香氣與爽口的甜味。建議以冷飲至溫燗方式來品嚐。

長野 米澤酒造 上伊那郡中川村

今錦 純米吟釀

純米吟釀酒

DATA			
原料米	美山錦	日本酒度	±0
精米比例	55%	酒精度數	16度
使用酵母	不公開		

南信州孕育出的地酒

這家酒藏建立於明治40（1907）年，坐落在南信州伊那谷正中央的位置。受惠於南阿爾卑斯山麓的自然環境與優質的水源，使用當地產的酒米進行釀酒事業。精心釀製而成的這款純米吟釀，建議冰得透心涼來享受其美味。

///// 這款也強力推薦！ /////

今錦 中川村的玉子（中川村のたま子）特別純米

特別純米酒

原料米 長野縣產美山錦／精米比例 59%／使用酵母 不公開／日本酒度 ＋1.5／酒精度數 18度

可愛酒標也別具特色的
特別純米酒

這款風味酸勁的純米酒是使用中川村內的製米專家傾注全力所生產的酒米，並投注極高的熱情釀成。

長野

猿庫之泉 清酒 純米吟釀

純米吟釀酒

DATA

原料米	長野縣產美山錦
精米比例	55%
使用酵母	M310
日本酒度	+2
酒精度數	15.5度

使用信州名水釀成的講究酒款

37家酒造於昭和19（1944）年合併，成為飯田地區唯一一家釀造廠。堅持使用信州被列為日本名水百選之一的「猿庫之泉」作為釀造用水，並冠上其名。這款酒帶有典雅的吟釀香與芳醇的滋味。

這款也強力推薦！

聖岳 大吟釀

大吟釀酒

原料米 兵庫縣產山田錦·長野縣產高嶺錦（たかね錦）／精米比例 40%／使用酵母 協會1801號／日本酒度 +3／酒精度數 17.4度

以「神聖山岳」的潔白山巔為意象

榮獲「最適合用葡萄酒杯品飲的日本酒大獎2013」大吟釀部門的最高金賞。酒體扎實，入喉清爽且香氣豐富。

木曾路 特別純米酒

特別純米酒

DATA

原料米	長野縣產美山錦	使用酵母	協會9號
		日本酒度	+1
精米比例	55%	酒精度數	15度

香氣沉穩，貼近日常的純米酒

這家酒藏並非只採用傳統的釀造法來釀酒，而是認為配合新知識與時代做出變化才是傳統。這款口感柔和的酒是在酒藏內花費約1年的時間進行熟成，並慢慢帶出圓潤的口感，搭配味道濃郁的料理十分對味，以冷飲至爛酒方式飲用皆適合。

這款也強力推薦！

十六代九郎右衛門 特別純米酒

特別純米酒

原料米 長野縣產人心地／精米比例 60%／使用酵母 協會9號／日本酒度 不公開／酒精度數 16度（原酒）

藏元滿懷自信釀製難以撼動的經典酒款

酒體扎實，感受得到風味變化與水潤的口感，尾韻俐落而舒暢，建議可於平日飲用。

中乘者（中乘さん）契作農家產美山錦純米吟釀

純米吟釀酒

DATA

原料米	美山錦	日本酒度	+1
精米比例	55%	酒精度數	15度
使用酵母	協會1801號		

建議搭配生魚片或和食慢慢享用

這家終日辛勤釀酒的酒藏，追求的並非華麗花俏的酒款，而是能慢慢飲用並從中獲得療癒的酒款。堅持使用長野縣產的米作為原料米，100%使用契作農家栽培的「美山錦」。含一口在嘴裡，與香氣完美調合的酒味便綿延不絕。

這款也強力推薦！

中乘者（中乘さん）自家栽培米人心地純米吟釀

純米吟釀酒

原料米 人心地／精米比例 59%／使用酵母 協會901號／日本酒度 +2.5／酒精度數 15度

「木曾町認證品牌」的純米吟釀

使用的原料是藏元從製米開始參與並採收的酒米。在口中擴散的鮮味與酸味可襯托出素材的味道。

長野

川中島 幻舞 純米吟釀

長野
酒千藏野
長野市

純米吟釀酒

▨▨▨▨ 這款也強力推薦！ ▨▨▨▨

川中島 純米濁酒

純米酒

DATA

原料米	美山錦	日本酒度	±0
精米比例	49%	酒精度數	17度
使用酵母	協會1801號・協會901號		

信州歷史最悠久的傳統酒藏

這家酒藏建立於天文9（1540）年。這是一款自古以來深受在地人喜愛的川中島的地酒。講究米的鮮味，繼承了帶有濃郁感與傳統香氣的清爽滋味。在無數品評會上皆有得獎紀錄。這款擁有華麗香氣與酒米鮮味的純米酒很適合搭配卡蒙貝爾乳酪。

原料米 長野縣產米／精米比例 65%／使用酵母 協會701號／日本酒度 -25／酒精度數 15度

帶有令人放鬆的甜味與乳酸系的宜人風味

這款濁酒帶有獨特的黏稠口感。利用濾網仔細將醪擠壓濾過，便可品嚐到米原有的甜味與鮮味。

西之門 純米大吟釀50％精白

長野
Yoshinoya
（よしのや）
長野市

純米大吟釀酒

▨▨▨▨ 這款也強力推薦！ ▨▨▨▨

雲山 純米原酒

純米酒

DATA

原料米	五百萬石	日本酒度	依釀造批次而異
精米比例	50%		
使用酵母	長野酵母	酒精度數	17度

繼承200年以上的傳統來釀酒

將酒藏建在與善光寺大本願相鄰的西之門町，並以「善光寺之酒」而為人所知。將「五百萬石」精磨至50%釀成的純米大吟釀充滿水潤的香氣，口感既深邃又圓潤。建議以冷酒或冷飲方式來飲用。

原料米 長野縣產米／精米比例 60%／使用酵母 長野酵母／日本酒度 依釀造批次而異／酒精度數 18度

味道與香氣帶有生詰酒獨具的滿足感

具有適度的吟釀香，滋味雖然濃醇，後味卻十分爽口，可以盡情飲用不用擔心會膩口。建議冷飲。

長野

北光正宗 金紋錦 純米吟釀

長野
角口酒造店
飯山市

純米吟釀酒

▨▨▨▨ 這款也強力推薦！ ▨▨▨▨

北光正宗 金紋錦 特別純米

特別純米酒

DATA

原料米	金紋錦	日本酒度	+3
精米比例	49%	酒精度數	15度
使用酵母	協會1801號・協會1401號		

出眾的俐落味道與舒暢的辛口風味

曾在無數品評會上獲得優秀賞，抱持著「受在地人喜愛才是真正的地酒」的信念來釀酒，並持續受到愛戴。100%使用「金紋錦」釀製而成的這款純米吟釀，屬於帶有華麗芳香與深邃餘韻的辛口酒。十分建議以冷飲方式來飲用。

原料米 長野縣產金紋錦／精米比例 59%／使用酵母 協會1401號／日本酒度 +5／酒精度數 15度

講究釀酒工程的高級特別純米酒

這支酒是採用與大吟釀酒完全相同的工程與釀造方法釀成。帶有豐富的滋味與俐落的尾韻，建議以冷飲至溫爛方式來享用。

大信州 超辛口純米吟釀

長野
大信州酒造

松本市

純米吟釀酒

DATA			
原料米	人心地	使用酵母	不公開
精米比例	麴米：49%	日本酒度	+12
	掛米：59%	酒精度數	16度

基本工程才更要費心釀製

誠如該酒藏的宗旨所示「釀酒的首要工程在於蒸，其次也是蒸，第三還是蒸」，藏元認為原料處理才是釀酒的基本並投入其中。透過嚴謹的手工作業所孕育出的滋味，在鮮味與香味間的平衡極佳，屬於後味俐落的超辛口風味。建議當作餐中酒。

這款也強力推薦！

大信州
純米大吟釀 N.A.C金紋錦

純米酒

原料米 金紋錦／精米比例 49%／使用酵母 不公開／日本酒度 +3／酒精度數 16度

當作餐中酒無可挑剔的大信州純米大吟釀

使用契作栽培米「金紋錦」釀製而成的講究酒款。柔和的香味、鮮味與酸味調合出絕佳滋味。

岩波 極寒釀造大吟釀

長野
岩波酒造

松本市

大吟釀酒

DATA			
原料米	山田錦	日本酒度	+5
精米比例	39%	酒精度數	16.3度
使用酵母	協會1801號		

由釀酒50年的杜氏釀造並持續守護

這款被在地人當作晚酌酒的經典酒款，在釀酒作業中融合了自明治5（1872）年創業以來的傳統技術與最新技術。將嚴選的「山田錦」精磨至39%慢慢釀製而成的這款大吟釀，帶有華麗的芳香與凜冽的風味，喝了令人心滿意足。

這款也強力推薦！

岩波 上撰純米吟釀

純米吟釀酒

原料米 長野縣產人心地／精米比例 59%／使用酵母 協會1601號・協會901號／日本酒度 +1／酒精度數 15.3度

酒藏自創業以來持續守護的岩波之精髓

這款旨口純米吟釀酒，在澄淨的風味中仍帶有扎實的滋味。建議以冷飲至溫燗方式來飲用。

大雪溪 上撰

長野
大雪溪酒造

北安曇郡池田町

DATA			
原料米	長野縣產米	日本酒度	+7
精米比例	65%	酒精度數	16度
使用酵母	協會701號		

燗酒可讓淡麗辛口的鮮味更加鮮明

在國際葡萄酒競賽2015上獲得金牌、在燗酒競賽上連續4年獲得金賞等等，實力廣受肯定，屬於同品牌中的人氣經典酒。「希望打造出能在每天的餐桌上獲得讚美的酒」，這支酒將藏元的精神展露無遺。

這款也強力推薦！

大雪溪 純米吟釀

純米吟釀酒

原料米 長野縣產美山錦／精米比例 55%／使用酵母 熊本酵母＋・協會1801號／日本酒度 +5／酒精度數 15度／日本酒的類型 爽酒

可用不同溫度來享用的辛口吟釀酒

使用當地契作栽培的「美山錦」釀造。凸顯出米原有的滋味。榮獲燗酒競賽的金賞。

長野

長野銘釀

千曲市

純米 姨捨正宗 （オバステ正宗）

聖山

DATA

原料米	長野縣產米	日本酒度	＋1
精米比例	70%	酒精度數	15度
使用酵母	協會901號		

憶起酒誕生時的情景

這家酒藏於元祿2（1689）年建立在有湧水與梯田環繞的土地上。此後的300年，在保留創業時風貌的酒藏裡，持續釀造古傳的手工純米酒。酒藏的招牌酒「姨捨正宗」自2007年起落實純米酒化，完全不添加釀造酒精。建議當作每天的晚酌酒。

純米吟釀酒

原料米 美山錦／精米比例 49%／使用酵母 協會1401號／日本酒度 －3／酒精度數 16度

帶有清涼感的香氣令人聯想到山河

聖山也是釀造用水的水源，這款以此命名的無過濾生原酒帶有柔和的口感。芳醇的鮮味會在口中擴散開來。

長野

丸世酒造店

中野市

旭之出乃勢正宗
糯米熱掛四段式釀造 純米原酒

DATA

原料米	美山錦
精米比例	70%
使用酵母	協會14號
日本酒度	－7
酒精度數	18度

自古傳承下來的傳統釀造美味

採用日本罕見的「糯米四段式釀造法」，釀出飽含糯米芳醇柔和滋味的酒款。這款純米原酒是採用酒藏引以為傲的釀造法釀成，建議以冷飲至溫燗方式飲用。

旭之出乃勢正宗
糯米熱掛四段式釀造 本釀造酒

本釀造酒

原料米 白樺錦（しらかば錦）／精米比例 70%／使用酵母 協會14號／日本酒度 ＋2／酒精度數 15度

帶有香薰般清新果香的一支酒

屬於旨口風味的這支酒，冷飲即可品嚐到舒暢的口感，與熱帶果實般的香氣十分對味。建議可當作炎炎夏日的良伴。

長野

長野

井賀屋酒造場

中野市

岩清水
黃標純米五成麴 袋吊無過濾生酒

DATA

原料米	人心地	日本酒度	－38
精米比例	65%	酒精度數	15度
使用酵母	協會1801號		

以「釀製貼近自然的酒」為宗旨

日本酒的狀態變化劇烈，為了將狀態良好的酒送達消費者手上，該酒藏嚴選出能夠管控品質的販賣店批發給其販售。這款黃標酒將一般2成左右的麴增加到5成，形成甜味、酸味與鮮味都非常強烈的風味。

岩清水
白標 純米吟釀 袋吊 無過濾生酒

純米吟釀酒

原料米 美山錦／精米比例 49%／使用酵母 協會1801號系／日本酒度 －3／酒精度數 17度

具有澄淨的甜味與酸味的純米吟釀

透過低溫發酵讓柔和的酸味與不帶刺激感的吟釀香擴散。建議以5℃至20℃左右的冷酒來飲用。

水尾 特別純米酒 金紋錦釀造

長野

田中屋酒造店

飯山市

特別
純米酒

長野

DATA			
原料米	金紋錦	日本酒度	+1
精米比例	59%	酒精度數	15度
使用酵母	協會7號	日本酒的類型	爽酒

滑順的口感與香氣
在口中擴散開來

使用在酒藏方圓5公里內契作栽培的在地米，希望將尊重當地喜好且風味獨具的個性地酒推廣給世人。釀造用水是使用自野澤溫泉村水尾山山麓湧出的天然水。

據說「水尾」這個品牌名稱帶有「水之源頭」的含意，正如其名所示，這裡一整年都有豐沛的水量湧現，喝一口就能感受到甜味與透明感，堪稱是銘水。酒藏所釀造的酒也活用了這種水的特色。「水尾」的這款特別純米酒帶有「金紋錦」特有的飽滿風味以及豐富的香氣。深邃的風味也凸顯出滑順俐落的味道。

水尾 一味

純米酒

原料米 人心地／精米比例 麴米：59%‧掛米：70%／使用酵母 協會7號／日本酒度 +6／酒精度數 15度／日本酒的類型 爽酒

在當地也享有高人氣
特別辛口風味的「水尾」

這支酒充滿純米獨特的厚實滋味與輕快的香氣。與和食料理特別對味，可以當作佐餐中酒廣泛搭配各種菜色。建議以冷飲至熱燗方式來享用。

溪流 早晨搾取即裝瓶的貯藏酒
（朝しぼり出品貯藏酒）

長野

遠藤酒造場

須坂市

本釀造酒

DATA			
原料米	白樺錦等	日本酒度	−5
精米比例	70%	酒精度數	20度
使用酵母	協會701號		

已獲世界認可的極致日本酒

這是自創業當時就一直進獻給藩主的酒。酒精度數提高至近21度，早上搾取酒液後便立刻裝瓶並冰溫貯藏，藉此均衡地提引出日本酒味道的成分、甜味與酸味。榮獲世界荙食品評鑑會金賞，且是日本首瓶獲得ITQI水晶美味獎章的得獎酒。

溪流 濁醪酒（どむろく）

本釀造酒

原料米 白樺錦等／精米比例 70%／使用酵母 協會701號／日本酒度 −26／酒精度數 16度

風味清新
且充滿鮮味的濁酒

將發酵中的酒液粗略用濾網過濾之後再裝瓶。把酵母、米粒與麴原封不動地保留在瓶中，持續進行發酵。

透過各式各樣的活動，將日本酒的樂趣傳遞出去。

東日本的焦點酒藏

長野縣飯山市等

59釀

由長野縣5家酒藏的繼承人所組成。全員皆為昭和59（1984）年出生，因此取名為「59釀」。成員由左自右依序是東飯田酒造店第6代的飯田淳先生、西飯田酒造店第9代的飯田一基先生、角口酒造店第6代的村松裕也先生、丸世酒造店第5代的關晉司先生，以及沓掛酒造店第18代的沓掛正敏先生，共5人。

長野縣5家酒藏的繼承人組成同年級生組織

為求提升日本酒的品質，日本各地都有成立日本酒組織。長野縣則是由幾位昭和59年出生的酒藏繼承人組合成名為「59釀」的組織。發起人為角口酒造店第6代的村松裕也先生（照片中央）。活動期間訂為2015年起的10年，在這段期間內一起企劃活動，或是決定主題之後由各酒藏打造59釀的酒款，提出各種享受日本酒樂趣的方式。

角口酒造店的村松先生表示，「大家都是沒有強大銷售力的小酒藏，因此獨自進行宣傳仍有極限。透過59釀來進行活動，成了讓更多同世代的人以及顧客認識我們的契機。設定10年的期限來達成目標也是一個關鍵，各酒藏彼此切磋琢磨，『該如何利用這10年來推廣自家酒款』的目的意識便會逐漸成形。組成59釀並與各式各樣的人相遇，我認為這些將會成為我們往後成長茁壯的養分。」

2016年以「極樂（59樂，日文發音相同）」為主題，各酒藏推出了使用精米比例59%的長野縣酒米「人心地」釀製而成的原創酒。

新潟

大洋盛

大洋酒造

村上市

大洋盛 純米大吟釀

純米大吟釀酒

DATA			
原料米	越淡麗	日本酒度	±0
精米比例	40%	酒精度數	15度
使用酵母	不公開		

吟釀香帶有適中的果香味

這家酒藏擁有不凡的歷史，在自古釀酒業便很興盛的村上這塊土地上，搶先日本全國在市面上販售吟釀酒（1972年）。100%使用新潟縣開發的酒造好適米「越淡麗」，並精磨至極限40%。可以享受到充滿果味的吟釀香與柔和飽滿的滋味。

這款也強力推薦！

大洋盛 特別純米

特別純米酒

原料米 五百萬石等／精米比例 60%／使用酵母 不公開／日本酒度 +4／酒精度數 15度／日本酒的類型 醇酒

堅持使用新潟產素材的特別純米酒

抑制純米酒的特殊味道，獨特的酸味則讓酒的味道更為扎實。榮獲「最適合用葡萄酒杯品飲的日本酒大獎2014」的金賞。

新潟

宮尾酒造

村上市

〆張鶴 純 純米吟釀

純米吟釀酒

DATA			
原料米	五百萬石	日本酒度	+2
精米比例	50%	酒精度數	15度
使用酵母	不公開	日本酒的類型	爽酒

風味淡麗旨口
繼承傳統的銘酒

建立於文政2（1819）年。酒藏所在地的村上是生產「五百萬石」與「高嶺錦」等優質酒造好適米的米產地。一般認為會對酒的味道帶來影響的水，則是使用因鮭魚逆流而上而聞名的三面川伏流水。帶有細緻甜味的軟水，孕育出滋味獨特且尾韻俐落的酒款。使用優質的米與清冽的水作為原料，並以釀造美酒為目標，每天辛勤努力地釀酒。將新潟縣產的米「五百萬石」仔細精磨至50%所釀出的純米吟釀，帶有淡淡的香氣與鮮味。這款酒具有圓潤的口感與澄淨的後味，建議冰鎮後享用。

這款也強力推薦！

〆張鶴

純米吟釀 山田錦

原料米 山田錦／精米比例 50%／使用酵母 不公開／日本酒度 +1.5／酒精度數 16度

眾所期待的「〆張鶴」全新正規酒款

100%使用「山田錦」的新經典酒款。這款純米吟釀充分發揮出米的特色，帶有沉穩的吟釀香以及柔和的滋味。建議以冷飲方式享用。

新潟

夢 純米吟醸

新潟

市島酒造

新發田市

純米吟醸酒

DATA

原料米	五百萬石等	日本酒度	+4左右
精米比例	50%	酒精度數	15度
使用酵母	不公開		

只要喝過一次就會想再喝的酒款

憑藉著創業200餘年的傳統、上好的酒米、北越後的軟水以及越後杜氏的技術，目標在於釀造出「喝過一次還想再喝的酒」。「良酒如流水」，這款酒淡麗優雅的滋味猶如流水一般，可以感受到自然的恩惠。建議以冷酒或冷飲方式來享用。

這款也強力推薦！

秀松（朱）

本醸造酒

原料米 越淡麗／精米比例 50%／使用酵母 不公開／日本酒度 +5左右／酒精度數 16度／日本酒的類型 爽酒

所謂清澄的酒
無疑是指秀松（朱）

冠上初代藏元市島秀松之名，並將其親筆題的字用於酒標上。抑制酒香產生沉穩的滋味。溫爛、冷飲或冷酒為佳。

金升 朱標

新潟

金升酒造

新發田市

DATA

原料米	越淡麗	日本酒度	不公開
精米比例	60%	酒精度數	15度
使用酵母	新潟酵母	日本酒的類型	醇酒

入喉順暢、尾韻俐落且口感扎實

建立於文政5（1822）年，這款清酒是採添加乙類燒酒的「柱燒酎釀造法」。此法在江戶元祿時期的釀酒技術書中有「味道扎實，不易腐壞」的描述，這種添加乙類燒酒的古傳製法是藉由強化酒精來防止清酒腐壞。這款酒在釀製上十分講究。

這款也強力推薦！

金升 碧標

原料米 五百萬石・新潟縣產米／精米比例 65%／使用酵母 協會901號／日本酒度 不公開／酒精度數 15度

天天喝的酒
味道卻百喝不膩

使用新發田生產的酒造好適米「五白萬石」作為麴米。這款酒是當地人每天的晚酌酒，受其喜愛而持續飲用至今。

槽口（ふなぐち）菊水 一番搾

新潟

菊水酒造

新發田市

本醸造酒

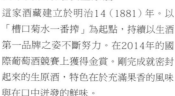

DATA

原料米	粳米	日本酒度	−3
精米比例	70%	酒精度數	19度
使用酵母	不公開		

日本首瓶鋁罐裝生原酒

這家酒藏建立於明治14（1881）年。以「槽口菊水一番搾」為起點，持續以生酒第一品牌之姿不斷努力。在2014年的國際葡萄酒競賽上獲得金賞。剛完成就密封起來的生原酒，特色在於充滿果香的風味與在口中迸發的鮮味。

這款也強力推薦！

無冠帝

吟醸酒

原料米 粳米／精米比例 55%／使用酵母 不公開／日本酒度 +4／酒精度數 15度

時尚的日本酒
建議在「喜慶日」飲用

這是一款符合現代生活方式、興趣與愛好的時尚日本酒。這支吟醸生酒的辛口與旨口風味，甚至連淡淡的苦味都完美融合。

新潟

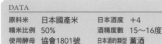

越後櫻 大吟釀

大吟釀酒

DATA			
原料米	日本國產米	日本酒度	+4
精米比例	50%	酒精度數	15〜16度
使用酵母	協會1801號	日本酒的類型	薰酒

為當地做出貢獻，可參觀的酒藏

建立於明治23（1890）年。參觀酒藏的名稱是取自「白鳥飛來地（新潟的瓢湖）」而命名為「白鳥藏」。可親身感受釀酒的歷史與酒藏的堅持，亦可試飲生搾酒。這款大吟釀雖屬辛口風味，鮮味卻很扎實，可盡情暢飲。建議以冷酒方式飲用。

////// 這款也強力推薦！ //////

越後櫻 芳醇辛口

原料米 日本國產米／精米比例 72%／使用酵母 協會901號／日本酒度 +7／酒精度數 15〜16度

優質的水與美味的米奏出和諧之音

鮮味與辛味達到絕妙平衡的逸品。從冷飲至燗酒，可透過不同溫度享受品飲樂趣。建議可帶出豐富香氣的溫燗。

白龍 大吟釀

大吟釀酒

DATA			
原料米	越淡麗	日本酒度	+3
精米比例	40%	酒精度數	16度
使用酵母	不公開		

盡情品味受到世界肯定的味道與品質

100%使用酒造好適米「越淡麗」，並花時間以低溫慢慢釀成的大吟釀。華麗的香氣會在口中擴散開來，可享受到滑順的滋味與清爽的鮮味。建議以冷酒或冷飲方式來飲用。自平成19（2007）年起，連續9年在世界菸酒食品評鑑會上獲得金賞。

////// 這款也強力推薦！ //////

白龍 契作栽培米五百萬石純米吟釀

純米吟釀酒

原料米 五百萬石／精米比例 55%／使用酵母 不公開／日本酒度 +3／酒精度數 15度／日本酒的類型 爽酒

100%使用契作栽培米「五百萬石」

可以感受其沉穩的香氣、舒暢的辛味，以及酒米豐富的鮮味與滋味。以溫燗方式品飲，香氣與滋味會更立體。

麒麟山 傳統辛口

DATA			
原料米	五百萬石・越息吹	使用酵母	K7
		日本酒度	+6
精米比例	65%	酒精度數	15〜16度

追求「地酒」理想狀態的酒藏

僅用當地栽培的原料來釀製清酒「麒麟山」，這家酒藏以此為目標，全心全意從事米的栽培與水的維護。第5代當家齋藤德男喜愛淡麗辛口的風味，這支酒繼承其「酒就是該喝辛口」的信念，貫徹傳統的辛口風味。滋味爽快而舒暢。

////// 這款也強力推薦！ //////

麒麟山 白瓶

大吟釀酒

原料米 五百萬石／精米比例 50%／使用酵母 G9NF／日本酒度 +3／酒精度數 15〜16度

以顏色來詮釋個性的彩色酒瓶

以白色表現出充滿清涼感的大吟釀生酒。帶有柔和的吟釀香與清新的口感，可享受到舒暢的尾韻。

譽 麒麟 大吟釀袋取雫酒

新潟
下越酒造

東蒲原郡阿賀町

大吟釀酒

DATA			
原料米	兵庫縣產山田錦	使用酵母	不公開
		日本酒度	+5
精米比例	35%	酒精度數	17度

希望能在人生最幸福的場合飲用

明治13（1880）年於津川（現在的阿賀町）創業，此地是連結越後與會津的重要河港，曾經相當繁榮。代表品牌「麒麟」是源自中國傳入的四神獸之一，「麒麟」，由於麒麟現身代表將有好事發生，因此希望能在最幸福的時刻飲用這款酒。

這款也強力推薦！

蒲原 純米吟釀 山田錦

純米吟釀酒

原料米 兵庫縣產山田錦／精米比例 50％／使用酵母 不公開／日本酒度 +4／酒精度數 16度／日本酒的類型 薰酒

以「酒座 蒲原屋」的屋號創業

這款極品是以創業當時傳承下來的傳統製法「寒釀造」釀成。帶有華麗的芳香與豐富深邃的滋味。建議以冷酒方式飲用。

花越路 大吟釀

新潟
村祐酒造

新潟市

大吟釀酒

DATA		
原料米	高嶺錦	
精米比例	45%	
使用酵母	不公開	
口味高度	不公開	
酒精度數	15度	

別拘泥於數字，而是親身去品味

這款酒藏的生產石數約為200石，屬於少量生產，因此杜氏對每一個細節都觀察入微，絕不向市場妥協，而是直接傾聽飲用者的心聲。這款酒可盡情品味其高雅的甜味。充分提引出米的鮮味，整體風味十分平衡。

這款也強力推薦！

村祐 紺瑠璃酒標

純米吟釀酒

原料米 不公開／精米比例 不公開／使用酵母 不公開／日本酒度 不公開／酒精度數 16度

以柔和的口感與俐落的味道為信念

一口喝下，便可感受到酒的鮮味。這是一款味道乾淨俐落的逸品，充滿華麗而舒暢的甜味與酸味。

加茂錦
荷札酒 生詰原酒 純米大吟釀 ver.3 27BY

新潟
加茂錦酒造

新潟市

純米大吟釀酒

DATA			
原料米	山田錦・雄町	使用酵母	不公開
		日本酒度	+1
精米比例	50%	酒精度數	16度

年輕釀酒師所釀製的新一代酒款

以傳統的釀酒作業為基礎，目標在於釀製出能配合多樣化飲食的酒款。內斂的甜味中帶有完美融合的清新感與柔和感，並散發淡淡的吟釀香。後味舒暢，因此適合搭配的料理範圍也很廣泛，味道百喝不膩。

這款也強力推薦！

加茂錦 荷札酒 紅桔梗
純米大吟釀 生酒 ver.2 27BY

純米大吟釀酒

原料米 山田錦・五百萬石／精米比例 50％／使用酵母 協會14號／日本酒度 +2／酒精度數 16度

追求能搭配現代餐桌的日本酒

因為是小型的釀酒所，所以這款酒的產量有限，溫度管理也相當重要。屬於尾韻俐落的芳醇酒款。

新潟
今代司酒造
新潟市

今代司 天然水釀造純米酒

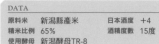

純米酒

DATA

原料米	新潟縣產米	日本酒度	+4
精米比例	65%	酒精度數	15度
使用酵母	新潟酵母TR-8		

追求當作餐中酒的滋味

這家酒藏僅釀製純米酒，一律不添加釀造酒精。使用菅名岳的天然水。米的鮮味扎實卻不會讓人感到厚重，尾韻俐落、口感乾爽。從冷飲至爛酒，可以享受不同溫度的美味。

錦鯉 KOI

原料米 新潟縣產米／精米比例 不公開／使用酵母 不公開／日本酒度 不公開／酒精度數 16度

酒瓶本身即展現出華麗的錦鯉之姿

將新潟的風土文化以及日本酒的魅力傳遞至國內外的一支酒。只要裝入附帶的專用盒中，即可好好鑑賞酒瓶的設計。

新潟
越之華酒造
新潟市

越之華 大吟釀 超特撰

大吟釀酒

DATA

原料米	山田錦	日本酒度	+3
精米比例	40%	酒精度數	16.8度
使用酵母	自社酵母		

社訓為「滴滴在心，酒中存心」

為了能夠品味日本酒原有的香氣與鮮味，不惜投注時間心力，以吟釀酒為中心來進行釀酒。這是一款香氣華麗、口感柔和飽滿的酒。略偏辛口，不過香氣平衡，可以搭配任何料理。建議使用葡萄酒杯，以冷酒或冷飲方式來飲用。

翡翠之旅 純米原酒
（カワセミの旅）

純米酒

原料米 越息吹／精米比例 70%／使用酵母 自社酵母／日本酒度 −30／酒精度數 14.2度

受到世界肯定的日本酒與巧克力十分對味

法國著名巧克力甜點店的Jean-Paul Hévin與喬爾·侯布雄（Joël Robuchon）評為「與巧克力最對味」的純米酒。

新潟
鹽川酒造
新潟市

願人 山廢純米吟釀原酒

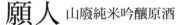

純米吟釀酒

DATA

原料米	越淡麗	日本酒度	+3
精米比例	60%	酒精度數	18.5度
使用酵母	不公開		

米、水與人，以及專注手工釀造的精神

建立於大正元（1912）年。「願人」是指在江戶時代為乾旱所苦、努力克服苦難並對地區發展做出貢獻的人們，藉由挖掘新川來實現周邊住民的夢想。這支酒的酸味與鮮味平衡，可享受到味道的廣度與餘韻。適合搭配蒲燒鰻或肝臟等濃郁料理。

越 純米吟釀酒

純米吟釀酒

原料米 龜之尾／精米比例 55%／使用酵母 不公開／日本酒度 +2／酒精度數 15.2度

利用新潟的風土進行酒藏作業

100%使用新潟縣燕市的農家田中先生所栽培出的「龜之尾」，特色在於高雅的香氣與舒暢的滋味。

越乃寒梅 純米吟醸 灑

純米吟醸酒

DATA			
原料米	五百萬石・山田錦	使用酵母	協會酵母
精米比例	55%	日本酒度	+2
		酒精度數	15度

特色在於淡淡的吟醸香與喝起來的纖細口感

明治40（1907）年，基於希望釀出的酒「能夠取悅在龜田辛勤務農的人們」，而在江戶時代起便是梅子名產地的龜田鄉創業。堅持釀製帶有俐落尾韻且喝起來口感極佳的酒，不採大量生產方式，而是持續釀造品質至上的酒。

這款純米吟醸酒「灑」是將「五百萬石」與「山田錦」細細精磨至55%，並運用藏人的技術與感性釀造而成。這是一款可明顯感受到酒米鮮味的純米酒，酒體十分輕盈易飲，滋味一點也不膩口。以任何溫度飲用都別有樂趣，特別建議10℃左右的溫度。

這款也強力推薦！

越乃寒梅

特別本釀造 別撰

特別本釀造酒

※

原料米 五百萬石・越淡麗等／精米比例 55%／使用酵母 協會酵母／日本酒度 +7／酒精度數 16～17度

只為了聽到「啊～真好喝！」這句話

「越乃寒梅」中最符合淡麗辛口風味的特別本釀造酒。僅使用酵母（特色是香氣與味道都相當輕盈）與酒造所適米釀製而成，帶有輕快舒暢的味道。以冷飲方式飲用十分清爽，加熱成溫爛則可享受到味道的廣度。

※自平成28（2016）年9月起更改為「吟醸 別撰」。

越路吹雪 吟醸酒

吟醸酒

DATA			
原料米	五百萬石・新潟縣產米	日本酒度	+4
		酒精度數	14～15度
精米比例	60%	日本酒的類型	爽酒
使用酵母	自社酵母		

在自然豐富的環境下釀造的越後酒

建立於明治32（1899）年。年輕藏人以越後杜氏為中心，在適合釀造好酒的環境下釀酒。這支酒的香氣華麗、滋味柔和，且入喉舒暢。榮獲2014年「最適合用葡萄酒杯品飲的日本酒大獎」的金賞。

這款也強力推薦！

越乃冬雪花 純米吟醸

純米吟醸酒

原料米 五百萬石・新潟縣產米／精米比例 60%／使用酵母 自社酵母／日本酒度 +4／酒精度數 15～16度

榮獲2013、2014與2015年爛酒競賽金賞

利用雪溶解後形成富含礦物質的軟水來釀造，讓發酵作業在低溫下穩定地進行。可以感受到馥郁的香氣與圓潤的鮮味。

新潟

嘉山 純米吟醸 無過濾生原酒

新潟
DHC小黑酒造
新潟市

純米吟醸酒

DATA			
原料米	越淡麗	日本酒度	−4
精米比例	55%	酒精度數	17度
使用酵母	不公開		

令地酒愛好者讚嘆不已的逸品

明治41（1908）年建立的酒藏所推出的全新新潟地酒。帶有水果般的甜味，後味沉穩而俐落。可順應現代飲食生活的變化，不僅和食，搭配義式或法式料理也很對味。建議放入冷藏庫中冰鎮，再以葡萄酒杯飲用。

這款也強力推薦！

越乃梅里 特別純米酒

特別純米酒

原料米 五百萬石・越息吹／精米比例 60%／使用酵母 不公開／日本酒度 +4／酒精度數 15度／日本酒的類型 爽酒

在香氣與滋味的平衡上皆散發著自信

這支酒的風味濃郁，香氣略帶沉穩感。入喉口感輕盈，百喝不膩，建議用來當晚酌酒。無論冷飲或溫爛皆可享受一番樂趣。

越後鶴龜 純米

新潟
越後鶴龜
新潟市

純米酒

DATA			
原料米	五百萬石・越息吹	日本酒度	+3
精米比例	60%	酒精度數	15～16度
使用酵母	不公開	日本酒的類型	爽酒

以醸造受人們喜愛的美味酒款為目標

這家酒藏建立於明治23（1890）年。堅持傳統醸造法與小規模生產，從米的選定到適切的洗米條件與最合適的吸水條件，每次都要一一設定，將熟練的技巧運用自如。製麴方面則講究米的特性，藉由使用麴箱打造出豐富且生命力強勁的麴。這款純米帶有輕快滑順的口感與鮮甜的滋味，後味也十分舒暢俐落，屬於可以搭配任何料理的餐中酒。曾經獲得2009年與2010年世界菸食品評鑑會的金賞、2013年與2014年「最適合用葡萄酒杯品飲的日本酒大獎」的金賞等眾多獎項。

這款也強力推薦！

越後鶴龜 葡萄酒酵母醸造 純米吟醸

純米吟醸酒

原料米 五百萬石・越息吹／精米比例 60%／使用酵母 不公開／日本酒度 −35／酒精度數 13度

使用葡萄酒酵母的純米吟醸酒

在宛如甘甜水果般的高雅香氣中，可享受到鮮甜的滋味。這是一款猶如白葡萄酒般的日本酒。建議以冷酒或冷飲方式享用。

新潟

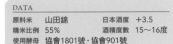

笹祝 笹印 純米吟釀無過濾酒

新潟 / 笹祝酒造 / 新潟市

DATA			
原料米	山田錦	日本酒度	＋3.5
精米比例	55%	酒精度數	15～16度
使用酵母	協會1801號・協會901號		

在當地深受喜愛，「地酒中的地酒」

建立於明治32（1899）年。習得越後杜氏的傳統技術，自創業以來始終如一，貫徹品質第一主義。為了發揮出「山田錦」的特色，酒液不進行過濾，在一定期間內進行低溫熟成。酒體扎實且易飲，具有存在感十足的鮮味與沉穩的香氣。建議冷飲。

這款也強力推薦！

竹林爽風 特別本釀造

特別本釀造酒

原料米 龜之尾・雪之精／精米比例 60%／使用酵母 協會1801號／日本酒度 ＋5.5／酒精度數 14～15度

這款酒令人聯想到竹林中的涼風

在清爽的口感中，有一股舒暢而圓潤的滋味擴散開來。這款酒是地酒中的逸品，建議稍微冰鎮一下，享受其清爽的風味。

寶山 一口酒（ひと飲み酒）7種

新潟 / 寶山酒造 / 新潟市

DATA			
原料米	越淡麗・越光・五百萬石	使用酵母	廣島酵母・明利酵母
精米比例	40～60%	日本酒度	＋1～6
		酒精度數	15～17度

從小包裝展開「全新酒Life」

這家小酒藏建立於明治18（1885）年，由4人致力於釀酒。基於「大瓶裝不易保管」、「酒的種類多樣，希望能各飲用一些」等理由，規劃出小瓶裝的設計。造型時尚的200ml酒瓶是能一口喝完的尺寸。

這款也強力推薦！

寶山 取白酒藏貯藏的本釀造原酒（藏出し本釀造原酒）

本釀造酒

原料米 五百萬石／精米比例 60%／使用酵母 明利酵母／日本酒度 ＋5／酒精度數 19～20度

傳遞日本酒的原始魅力

收自酒藏貯藏的原酒，鮮味十分濃郁。風味深邃，喝起來扎實有勁。建議加入冰塊，享受冰冰涼涼的口感。

峰乃白梅 特別本釀造「壹群」

新潟 / 峰乃白梅酒造 / 新潟市

DATA			
原料米	五百萬石・越息吹	使用酵母	新潟釀造試驗場TR-8
精米比例	60%	日本酒度	＋4
		酒精度數	15～16度

杉1棵、水1石，在杜氏故鄉釀的辛口銘酒

特別本釀造「超群（拔群）」曾在日本全國美酒鑑評會上獲得大獎，後來使用新暱稱「壹群」重新上市。這款辛口酒是將新潟縣產的米精磨至吟釀等級，帶有明顯的香氣與鮮味。可用各種溫度來飲用。

這款也強力推薦！

峰乃白梅 純米吟釀「潤」

特別本釀造酒

原料米 五百萬石・越息吹／精米比例 60%／使用酵母 協會1801號／日本酒度 ＋5／酒精度數 15～16度

酸度低口感澄淨至極的酒

在慢食日本爛酒競賽中，榮獲高級爛酒部門的最高金賞。堅持以新潟縣產的米所釀成的酒款。

新潟

天領盃 別撰 特別本醸造

新潟

新潟

天領盃酒造

佐渡市

特別本醸造酒

DATA			
原料米	五百萬石・越息吹	使用酵母	不公開
		日本酒度	+3〜4
精米比例	60%	酒精度數	15度

憑藉佐渡的大自然與最新技術來釀酒

使用來自名峰金北山的伏流水作為釀造用水。為求高品質與穩定生產而導入全新的釀酒設備，使品質保持均一。這是一款滋味扎實的淡麗辛口酒，以任何溫度飲用都別有一番樂趣。為SFJ燗酒競賽2014最高金賞的得獎酒。

⧄⧄⧄⧄⧄ 這款也強力推薦！ ⧄⧄⧄⧄⧄

天領盃 越淡麗 純米大吟釀

純米大吟釀酒

原料米 越淡麗／精米比例 40%／使用酵母 不公開／日本酒度 +1〜2／酒精度數 16度

打造出任何時候飲用都美味不已的酒款

這款純米大吟釀酒全量使用佐渡產的「越淡麗」。特色在於深邃的滋味與華麗的吟釀香。建議冰鎮後以葡萄酒杯來飲用。

北雪 大吟釀NOBU

新潟

北雪酒造

佐渡市

大吟釀酒

DATA			
原料米	越淡麗	日本酒度	±0
精米比例	40%	酒精度數	16度
使用酵母	協會9號		

美麗大自然所釀造出的美酒 獲得世界肯定的極致酒款

這家酒藏建立於明治5（1872）年。以熟練的傳統技術投注熱情於釀酒事業上，並透過順應時代的柔軟感性持續迎接新的挑戰。釀酒所使用的酒造好適米「越淡麗」是依循「打造與朱鷺共存之鄉的認證米（朱鷺認證米）」標準，也就是採用不依賴農藥或化學肥料、對生物無害的耕作方式栽培而成。將其奢侈地精磨至40％釀成的這款大吟釀，是與日本酒餐廳NOBU合作的聯名品牌，NOBU在紐約、洛杉磯、倫敦與巴黎等世界各地共有38家店舖，令無數名媛為之傾倒。這支酒的特色在於豐富的滋味與舒暢的餘味。

⧄⧄⧄⧄⧄ 這款也強力推薦！ ⧄⧄⧄⧄⧄

北雪 大吟釀YK35

大吟釀酒

原料米 山田錦／精米比例 35%／使用酵母 協會9號／日本酒度 +4／酒精度數 16度

芳醇香氣與纖細滋味 形成的美妙和聲

將最適合作為酒米的「山田錦」精磨至35％，並以長期低溫發酵釀成的大吟釀。這是一款香氣芳醇且滋味濃厚的冷用酒。榮獲「最適合用葡萄酒杯品飲的日本酒大獎2014」大吟釀部門的最高金賞。

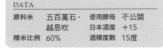

新潟
尾畑酒造
佐渡市

真野鶴 辛口純米

純米酒

DATA			
原料米	五百萬石・越息吹	使用酵母	不公開
		日本酒度	＋15
精米比例	60%	酒精度數	15度

日本數一數二的
超辛口純米酒

這家酒藏建立於明治25（1892）年。標榜「四寶和釀」，也就是以米、水、人與佐渡這四寶來釀酒，追求充分發揮出所有要素、極具平衡感的酒。以幾位年輕藏人為中心，投注時間心力持續堅持手工釀造。

這款酒的日本酒度為＋15，屬於日本少有的超辛口純米酒，風味清爽，令人感受到米的柔和滋味。搭配料理不會過於搶味，即便暢飲也不會造成負擔。味道舒暢，後味清爽且尾韻俐落，可以更加享受到米的鮮味。建議以冷飲或溫燗方式亨用。

真野鶴 萬穗

大吟釀酒

原料米 山田錦／精米比例 35%／使用酵母 不公開／日本酒度 ＋1／酒精度數 16度

超越日本酒精髓
H本酒的極致

這款大吟釀獲頒日本國內最大鑑評會「全國新酒鑑評會」的金賞，並榮獲世界級規模「國際葡萄酒競賽（IWC）」的金牌等，因獲得無數榮譽而大放異彩。優美的滋味令人聯想到整片金黃色的稻穗。

新潟

新潟
逸見酒造
佐渡市

真稜 山廢純米大吟釀

純米大吟釀酒

DATA	
原料米	越淡麗
精米比例	50%
使用酵母	協會701號
日本酒度	±0
酒精度數	16度

以鮮搾狀態直接出貨的「素顏美酒」

這家酒藏建立於明治5（1872）年，自行精磨當地產的「越淡麗」，令人感受到米的鮮味。以傳統山廢釀造法仔細地釀造而成，風味略偏辛口，充滿酸味與十足的野趣。加熱成燗酒也不錯。建議當作晚酌的酒慢慢地品飲。

至 純米酒

純米酒

原料米 五百萬石／精米比例 60%／使用酵母 協會1801號・NFG9與新潟酵母／日本酒度 ＋3／酒精度數 15度／日本酒的類型 爽酒

不經加工，重視原味

將酒米「五百萬石」精磨至60%。為保持味道與香氣，以瓶裝來貯藏。帶有沉穩的香氣、高雅的甜味與扎實的後味。

泉流 越乃白雪（こしのはくせつ）純米吟醸

新潟
彌彦酒造
西蒲原郡彌彦村

純米吟釀酒

如雪般純潔，如湧水般寶貴的酒款

這家酒藏建立於天保9（1838）年。初代藏元於嘉永元（1748）年確立了獨創的釀酒法「泉流釀造法」。僅使用越後名峰彌彥山的伏流水，只在嚴寒時期以手工小規模釀造，追求「貨真價實的日本酒」。滋味帶有酒米原本的芳醇香氣。

DATA

原料米	新潟縣產山田錦	使用酵母	新潟酵母
精米比例	50%	日本酒度	+3〜4
		酒精度數	16度

這款也強力推薦！

彌彥愛國 純米吟醸

純米吟釀酒

原料米 新潟縣產愛國／精米比例 55%／使用酵母 東京農大彌彥櫻5號／日本酒度 不公開／酒精度數 18度

在彌彥生活的人們以手工釀造的酒款

為了單純地品味古代米「愛國」的風味，以純米吟醸的規格釀製而成。味道豐富，帶有芳醇的鮮味與酸味，令人百喝不膩。

福顏 本醸造

新潟
福顏酒造
三条市

本醸造酒

承繼傳統，一絲不苟的釀酒態度

這家酒藏建立於明治30（1897）年。採用嚴選的原料，在釀酒作業上下足心力與工夫。使用新潟第一軟水「五十嵐川」的伏流水，釀出柔和又圓潤的味道。散發出香氣平衡的酒米鮮味，口感清爽且百喝不膩。也很建議加熱成燗酒。

DATA

原料米	五百萬石	日本酒度	+3.5
精米比例	60%	酒精度數	15度
使用酵母	自社酵母		

這款也強力推薦！

越後五十嵐川 吟醸

吟釀酒

原料米 五百萬石／精米比例 55%／使用酵母 自社酵母／日本酒度 +5／酒精度數 15度

入喉滑順且帶有清爽的香氣

這款吟醸酒帶有雅致的吟醸香與輕快的尾韻。口感舒暢，不會壓過料理的味道，很適合搭配細緻的和食。建議冷飲。

萬壽鏡 純米吟醸 時分時（じぶんどき）

新潟
萬壽鏡
加茂市

純米吟釀酒

志在成為唯一的地酒

這家酒藏建立於明治25（1892）年。追求日本酒的多樣性，重視品質與商品個性。一般酒款就享有頂級的精米比例。這款是堅持使用當地產「越淡麗」的甘口酒，飲用時的喜悅會在口中擴散。香氣內斂，重視與晚酌時的下酒菜是否對味。

DATA

原料米	越淡麗	日本酒度	−6
精米比例	52%	酒精度數	15〜16度
使用酵母	不公開		

這款也強力推薦！

萬壽鏡 甕覗

特別本醸造酒

原料米 五百萬石・越息吹／精米比例 不公開／使用酵母 不公開／日本酒度 +3／酒精度數 17〜18度

玩心所孕育出的革命性酒款

這款「甕覗」專用的酒甕是多治見的產品。用長柄勺從甕中舀酒來喝屬於嶄新的風格。建議以冷酒或冷飲方式享用。

新潟

新潟｜柏露酒造｜長岡市

純米酒

柏露 發泡純米 柏之花語（柏の花言葉）

DATA			
原料米	五百萬石・新潟縣產米	使用酵母	協會1801號・協會901號
精米比例	65%	日本酒度	−40
		酒精度數	8度

身為酒文化的推手，將傳統導向未來

這家酒藏建立於寶曆元（1751）年。貫徹「釀造受眾人喜愛的酒」的態度。致力於順應時代的新技術研究與開發。經過瓶內二次發酵所產生的天然發酵碳酸氣體具有極細的泡沫，作為乾杯酒再適合不過了。

///// 這款也強力推薦！ /////

純米吟釀酒

柏露 無過濾原酒 純米吟釀柏露袋裝

原料米 五百萬石・新潟縣產米／精米比例 55%／使用酵母 協會1801號・協會901號／日本酒度 ±0／酒精度數 17.5度

清楚展現出酒藏主張 個性十足的酒款

雖然帶有粗糙感，味道卻十分新鮮又有深度。具有原酒獨特的風味與華麗的吟釀香，後味乾淨俐落。

新潟｜高橋酒造｜長岡市

吟釀酒

八一 吟釀

DATA			
原料米	五百萬石	日本酒度	不公開
精米比例	50%	酒精度數	15度
使用酵母	不公開		

獻給孤高的文人——會津八一

安政年間（1854～1860）創業。這間建於大正時代的磚造酒藏是國家登錄的有形文化財。「八一」這款酒是為了緬懷業獻給與該酒藏有淵源的會津八一。新潟縣出身，既是歌人、書法家，亦是美術史家。可享受到沉穩的香氣與滑順的滋味。

///// 這款也強力推薦！ /////

大吟釀酒

壺中天地 大吟釀

原料米 山田錦／精米比例 40%／使用酵母 不公開／日本酒度 不公開／酒精度數 16度

邀人進入仙境的水

品牌名稱是源自中國《後漢書》的〈費長房傳〉。意指令人忘卻時間流逝的世外桃源。酒標是由會津八一揮毫寫下的字跡。

新潟｜吉乃川｜長岡市

吟釀酒

極上吉乃川 吟釀

DATA			
原料米	五百萬石等	日本酒度	+7
精米比例	55%	酒精度數	15度
使用酵母	不公開		

一心一意製酒所打造出的傑作酒款

建立於天文17（1548）年。獲得29次日本全國新酒鑑評會的金賞。自昭和30年代起致力於大規模釀造作業，持續釀造容易取得且品質穩定的酒。對米與水皆有所堅持，不容妥協的杜氏們憑其技術釀出的傑作。帶有清爽的吟釀香與清透的口感。

///// 這款也強力推薦！ /////

吉乃川 嚴選辛口

原料米 五百萬石等／精米比例 65%／使用酵母 不公開／日本酒度 +7／酒精度數 15度

全心打造辛口酒 「吉乃川」經典晚酌酒

帶有天然鮮味，口感舒暢的辛口酒。特色在於澄澈的口感。發售已超過30年，作為高一等級的晚酌酒而受到喜愛。

越後雪紅梅 純米大吟釀

////// 這款也強力推薦！//////

越後雪紅梅 吟釀 初聲

新潟
長谷川酒造
長岡市

純米
大吟釀酒

DATA			
原料米	美山錦	日本酒度	+5
精米比例	45%	酒精度數	16度
使用酵母	不公開		

將繼承下來的手工釀造酒傳遞出去

建立於天保13（1842）年。此後便以繼承的技術與道具持續釀酒。品牌的命名者是作家遠藤實先生。這是款使用酒造好適米「美山錦」，並以小釀酒槽精心釀成的奢侈逸品。帶有高雅的香氣與甘美的滋味。建議以冷酒、冷飲或溫燗方式享用。

吟釀酒

原料米 越淡麗／精米比例 55%／使用酵母 不公開／日本酒度 +3／酒精度數 15度

這個品牌予人
新生命誕生的預感

在爽口的辛味中，有股豐富的香氣自口中擴散。馥郁的香氣所醞釀出的餘韻十分絕妙平衡。建議以冷酒或冷飲方式品嚐。

越後福正宗 純米吟釀山古志

////// 這款也強力推薦！//////

越後福正宗
大吟釀原酒雫酒斗瓶圍

新潟
福酒造
長岡市

純米
吟釀酒

DATA			
原料米	新潟縣產五百萬石	使用酵母	協會9號系
		日本酒度	+5
精米比例	60%	酒精度數	15度

愈喝愈能招來福氣
酒魂相傳的酒款

這家酒藏於明治30（1897）年建立在長岡東山山系的山麓，此處山林蓊鬱，並有清冽的天然清水。為了發揮出米原有的鮮味，將活性炭的使用量控制在最小限度，呈現酒質的原始滋味。由於目標是以最小限度的過濾表現酒藏的特色，釀造出獨具個性的酒款，因此使用「速釀酛」來釀酒。

長岡市山古志是自然景觀豐富的梯田地區，將當地的契作栽培米「五百萬石」精磨釀成這款純米吟釀酒。感受得到產米農家與越後杜氏的心意，以及自然的強勁力量，這是唯有長岡才能釀出的酒。建議冷飲。

大吟釀酒

原料米 山田錦／精米比例 40%／使用酵母 協會9號系／日本酒度 +3／酒精度數 17度

原酒特有的圓潤感
與纖細的滋味

為了在鑑評會展出而釀製的大吟釀雫酒。將原酒直接裝入斗瓶中慢慢熟成，釀出帶有高雅香氣的大吟釀。請冰鎮後飲用，享受那絲綢般滑順的口感。

新潟

新潟
恩田酒造
長岡市

舞鶴鼓48 純米吟醸酒

純米
吟醸酒

DATA			
原料米	一本〆	日本酒度	−2
精米比例	48%	酒精度數	17.4度
使用酵母	M-310		

以自由的風氣認真進行釀酒

這家酒藏建立於明治8（1875）年。相傳曾有鶴在釀酒時翩翩飛舞而來，因此有了「舞鶴」這個品牌。將自社栽培米「一本〆」精磨至48%。可以享受到扎實有分量的口感與深邃的鮮味。建議以冷飲或溫爛方式享用。

///// 這款也強力推薦！/////

舞鶴鼓88 純米酒

純米酒

原料米 一本〆／精米比例 88%／使用酵母 協會10號／日本酒度 +3／酒精度數 19.4度

這支酒可盡情享受米的原有味道

精米比例88%，屬於未經過精磨的酒款。帶有適度的酸味，搭配味道濃郁的肉料理十分對味。建議以冷飲或溫爛方式飲用。

新潟
越銘釀
長岡市

越之鶴 大吟釀袋吊無壓搾

大吟釀酒

DATA			
原料米	山田錦	日本酒度	+3
精米比例	38%	酒精度數	17.6度
使用酵母	M-310		

堅守手工釀造的優點並力求提升品質

這家酒藏建立於弘化2（1845）年。位在新潟縣內首屈一指的豪雪地區，長期被積雪覆蓋的酒藏成了天然的冷藏庫，山雪又淨化了空氣，並化為伏流水，成為最佳的釀造用水。這支酒可以享受到如水果般的香氣。建議冰鎮後享用。

///// 這款也強力推薦！/////

壹釀 純米大吟釀21

純米大吟釀酒

原料米 越淡麗／精米比例 21%／使用酵母 協會1801號／日本酒度 +?／酒精度數 1/度

在安全又安心的品質管理上費盡心思

耗費160小時將當地梯田生產的「越淡麗」精磨至21%，並使用這種米釀造而成的酒。香氣與味道皆十分高雅。

新潟

新潟
諸橋酒造
長岡市

越乃景虎 名水釀造 特別純米酒

特別純米酒

DATA			
原料米	五百萬石・	使用酵母	不公開
	越息吹	日本酒度	+6
精米比例	55%	酒精度數	15.5度

由名水與歷史之里「栃尾」孕育出的酒

這家酒藏建立於弘化4（1847）年。這款特別純米酒是以日本全國名水百選的「杜杜森湧水」作為釀造用水，在低溫時期精磨新潟縣產的米，再進行長期低溫發酵而成。不同於一般的純米酒，口感舒暢淡麗。愈喝愈能確實感受到米原有的鮮味。

///// 這款也強力推薦！/////

越乃景虎 超辛口 本釀造

本釀造酒

原料米 五百萬石・越息吹／精米比例 55%／使用酵母 不公開／日本酒度 +12／酒精度數 15.5度／日本酒的類型 爽酒

超軟水的釀造用水適合釀造辛口風味

這支酒的日本酒度雖高達+12，飲用時卻會感受到難以想像的扎實味道。

越乃白雁 本釀造

新潟
中川酒造
長岡市

本釀造酒

DATA

原料米	五百萬石· 新潟縣產米	日本酒度	+4.5
精米比例	均為57%	酒精度數	15～16度
使用酵母	G-8	日本酒的類型	爽酒

新潟引以為豪的酒款——越乃白雁

這家酒藏建立於明治21（1888）年。將當地的優質米、水與杜氏視為最大的財產，持續守護傳統的釀酒作業，在日本全國新酒鑑評會上連續獲得金賞。可當作每天的晚酌酒，以個人喜好的溫度來享用。

▨▨▨▨▨▨ 這款也強力推薦！

越乃白雁 吟釀三年古酒

吟釀酒

原料米 越淡麗·新潟縣產米／精米比例 均為50%／使用酵母 不公開／日本酒度 +3／酒精度數 15～16度

藏人們團結一心
釀造出的酒款

讓吟釀酒在低溫下熟成3年，藉此凸顯其特有的熟成香與圓潤風味。建議以冷飲或溫燗方式飲用。

群龜 銀撰

新潟
關原酒造
長岡市

DATA

原料米	日本國產米	日本酒度	+7
精米比例	不公開	酒精度數	15度
使用酵母	協會9號		

無論今昔都將心血投注在釀造好酒上

這家酒藏建立於享保元（1716）年，創業300多年來連冬季也不曾休息，全心全意投入釀酒作業。憑著傳承下來的傳統寒釀造技術，獲得日本全國新酒鑑評會金賞等獎項。這款銘酒中寄託了希望飲用「群龜」後能活得長壽的願望。

▨▨▨▨▨▨ 這款也強力推薦！

越後長岡藩 特別純米酒

特別純米酒

原料米 日本國產米／精米比例 60%／使用酵母 協會9號／日本酒度 +2／酒精度數 15度

酒是有生命的
須懷抱著愛持續培育

將嚴選的國產米精磨至60%作為原料米使用。這是款口感舒暢、略偏辛口的特別純米酒。建議以冷飲至溫燗方式飲用。

米百俵 純米吟釀

純米吟釀

新潟
栃倉酒造
長岡市

DATA

原料米	越淡麗	日本酒度	+7
精米比例	50%	酒精度數	15度
使用酵母	協會1801號		

善用大自然恩惠的釀酒作業

這家酒藏自明治37（1904）年創業後便專注於製酒，採取「品質第一」的方針，透過釀酒來提高人性。認為簡單的晚酌酒才是基本，加上為了觀察飲用者的表情，採限定流通的方式踏實地經營。這款酒帶有酒米淡淡的鮮甜味，纖細卻力道強勁。

▨▨▨▨▨▨ 這款也強力推薦！

米百俵 鮮搾原酒（しぼりたて原酒）

特別本釀造酒

原料米 五百萬石／精米比例 57%／使用酵母 協會701號／日本酒度 +3／酒精度數 19度

明明是原酒
卻十分易飲

將鮮搾的本釀造酒裝瓶而成的生原酒。雖然是辛口酒，入口後卻能感受到一股鮮味與甜味。建議以冷飲方式享用。

新潟

清泉 特別純米酒

新潟
久須美酒造
長岡市

特別純米酒

DATA
原料米	不公開	日本酒度	不公開
精米比例	55%	酒精度數	15～16度
使用酵母	不公開		

成為漫畫《夏子的酒》之原型的酒藏

這家酒藏建立於天保4（1833）年，以「日本酒是由土地的米、水、人情與自然醞釀出的風味」為信條。酒藏腹地內湧現的天然水是新潟縣的指定名水。該酒藏製米與釀酒的故事成為漫畫與電視連續劇《夏子的酒》之原型。

對豐富的山林資源心懷感謝，並以越後杜氏匠人的技術釀出的這款「清泉」，酒質極為細緻柔和，近似越後美人年輕嬌嫩的肌膚。在溫和沉穩的香氣之中，可以感受到慢慢湧現的鮮甜滋味。風味柔和，喝起來十分滑順入口。

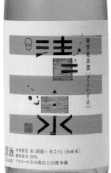

這款也強力推薦！

夏子物語 吟釀

吟釀酒

原料米 不公開／精米比例 55%／使用酵母 不公開／日本酒度 不公開／酒精度數 15～16度

希望將日本酒的魅力傳遞給更多世代

這款吟釀酒是以「加熱即為旨酒，冰鎮後則成美酒」為概念釀製而成。酒標上題有「酒藏的四季」幾個字，描繪出老店特有的歷史與風景，韻昧深遠。可以享受這款酒極為細緻柔和的滋味。

新潟

朝日山 千壽盃

新潟
朝日酒造
長岡市

特別本釀造酒

DATA
原料米	新潟縣產米	日本酒度	+5
精米比例	60%	酒精度數	15度
使用酵母	不公開		

目標在於釀造人人喜愛的酒款

這家酒藏建立於天保元（1830）年。使用當地的米與水，並引進最新的設備，藉此維持並落實賡承自前人的技術。屬於口感扎實的淡麗辛口酒，酒質帶有舒暢的口感與渾厚飽滿的風味，無論冷飲或加熱成燗酒都別有樂趣。

這款也強力推薦！

久保田 萬壽

特別純米酒

原料米 麴米：五百萬石・掛米：新潟縣產米／精米比例 麴米：50%・掛米：33%／使用酵母 不公開／日本酒度 +2／酒精度數 15度

風味絕妙的「久保田系列」巔峰之作

這支酒具有柔和的口感與完美調合的鮮味，無論是稍微冰鎮或加熱飲用，都能彰顯其存在感。

和樂互尊 金印

DATA
原料米	五百萬石・越息吹
精米比例	60%
使用酵母	協會7號
日本酒度	＋4
酒精度數	15度

在良寬和尚安度晚年之地嚴謹釀製的酒

建立於天保元（1830）年。以品質至上的手工釀造為基本，目標在於釀製百喝不膩的酒。「和樂互尊」中寄託了「透過釀酒事業引領世界走向和平」的心願。這支酒使用確實精磨過的米釀成，為當地人的晚酌酒。

天上大風 純米大吟釀

原料米 越淡麗／精米比例 40%／使用酵母 協會1801號／日本酒度 ＋1／酒精度數 16度

與良寬有淵源之地，以其提字為酒名

這款酒是使用當地的米「越淡麗」，以低溫慢慢釀成，帶有豐富的香氣與深邃的滋味。建議以冷酒至冷飲方式飲用。

越後杜氏 大吟釀

DATA
原料米	山田錦	日本酒度	＋5
精米比例	40%	酒精度數	16～17度
使用酵母	S-3		

淡麗中透出適度的鮮味與柔和的滋味

100%使用來自越後白山的伏流水「天狗的清水」作為釀造用水，在奢侈的環境中進行釀酒事業。以獲得「新潟名匠」肯定的杜氏為中心，釀製出來的酒帶有高雅華麗的香氣與飽滿的滋味，同時還可享受到舒暢的口感。

雪影 特別純米酒

原料米 五百萬石・越息吹／精米比例 58%／使用酵母 S-3／日本酒度 ＋4／酒精度數 14～15度

以酒造好適米「五百萬石」釀成的純米酒

這款滋味豐富、容易入口的酒，使用獨特的酵母提引出米的鮮味，在豐富的果香中帶有清爽的酸味。

長者盛 千萬

DATA
原料米	五百萬石・新潟縣產米	使用酵母	協會7號
		日本酒度	＋5
精米比例	58%	酒精度數	15度

杜氏藏人團結一心，傾注全部心力

這家酒藏建立於昭和13（1938）年。以最新的精米設備仔細研磨新潟縣產的米。澄澈的酸味為豐富柔和的滋味增添了分明的層次。使用魚貝類這種乳酸較少的素材烹調的料理，很適合以這款酒來搭配。建議加熱成爛酒。

越乃寒中梅 純米吟釀

原料米 五百萬石・新潟縣產米／精米比例 55%／使用酵母 協會9號系／日本酒度 ＋2／酒精度數 15度／日本酒的類型 薰酒

在積雪的嚴冬時期以低溫慢慢發酵而成

這款酒可享受到豐富的滋味與輕快感。很適合搭配確實入味的料理或帶有深邃鮮味的料理。

越乃初梅 特別純米

新潟
高之井酒造
小千谷市

特別純米酒

DATA

原料米	五百萬石・一般米	使用酵母	協會701號
		日本酒度	+5
精米比例	60%	酒精度數	15～16度

「雪中貯藏酒」的發祥酒藏

這家酒藏建立於昭和30（1955）年，為日本首度挑戰將酒連同釀酒槽埋入雪中，進行雪中貯藏的發祥酒藏。將鮮搾的生原酒貯藏約100天，藉此進行獨特的熟成作業。這款特別純米酒帶有如白葡萄酒般的酸味。很適合搭配四季的當令料理。

////// **這款也強力推薦！** //////

田友 特別純米

特別純米酒

原料米 越淡麗／精米比例 60%／使用酵母 G9／日本酒度 +5／酒精度數 15～16度

傾注心力與技術的酒 朋友聚集處必有田友

100%使用小千谷市契作栽培的「越淡麗」。對原料的堅持也反映在酒中，釀出充滿酒米豐富鮮味的酒款。

綠川 純米

新潟
綠川酒造
魚沼市

純米酒

DATA

原料米	北陸一二號・五百萬石
精米比例	60%
使用酵母	G-74
日本酒度	+4.5
酒精度數	15.5度

釀酒的本質在於手工釀造

這家酒藏建立於明治17（1884）年。平成2（1990）年遷址後建了新酒藏。釀造用水是取魚沼丘陵的伏流水來使用。淡麗的風味中仍留有一股鮮味，深邃的滋味中縈繞著高雅的香氣。建議以冷飲或微熱的溫燗方式飲用。

////// **這款也強力推薦！** //////

綠川 吟釀

 吟釀酒

原料米 五百萬石／精米比例 55%／使用酵母 G-74／日本酒度 +4.5／酒精度數 16.5度

百喝不膩的鮮甜美酒

以低溫慢慢熟成的酒款。可以享受到滑順的口感與隱約飄散出的典雅吟釀香。建議以冷飲或微熱的溫燗方式飲用。

魚沼玉風味 本釀造

新潟
玉川酒造
魚沼市

本釀造酒

DATA

原料米	五百萬石	日本酒度	+4
精米比例	60%	酒精度數	14度
使用酵母	協會701號・協會901號		

風味好，風格佳，風貌優

自延寶元（1673）年創業以來持續至今的酒藏，擁有代代相傳的歷史與傳統。中心思想為「透過日本酒活得健康快樂」。這是一款可襯托出料理美味的芳醇旨口酒。尾韻俐落，無論冷飲或燗酒都別有樂趣。在魚沼市當地是深受喜愛的一支酒。

////// **這款也強力推薦！** //////

越後雪藏（越後ゆきくら）

雪中貯藏大吟釀原酒

大吟釀酒

原料米 山田錦／精米比例 40%／使用酵母 新潟G9CRNF／日本酒度 +3／酒精度數 17度

在雪中加強熟成 奢侈的大吟釀原酒

酒液在雪中會進入冬眠狀態，只要維持原狀即可慢慢地熟成。可以品味其芳醇馥郁的風味。

鶴齡 純米吟釀

純米吟釀酒

DATA

原料米	越淡麗	日本酒度	+2
精米比例	55%	酒精度數	15.5度
使用酵母	G9		

在300年的傳統與嚴冬中孕育出的酒款

這家酒藏自享保2（1717）年創業以來，便堅持寒釀造法並貫徹手工釀造。位於優質水流經的鹽澤地區。以「和睦」為標語，堅持「鶴齡」要具有能反映出飲用者、釀造者與販賣者喜好的獨特味道，並持續釀造能為飲用者帶來感動的酒款。酒藏的代表品牌「鶴齡」中濃縮了青木酒造的歷史，屬於風味芳醇淡麗的酒款。將「越淡麗」精磨至55％釀成的這款純米吟釀酒，酒體柔軟輕盈，不膩口的淡淡香氣與柔和飽滿的鮮味完美地調合。

雪男 純米酒

純米酒

原料米 美山錦／精米比例 60%／使用酵母 G9／日本酒度 +14／酒精度數 15.5度

活用軟水釀成的辛口純米酒

在文人鈴木牧之的著作《北越雪譜》中登場的雪男，成了這支酒的原型。這款風味扎實的辛口酒帶有純米酒特有的酒米鮮味，不過後味十分銳利。建議以冷酒至人肌燗方式享用。

豐醇無盡高千代 扁平精米無調整生原酒 RED
（豐醇無盡たかちよ）

DATA

原料米	不公開	日本酒度	不公開
精米比例	不公開	酒精度數	不公開
使用酵母	不公開		

導入精米機，嚴謹又安全地製米

建立於明治元（1868）年。釀造用水可說是酒的生命，使用的是卷機山的伏流水。這支酒感受得到米的鮮味，極富深度。充滿如蘋果般清新的酸味，口感既清爽又水潤。屬於每年推出一次的酒藏限定酒款。

高千代 純米大吟釀無調整生原酒

純米大吟釀酒

原料米 新潟縣產一本〆／精米比例 48%／使用酵母 不公開／日本酒度 +2／酒精度數 16～17度

以「豐盃」為父，「五百萬石」為母進行人工交配

善用適合釀造吟釀的米之特性，全量使用稀少的酒米「一本〆」。保留豐富的滋味與溫和的餘韻。屬於季節限定品。

八海山 純米吟釀

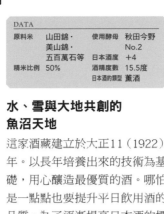

純米
吟釀酒

DATA			
原料米	山田錦・美山錦・五百萬石等	使用酵母	秋田今野 No.2
精米比例	50%	日本酒度	+4
		酒精度數	15.5度
		日本酒的類型	薰酒

水、雪與大地共創的魚沼天地

這家酒藏建立於大正11（1922）年。以長年培養出來的技術為基礎，用心釀造最優質的酒。哪怕是一點點也要提升平日飲用酒的品質，為了逐漸提高日本酒的標準，每天都以達到最高品質為目標。「八海山」的酒質可以襯托任何料理，屬於擁有絕佳平衡感的配角。

這款是「八海山」的經典酒款中唯一以純米釀造的純米吟釀酒，當中蘊含了職人技術與企業態度的結晶。風味既沉穩又沉靜，入喉圓潤甘醇，可以感受到米的鮮味。不論以冷飲或溫燗方式飲用都別有樂趣。

這款也強力推薦！

八海山 特別本釀造

特別
本釀造酒

原料米 五百萬石・Todorokiwase（トドロキワセ）等／精米比例 55%／使用酵母 協會701號／日本酒度 +4／酒精度數 15.5度

冷飲、燗酒皆宜 八海山的代表酒

將代表新潟的酒造好適米精磨至55%，並以長期低溫發酵釀成的特別本釀造酒。可享受到柔和的口感與淡雅的風味。無論冷飲或加熱成燗酒，搭配各種料理都很適合。

白瀧 上善如水 純米大吟釀

純米
大吟釀酒

DATA			
原料米	山田錦・美山錦	日本酒度	+2
		酒精度數	15～16度
精米比例	45%		
使用酵母	協會1801號・協會901號		

「希望用湯澤清澈的水來釀酒」

初代藏元湊屋藤助在安政2（1855）年實現了夢想。之後的160年，這家酒藏繼承其對釀酒的熱情，以釀出鮮美易飲的酒為目標。這支酒帶有華麗的香氣，風味濃郁且餘韻扎實。冷酒或冷飲皆宜。

這款也強力推薦！

白瀧 湊屋藤助 純米大吟釀

純米
大吟釀酒

原料米 越淡麗／精米比例 50%／使用酵母 雪椿・來自花的酵母・協會1801號／日本酒度 +1／酒精度數 15～16度

令人聯想到新潟的人與風土的酒款

這支酒帶有雅致清爽的香氣與酒米的鮮味，滋味十分醇厚，可以感受到深邃濃郁的風味。

東日本的焦點酒藏

新潟縣南魚沼市
八海釀造

建立於大正11（1922）年的八海釀造，
在眾多歷史悠久的酒藏中算是較資淺的。
儘管如此，八海山在全日本卻無人不曉。
這似乎與八海釀造「對身為製造者抱有強
烈的責任感」有關。

攝影／清水紘子

希望不是看稀不稀少，
而是看合不合自己的口味
來飲用。

製造者有穩定供貨的責任
以求讓想喝的人都喝得到

在「新潟的地酒風潮」中，2000日圓的八海山卻賣到4500日圓，藏元見此狀況，深覺未能盡到身為製造者的責任，因而打出以「重視品質」與「增加產量」這兩種乍看之下完全相反的概念為目標。

他當時的想法是：「量產會導致品質下降，這是一般人所認知的常識，然而只要培育人才、整頓組織，並且在製造上不偷工減料，應該可以達成目標。」一直到實現穩定供給為止，總共花了13年。

「我並沒有打算勉強增加產量或是擴展市占率。但是，不能有『這樣就夠好』的想法。往後也要不斷提高好酒的等級。並為此不惜付出必要的努力。」第3代的南雲二郎社長如此表示。

八海釀造在2014年建立了一家名為「浩和藏」、追求頂級品質的新酒藏。將在絕不允許任何妥協的釀酒作業中領會到的那些技術，有效地加以活用在正規的釀酒作業之中。

「如果不能實現穩定供給，願意買的人之後就不買了。好不容易建立的市場也會流失。」針對製造者的責任侃侃而談的南雲二郎社長。

撒上麴菌來製造米麴的麴室。目標在於製造出「突破精型的麴」，也就是麴菌以點狀的方式附著在米的四周，讓菌絲逐步朝米芯處繁殖。

連酒粕的比例也有設計圖。為了釀造出能夠襯托料理的淡麗滋味，就連普通酒的原料米也規劃了高達34%的酒粕量。

使用的米竟然重達2噸！洗米機是利用流水，以接近徒手搓洗的力量來洗米，而橫臥式連續蒸米機則能讓整體的米在均勻的狀態下蒸煮。

2014年開始運作的「浩和藏」的釀造室。藏人們在這間酒藏裡了解到釀酒的精髓，並且逐步提升人性。

「八海山雪室」的雪室貯藏庫，活用了累積的降雪。貯藏在此處的「八海山純米吟釀雪室貯藏三年」，於2016年首次出貨。

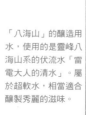

「八海山」的釀造用水，使用的是靈峰八海山系的伏流水「雷電大人的清水」。屬於超軟水，相當適合釀製秀麗的滋味。

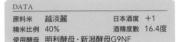

苗場山 純米大吟釀 750ml葡萄酒瓶

純米
大吟釀酒

DATA	
原料米　越淡麗	日本酒度　+1
精米比例　40%	酒精度數　16.4度
使用酵母　明利酵母・新潟酵母G9NF	

使用苗場山伏流水釀出的酒款

這家魚沼地區的代表性酒藏建立於明治40（1907）年，在當地長年受到喜愛。這款杜氏自豪的酒，麴米與掛米皆100%使用精磨至40%的新潟產「越淡麗」，並貯藏在0℃的低溫下熟成約1年。請以葡萄酒杯品味其華麗的香氣與圓潤的滋味。

中魚沼郡津南町

NAEBASAN
Boulsharwa
TSUNAN

/////// 這款也強力推薦！ ///////

苗場山

純米大吟釀　津南町旅館公會限定酒

純米
大吟釀酒

原料米　新潟縣產五百萬石／精米比例 50%／使用酵母 明利酵母・新潟酵母G9NF／日本酒度 +1／酒精度數 16.7度

與津南町旅館公會
一起打造的酒款

透過這支酒可盡情品味當地特有的日本酒。特色在於入喉的滑順口感與舒暢的滋味。

霧之塔 純米大吟釀

純米
大吟釀酒

DATA	
原料米　五百萬石	日本酒度　+2
精米比例　40%	酒精度數　15度
使用酵母　協會1801號	

順應當地民眾心聲而誕生的酒藏

由酒米農家、津南町與JA於平成8（1996）年成立的酒藏。原料是由當地農家栽培並經過嚴選的津南產「五百萬石」，將其精磨至40%釀出奢侈的頂級酒款。具有高雅的吟釀香與俐落的尾韻，風味既優雅又華麗。建議以冷酒或冷飲方式品飲。

中魚沼郡津南町

/////// 這款也強力推薦！ ///////

雪美人 特別純米酒

特別
純米酒

原料米　五百萬石／精米比例 60%／使用酵母 新潟酵母G8・新潟酵母G74／日本酒度 +3／酒精度數 15度

宛如白色世界般充滿
透明感的淡麗旨口酒

津南品牌「雪美人」。僅使用米、雪與水，最大限度地發揮出純米酒本身的優點。帶有清爽的香氣與淡雅的口感。

新潟

越乃男山 槽搾生原酒
（ふなしぼり生原酒）

DATA	
原料米　五百萬石	日本酒度　+1
精米比例　不公開	酒精度數　19度
使用酵母　協會9號	

全日本規模最小的酒藏

建立於文化元（1804）年前後，整年僅釀製約5千瓶酒的小型酒藏。大部分都是手工釀造，竭盡心力地進行釀酒作業。自釀酒槽搾取出的酒液充滿果香，原封不動直接裝瓶。喝起來口感柔和，後味十分乾淨俐落，整體平衡度佳。建議冷飲。

柏崎市

/////// 這款也強力推薦！ ///////

越乃男山 原酒 阿部

純米
吟釀酒

原料米　五百萬石／精米比例 不公開／使用酵母 協會9號／日本酒度 −2／酒精度數 19度

以冰酒為目標的
日本酒

充滿日本酒原有的芳醇香氣與甜味。搭配味噌、醬汁等較濃郁的料理十分對味。請倒入威士忌酒杯並放入冰塊來享用。

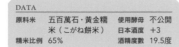

姫之井 龜口酒（本釀造生原酒）
（かめぐち酒）

新潟
石塚酒造

柏崎市

本釀造酒

DATA

原料米	五百萬石・黃金糯米（こがね餅米）	使用酵母	不公開
		日本酒度	+3
精米比例	65%	酒精度數	19.5度

濃厚的辛口酒是創業百年的驕傲

因為是小酒藏而無法大量生產，不過受惠於故鄉高柳的恩澤，選擇與高柳的大自然共生共存來進行釀酒。這款酒未進行加水與火入處理，因此可以享受到糯米四段式釀造的深邃滋味、濃郁層次與香氣。建議加冰塊飲用。

////// **這款也強力推薦！** //////

姫之井 本釀造酒

本釀造酒

原料米 五百萬石・黃金糯米／精米比例 65%／使用酵母 不公開／日本酒度 +3／酒精度數 15.5度

越後里山的小規模釀酒屋

這款酒保留了糯米四段式釀造所帶來的濃郁層次與鮮味，喝起來口感舒暢。建議以溫爛方式飲用，鮮味會更加凸顯。

君之井 本釀造

新潟
君之井酒造

妙高市

本釀造酒

DATA

原料米	五百萬石	日本酒度	+2
精米比例	62%	酒精度數	15.5度
使用酵母	協會7號		

在釀酒上毫不吝惜地下工夫

這家酒藏建立於江戶時代大保年間。守護著長達170年的釀酒歷史，同時推行作業環境的改善。使用「五百萬石」作為麴米，口感滑順、滋味雅致，除此之外還可享受到沉穩的香氣。帶有舒暢的後味，不管搭配任何料理都很適合。

新潟

////// **這款也強力推薦！** //////

君之井 純米大吟釀 山廢釀造

純米大吟釀酒

原料米 越淡麗／精米比例 40%／使用酵母 協會10號／日本酒度 +4／酒精度數 16.5度

鮮味、濃郁度與滋味兼具的逸品

按照古傳的製法（生酛系山廢酒母）釀造而成的純米大吟釀，可以享受到繼承傳統技術且富有深度的滋味。

天福

新潟
千代之光酒造

妙高市

本釀造酒

DATA

原料米	新潟縣產山田錦	使用酵母	協會10號系
		日本酒度	+3
精米比例	54%	酒精度數	15.5度

發揮米的鮮味，對身體溫和的酒款

這家酒藏建立於萬延元（1860）年。所有產品皆以吟釀酒為基準，講究嚴謹的釀造作業。這款酒的酒米是在自然農法嚴選的條件下栽培而成。特色在於其獨特的酒質，淡麗中帶有柔和感。為具有清爽酸味的餐中酒，建議以冷酒或冷飲方式飲用。

////// **這款也強力推薦！** //////

千代之光 純糯米
（もち純米）

純米酒

原料米 黃金糯米／精米比例 麴米：45%・黃金糯米：58%／使用酵母 協會10號／日本酒度 +5／酒精度數 15.5度

使用糯米作為原料米的純米酒

掛米採全量糯米所釀造出的酒款。這款酒不同於想像，並非甘口酒，而是一款酒體豐厚的酒。

鮎正宗 純米吟醸 銀標

純米
吟釀

DATA			
原料米	五百萬石・越息吹	日本酒度	＋1
精米比例	58%	酒精度數	15度
使用酵母	不公開	日本酒的類型	薰酒

以湧水釀出「不黏膩的甜味」

這家酒藏建立於明治8（1875）年。使用自酒藏附近的山底深處自然湧現的伏流水作為釀造用水，持續釀造出口感柔和的酒款。這支酒的特色在於甜味與酸味完美融合，形成富有深度的好滋味。

新潟
鮎正宗酒造
妙高市

本醸
造酒

妙高山 本醸造

DATA			
原料米	越息吹	日本酒度	＋2
精米比例	65%	酒精度數	15.5度
使用酵母	新潟酵母G9NF・秋田今野12號		

守護傳統的同時亦融合新技術

建立於文化12（1815）年，擁有悠久歷史的酒藏，對日本酒文化的普及很有貢獻。堅持使用新潟縣產的米與自社培養的酵母，藉此釀出獨特的味道。這款代表酒藏的本釀造酒帶有淡麗旨口的風味，屬於口感滑順且喝不膩的經典酒。

新潟
妙高酒造
上越市

新潟

本醸
造酒

清酒

雪中梅 本醸造

DATA	
原料米	五百萬石
精米比例	63%
使用酵母	協會10號系・協會7號
日本酒度	－3.5
酒精度數	15.7度

在得天獨厚的自然環境中嚴謹地釀酒

建立於明治30（1897）年。以源頭來自山林的井水與當地產酒米為原料，利用古傳的蓋麴釀成這款淡麗旨口酒。柔和的口感中有股宜人的甜味擴散。最佳飲用溫度為雪冷5℃、花冷10℃、冷飲20℃，溫燗則是40℃。

新潟
丸山酒造場
上越市

這款也強力推薦！

鮎正宗 純米

純米酒

原料米 五百萬石・越息吹／**精米比例** 65%／**使用酵母** 不公開／**日本酒度** －3／**酒精度數** 15度

以精選過的米與杜氏精確的技術培育出的酒

風味既溫和又高雅。略偏甘口，滋味富有深度。最適合以冷飲或溫燗方式飲用，搭配料理十分對味。冷飲也不失美味。

這款也強力推薦！

Château妙高 特別純米
（シャトー妙高）

特別
純米酒

原料米 五百萬石・越息吹／**精米比例** 60%／**使用酵母** 新潟酵母G9NF與協會1401號／**日本酒度** ＋3／**酒精度數** 15.6度

被濃濃的各種香氣裹住

自深處湧現的馥郁香氣為濃醇的酒增添了格調。以葡萄酒杯來享用冷酒也很不錯。

這款也強力推薦！

雪中梅 普通酒

清酒

原料米 越息吹／**精米比例** 68%／**使用酵母** 協會7號／**日本酒度** －3／**酒精度數** 15.4度

以「質勝於量」為宗旨來釀酒

使用「越息吹」釀成的淡麗旨口酒，柔和的口感與俐落的餘韻令人印象深刻。以麴箱釀製。可用野澤醃菜當下酒菜。

潟舟 （かたふね） 純米吟醸

 這款也強力推薦！

潟舟 （かたふね） 特別本釀造

新潟
竹田酒造店
上越市

純米吟醸酒

DATA

原料米	山田錦・越息吹	使用酵母	協會9號系
精米比例	55%	日本酒度	－4
		酒精度數	15.6度

小酒藏釀製出日本第一的酒款

創業150年來，憑藉自江戶末期守護至今的傳統打造出這款日本酒。在以辛口酒居多的新潟，這款是為數不多的旨口酒，風味濃郁圓潤，五味完美調合。是僅以米與米麴釀造而成的正統派。味道濃厚芳醇，充分展現日本酒原有的米味。

特別本釀造酒

原料米 越淡麗・越息吹／精米比例 60%／使用酵母 協會9號系／日本酒度 －3／酒精度數 15.6度

甘口酒卻帶俐落尾韻 是耐人尋味的一款酒

略偏甘口，並發揮出酒米鮮味的酒款。味道重，入喉以後帶來輕快之感。以爛酒品飲佳，冷飲也不錯。屬於香氣極高的酒。

越後的藏元 吟田川 雪洞
無過濾吟釀 雪中貯藏酒

這款也強力推薦！

越後的藏元 吟田川
純米吟醸

新潟
代代菊釀造
上越市

吟醸酒

DATA

原料米	越淡麗	日本酒度	＋3
精米比例	50%	酒精度數	16.7度
使用酵母	不公開		

與人往來交流的小酒藏

釀酒的歷史可追溯至江戶中期，使用自耕田採收的米來釀製淡麗旨口酒。「吟田川」這個名稱中的吟是指吟味，田等同於米，川則是水。這款酒的酸味濃郁，帶有俐落的尾韻。

純米吟醸酒

原料米 高嶺錦／精米比例 55%／使用酵母 不公開／日本酒度 －1／酒精度數 15.8度

用頸城平原採收的米 釀成的淡麗旨口酒

這款酒的特色在於香氣絕佳的酸味，充分提引出米原有的鮮味。尾韻俐落，百喝不膩。

新潟

能鷹 黑松

這款也強力推薦！

能鷹 特別純米酒

新潟
田中酒造
上越市

本釀造酒

DATA

原料米	五百萬石・越息吹	日本酒度	＋10
精米比例	60%	酒精度數	15.6度
使用酵母	自社酵母	日本酒的類型	爽酒

杜氏持續守護300年的釀酒作業

這家酒藏建立於寬延20（1643）年。以豐富的大自然與傳統技術孕育出優質的酒。昭和18（1943）年將品牌「公乃末」改成現在的「能鷹」。這款本釀造酒是使用新潟縣產的米，以謹慎作業流程釀成口感舒暢的辛口酒。可用冷飲至熱爛方式飲用。

特別純米酒

原料米 五百萬石・雪之精／精米比例 55%／使用酵母 自社酵母／日本酒度 ＋7／酒精度數 17.3度

這支酒提引出 純米酒特有的濃郁感

這支特別純米酒帶有酒米獨特的香氣與滋味，酒米的鮮味十分濃郁。建議冷飲或是加冰塊飲用。

謙信 純米吟釀

這款也強力推薦！

新潟
池田屋酒造
糸魚川市

DATA			
原料米	五百萬石・越息吹	日本酒度	+1～2
精米比例	50%	酒精度數	15.3度
使用酵母	協會9號	日本酒的類型	薰酒

源自於越後名將，傳承200年的味道

這家酒藏建立於文化9（1812）年。使用源自白馬岳的姬川伏流水。米則是使用經過嚴選的「五百萬石」或「新潟縣產米」，重視手工釀造的感覺。風味柔和，味道具有廣度，建議以冷飲或溫爛方式，搭配鮪魚等紅肉魚的生魚片來享用。

謙信 特別純米

原料米 五百萬石・越息吹／精米比例 55%／使用酵母 協會9號／日本酒度 +1～2／酒精度數 15.3度

懷想雄偉大地的恩澤

可以享受到輕快雅致的香氣與溫和沉穩的滋味。建議以溫酒、冷飲與溫爛方式品嚐。

根知男山 純米吟釀

這款也強力推薦！

新潟
渡邊酒造店
糸魚川市

DATA			
原料米	五百萬石・越淡麗	使用酵母	新潟酵母G9
		日本酒度	不公開
精米比例	55%	酒精度數	15度

守護根知谷的環境，守護田地

這家酒藏自平成15（2003）年起著手製米。透過自社栽培正式展開原料米的生產，並於平成24（2012）年設立農業生產法人根知米農場。這款酒帶有沉穩的香氣與味道，充分展現出米的柔和滋味與絕佳的香氣。建議冷飲或稍微冰鎮後飲用。

根知男山
越淡麗 純米吟釀

原料米 越淡麗／精米比例 50%／使用酵母 新潟酵母G9／日本酒度 不公開／酒精度數 16度

使用自社栽培的酒米 志在追求最高品質

這款「越淡麗」自2008年起即從產米開始採自社栽培。可用冷飲方式享受其鮮明滋味與綿長餘韻。

COLUMN
酒器
依日本酒的色調來挑選

希望能挑選透明的玻璃杯或能增添酒液光輝的酒器來展現酒的美麗顏色。呈現黃色或褐色的酒，若使用黑色或褐色系的燒締[註9]酒器，看起來會變得混濁；而濁酒若使用透明的玻璃杯，飲用後會留下逃跡則失去了美感，只要避免上述這些情況就無可挑剔了。

結合切子工藝與玻璃的豬口杯，可以凸顯酒液色澤。略帶黃色的酒液會映照得更美麗耀人。

酒器上的黃金裝飾，將日本酒映照得更為典雅。用於新年等喜慶的日子再適合不過了。

註9：燒締（燒きしめ）是指不施釉與顏料來燒陶的日本傳統技法。

新潟

甲信越
各式各樣的日本酒

在此介紹甲信越的古酒、濁酒與氣泡日本酒。

氣泡酒

（長野縣）**宮坂釀造**

真澄氣泡酒

以正統的製法「瓶內二次發酵」來釀造，花1年半以上的時間慢慢熟成。這是一款飄散著米的風味，口感扎實的辛口酒。最自豪的是極為細緻的氣泡。建議用來當乾杯酒。

（長野縣）**宮島酒店**

信濃錦 無智亦無得 JDG01

榮獲「最適合用葡萄酒杯品飲的日本酒大獎2015」的最高金賞。這款純米大吟釀使用了當地低農藥栽培的「美山錦」，並讓碳酸氣體默默融入其中釀成。

（新潟縣）**鮎正宗酒造**

Sweetfish

帶有因瓶內2次發酵而形成的極細緻氣泡，喝起來的口感清爽舒暢。酒精度數也只有6度，推薦給不喜歡日本酒的人或是女性。

濁酒

（新潟縣）**笹祝酒造**

**笹祝
夏之濁酒**

在嚴寒的冬季進行裝瓶與火入處理，並置於冷藏庫中貯藏半年。新酒的粗獷感消失後便會帶有適度的酸味，喝下後還可感到淡淡的甜味。請加冰塊享用。

（新潟縣）**吉乃川**

**吉乃川濁酒
以甘酒釀製**

這款利口酒為冬季限定發售。使用100%新潟縣生產的米製成的麴釀造，是以「吉乃川」講究的甘酒作為基底釀成的濁酒。帶有黏稠的口感與天然的甜味。

古酒

麒麟山 紅葉

秋季限定的三年熟成純米大吟釀酒。花費3年的時間藉由低溫慢慢熟成，以果香與淡麗辛口風味為基底，再添豐富的鮮甜味，形成迷人的滋味。

新潟縣 下越酒造

麒麟 秘藏酒10年 大吟釀

這款大吟釀是使用精磨至40%的「山田錦」釀製，並以冰溫熟成10年而成。淡麗的滋味與水潤的香氣在口中擴散開來。高格調的酒瓶最適合用來送禮。

新潟縣 北雪酒造

音樂酒

以冬季日本海的海浪聲為背景，24小時播放電子樂器演奏家喜多郎先生的音樂，屬長期熟成酒。細緻的味道中滿溢著神祕。建議以冷飲方式飲用。

新潟縣 萬壽鏡

三年寢太郎

利用大甕貯藏的「三年酒」。陶瓷器會因為窯燒效應而產生微量的電磁波，藉此可促使酒質醇化。請享受香氣四溢的濃醇滋味。

新潟縣 朝日酒造

轍

5月限定出貨。這款熟成酒是讓大吟釀酒在低溫下沉睡3年，使澄淨的味道中帶有豐富的鮮味。風味平衡、高雅，可當作餐中酒搭配料理享用。

其他氣泡酒&濁酒&古酒

種類	縣市	酒藏	商品名稱	概要
氣泡酒	長野	角口酒造店	北光正宗純米生酒氣泡酒	因天然的發酵力而帶有氣體的氣泡純米酒。舒暢的辛口風味中，飄散著如鳳梨般酸酸甜甜的香氣。
	長野	大信州酒造	大信州 純米大吟釀氣泡酒	發泡性濁酒。帶有洗鍊的嗆辣滋味與極細緻的氣泡。希望呈現出「日式香檳」的感受。
	長野	麗人酒造	Reijin玫瑰氣泡酒	甘口的香檳，宛如玫瑰般的日本酒。玫瑰色酒液與果實般的香氣，全都是天然的。
濁酒	長野	Yoshinoya	西之門純米吟釀濁酒	喝起來不會太甜，可當作餐中酒飲用的濁酒。酒精度數為16度。
	長野	佐久乃花酒造	活性濁酒純米吟釀	冬季限定發售，會不斷冒泡的濁酒。在「佐酒乃花」系列中，這款酒的香氣內斂，滋味也較輕快。
	長野	桝一市村酒造場	純米酒山廢桶裝釀造 白金	古傳的桶裝釀造是釀酒的原點，需花費大量時間與工夫，隔了半世紀又再度復活。
	長野	仙釀	黑松仙釀 濁醪酒	可以享受到米的甜味、清爽的酸味，以及發酵中釋出的碳酸氣體所交融出的清新感，屬於正統的濁醪酒。
	長野	喜久水酒造	白貴天龍	可以享受到飽滿的米香、柔和滑順的酸味與甜味。滋味十分高雅的濁酒。
	長野	湯川酒造	木曾路之濁酒	活用傳統釀造技術，在嚴寒中精心釀成的濁酒，口感十分滑順。請冰鎮至5℃~6℃來飲用。
	新潟	八海釀造	發泡濁酒 八海山	酸味清爽、香氣華麗。建議當作餐前酒飲用，搭配調味濃郁的料理或甜點也對味。
	新潟	苗場酒造	純米吟釀濁酒 苗場山	將津南產的五百萬石精磨至50%釀成的濁酒，特色在於豐富的滋味與高雅的甜味。
	新潟	池浦酒造	和樂互尊 本釀造活性濁酒	可完整品嚐到醪之風味的生酒。春天時帶有清爽的發泡性。秋天則轉為熟成的滋味。建議冷飲或加冰塊來飲用。
	新潟	寶山酒造	癮之濁酒	將使用極寒釀造法釀出的濁醪濾仔細過濾而成。非常濃稠，但試喝後才驚覺是辛口風味。
	新潟	鹽川酒造	活性純米濁酒 雪原之燈	充滿純米酒的鮮味，將榨搾的生酒直接裝瓶製成的微氣泡酒。
	新潟	福酒造	福正宗醪粗濾 濁酒	在初釀階段將發酵中新鮮的醪進行過濾並裝瓶。這是一款無添加糖類，帶有圓潤鮮味的極品。
	新潟	恩田酒造	舞鶴鼓 古代米濁酒	使用古代米（紫米）的淡桃色酒款。完成的酒屬於甘口風味，帶有恰到好處的酸味。
	新潟	白龍酒造	吟釀 夏之濁酒	夏季限定。以吟釀造法打造出口感舒暢的酒款。建議在炎熱時期冰得透心涼再飲用。
	新潟	金鎧盃酒造	越後杜氏 濁酒	唯有新酒時期才品嚐得到的本釀造活性生原酒。經過粗濾的醪，像在品嚐活蹦亂跳的新生命。
	新潟	天領盃酒造	天領盃 濁酒	持續20年以上的正統派濁酒。舒暢的口感與柔和的滋味為其特色。
	新潟	越之華釀造	吟釀生濁酒 越之華 活性濁酒	活性濁酒，可盡情品味到醪在舌尖上的口感，以及微發泡碳酸氣體所帶來的清爽風味。
	新潟	代代菊釀造	活性生濁酒 越後之冬	冬季限定。碳酸會在舌尖上跳躍。屬於風味清新的濁酒。
古酒	長野	舞姬	信州舞姬 大吟釀五年古酒	將品評會用的大吟釀謹慎地貯藏起來。滋味圓熟，也可當作餐前酒或餐中酒來飲用。
	長野	木內釀造	初鶯大吟釀古酒 正宗	在一整年溫度很少變化的酒藏中，經過10年熟成的大吟釀古酒。
	長野	遠藤酒造場	溪流 大古酒	深邃的滋味、濃郁感與香氣，令人感受到時間的變化。建議以冷酒、冷飲或加冰塊飲用。
	新潟	市島酒造	王紋年輪 五年貯藏	將吟釀酒經過5年的低溫貯藏，使其慢慢熟成的酒款。可以享受到滑順的口感。
	新潟	尾畑酒造	真野鶴·佐渡金山秘藏古酒大吟釀	將大吟釀置於佐渡金山的道遊坑中進行長期熟成。保留了淡麗纖細的滋味，富有深度的味道會在口中擴散開來。
	新潟	福顏酒造	純米古酒 福顏	這款純米古酒可以享受到貯藏時間所孕育出的深邃滋味與香氣。
	新潟	石塚酒造	珍藏的龜口酒（取って置きのかめぐち酒）	經過1年以上低溫熟成的生原酒。請享受透過熟成而產生的溫和滋味。

北陸的酒

石川縣

被譽為「加賀菊酒」的美酒寶庫

以能登地區與加賀地區為中心，共有44家酒藏。
自室町時代起便以「加賀菊酒」打響名號的銘釀地。酒的滋味屬於濃醇型，帶有能登杜氏釀造出的熟成感。為吟釀酒帶來華麗香氣與高雅酒質的「金澤酵母」，約在20年前以「協會14號酵母」之名公諸於世，此後被運用在各地吟釀酒的釀造上。

代表性酒藏
- 菊姬（p.212）
- 車多酒造（p.215）

福井縣

使用「福井麗酵母」的地酒釀造業也很興盛

福井、勝山、大野與敦賀等縣內各地，存在約40家酒藏。酒米的生產量也很高，以優質酒米「五百萬石」的產地而聞名。近年誕生了該縣原創的「福井麗酵母（ふくいうらら酵母）」，縣內各酒藏皆活用其來釀造地酒。這裡生產的酒，特色在於柔和的酒質，搭配當地的名產越前蟹或若狹灣的海鮮等十分對味。

代表性酒藏
- 田嶋酒造（p.222）
- 真名鶴酒造（p.225）
- 南部酒造場（p.226）
- 加藤吉平商店（p.227）

富山縣

適合搭配新鮮山珍海味的高品質酒款

坐擁富山灣、北阿爾卑斯山與立山連峰，擁有豐富的山海食材。不但名水充沛，連氣候與風土也都具備了優越的釀酒條件。富山、魚津、高岡與戶波4個地區存在19家酒藏。「山田錦」的使用量高，僅次於兵庫縣，精米比例之高也位居首位。縣產酒米近年又有「雄山錦」的加入，作為釀造純米酒與吟釀酒的新主力而備受期待。

代表性酒藏
- 桝田酒造店（p.207）
- 若鶴酒造（p.210）

有機純米酒 風之盆

富山 福鶴酒造 — 富山市

純米酒

這款也強力推薦！

山廢釀造 風之盆

本釀造酒

DATA			
原料米	有機栽培米越光	使用酵母	協會14號
		日本酒度	±0
精米比例	63%	酒精度數	15度

以嚴選的酒造米釀出深濃滋味

酒名是來自酒藏所在地八尾町已有300年歷史的祭典「OWARA風之盆（おわら風の盆）」。這是富山縣唯一以有機栽培米來釀酒的酒藏。使用以MOA自然農法栽培並獲有機JAS認證的「越光」釀造的這款酒，帶有深邃的濃郁感與豐富滋味。

原料米 山田錦・天高（てんたかく）／精米比例 65%／使用酵母 協會14號／日本酒度 ＋3～4／酒精度數 15度

持續釀造迄今才釀得出的味道

在大量釀造講求效率的速釀酛清酒的業界中，該酒藏20多年前便採山廢釀造法，這款酒正是憑其經驗與堅持打造出的逸品。

羽根屋 純米吟釀煌火

富山 富美菊酒造 — 富山市

純米吟釀酒

這款也強力推薦！

羽根屋 純米大吟釀50翼

純米大吟釀酒

DATA			
原料米	五百萬石	日本酒度	＋3
精米比例	60%	酒精度數	16度
使用酵母	自社酵母		

推薦給日本酒的入門者

這家酒藏建立於大正5（1916）年，不墨守傳統而進行革新，將酒藏進行翻修，自平成24（2012）年度起成為連夏季也進行釀造的四季釀造藏。這款酒充滿果香並帶有華麗感，滋味沉穩而無雜質，很推薦給日本酒的入門者。

原料米 五百萬石／精米比例 50%／使用酵母 自社酵母／日本酒度 ＋3／酒精度數 15度

用葡萄酒杯品味豐富的香氣

在「最適合用葡萄酒杯品飲的日本酒大獎2016」上獲得金賞。用葡萄酒杯來飲用，優雅的吟釀香會格外鮮明。

吉乃友 （よしのとも） 純

富山 吉乃友酒造 — 富山市

純米酒

這款也強力推薦！

吉乃友 純米吟釀生原酒 富之香

純米吟釀酒

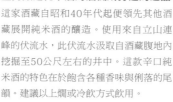

DATA			
原料米	日本國產米	日本酒度	＋5
精米比例	65%	酒精度數	15度
使用酵母	協會7號系		

堅持釀造純米酒的酒藏所打造的逸品

這家酒藏自昭和40年代起便領先其他酒藏展開純米酒的釀造。使用來自立山連峰的伏流水，此伏流水汲取自酒藏腹地內挖掘至50公尺左右的井中。這款辛口純米酒的特色在於飽含各種香味與俐落的尾韻。建議以上燗或冷飲方式飲用。

原料米 富山縣產富之香／精米比例 60%／使用酵母 魚津蘋果花酵母／日本酒度 ＋0.5／酒精度數 15度

富山縣產的酵母與酒米堪稱天作之合

這是一款不折不扣的富山酒，使用富山縣開發的酒米「富之香」與酵母「魚津蘋果花酵母」釀成。清爽的酸味相當宜人。

富山

滿壽泉 純米大吟釀

DATA			
原料米	日本國產米	日本酒度	不公開
精米比例	50%	酒精度數	16度
使用酵母	不公開	日本酒的類型	爽酒

通行全世界
日本引以為傲的大吟釀

以「美味求真」為信條，深信唯有品嚐美食者方能釀造出美酒，自昭和40年代起，便搶先其他業者挑戰吟釀酒的製造。徹底探究「靠水與米可以達到什麼境界」，同時以「釀造出能通行全世界的酒」為目標，持續進行釀酒作業，平成20（2008）年與21（2009）年，連續2年在IWC（國際葡萄酒競賽）上獲得金牌。

這款酒的特色在於讓米的力量變得輕快，入喉滑順且尾韻俐落。正如被日本海與立山連峰包夾的風土環境，這支酒可廣泛搭配各式料理，無論山珍海味都適合。請以冷飲至溫燗方式飲用。

這款也強力推薦！

滿壽泉 純米吟釀

原料米 日本國產米／精米比例 58%／使用酵母 不公開／日本酒度 不公開／酒精度數 15度

輕快的口感
十分宜人

這款純米吟釀酒使用了常願寺川的伏流水。為了最大限度地提引出米的鮮味，不使用過度精磨的米來釀製，口感十分輕快，可以痛快暢飲。建議以冷飲至溫燗方式飲用。

富山

千代鶴 純米大吟釀

DATA			
原料米	山田錦	日本酒度	+2
精米比例	40%	酒精度數	17.5度
使用酵母	協會1401號		

唯有此地才能釀造出的豐富滋味

早月川清冽的伏流水、名水百選的穴谷靈水等，該酒藏選擇在全日本首屈一指的名水湧現地立業。使用該地的水與富山縣產的米等，志在釀出這片土地獨有的名酒。這款酒帶有高雅的吟釀香，並兼具濃厚感與纖細度。請以單飲方式慢慢品味。

這款也強力推薦！

千代鶴 純米吟釀

原料米 山田錦／精米比例 50%／使用酵母 協會1401號／日本酒度 +3／酒精度數 15度

可讓心情變得
溫和又沉穩

酒米純淨無雜質的溫和甜味在口中擴散開來。沉穩的吟釀香十分舒適宜人。建議搭配和食一起品嚐。

北洋 大吟醸袋吊

| 富山 | 本江酒造 | 魚津市 |

大吟醸酒

DATA

原料米	山田錦	日本酒度	＋5
精米比例	35%	酒精度數	16度
使用酵母	不公開		

帶有輕快纖細滋味的一支酒

這家酒藏建立於大正14（1925）年，當時魚津港是船隊的基地，因為鮭鱒船隊的往來而熱鬧非凡，據傳就是受當時盛況的影響而將品牌命名為「北洋」。這款限定大吟醸是將醪裝入酒袋之後從釀酒槽上垂掛下來，僅收集自然滴落的酒液而成。

////// 這款也強力推薦！ //////

北洋 純米大吟醸越中懷古

純米大吟醸酒

原料米 山田錦／精米比例 35%／使用酵母 廣島吟醸酵母／日本酒度 ＋1／酒精度數 16度

可品嚐到甘甜柔和的吟醸香

這款酒體豐厚飽滿的純米大吟醸，帶著微酸的豐富口感，最適合搭配富山的海鮮。

銀盤 超特撰 米之芯

| 富山 | 銀盤酒造 | 黑部市 |

純米大吟醸酒

DATA

原料米	山田錦	日本酒度	＋6
精米比例	35%	酒精度數	16度
使用酵母	協會1801號		

得獎經歷無數的酒藏的自信之作

在日本全國新酒鑑評會上共獲得26次金賞的酒藏，投入其技術與經驗釀成的逸品。以黑部川湧水群的清水作為釀造用水，毫不吝惜地將「山田錦」精磨後釀造而成。這款經過長期低溫貯藏的淡麗辛口酒，帶有芳醇的香氣與圓潤的滋味。

////// 這款也強力推薦！ //////

銀盤 吟醸 劍岳

吟醸酒

原料米 雄町／精米比例 60%／使用酵母 協會1801號／日本酒度 ＋5／酒精度數 15度

令人浮現雄偉山巒畫面的吟醸酒

這是一款口感柔和的辛口吟醸酒。喝下後不一會兒，米的鮮味便在口中擴散開來，不過後味卻十分清爽。

幻之瀧 純米吟醸

| 富山 | 皇國晴酒造 | 黑部市 |

純米吟醸酒

DATA

原料米	富士縣產米	日本酒度	＋3
精米比例	60%	酒精度數	15度
使用酵母	協會10號系		

以環境省選定的名水作為釀造用水

創業時名為岩瀨酒造。受到甲午與日俄戰爭勝利的影響而改成現在的名稱。使用酒藏內獲環境省選定的「日本名水」作為釀造水，這款酒帶有舒暢的口感，同時仍可確實品嚐到米的鮮味。滋味會隨著冷飲、溫燗等不同溫度而變化。

////// 這款也強力推薦！ //////

幻之瀧 大吟醸

大吟醸酒

原料米 山田錦／精米比例 50%／使用酵母 協會9號系／日本酒度 ＋4／酒精度數 16度

比起香氣更重視味道的大吟醸

雖然是大吟醸酒，吟醸香卻十分內斂。因為內斂，俐落的尾韻與調合的口感使人印象深刻。建議以冷飲方式享用。

富山

黑部峽 大吟釀

富山 林酒造場

大吟釀酒

下新川郡朝日町

DATA

原料米	兵庫縣產山田錦	使用酵母	不公開
精米比例	40%	日本酒度	+4
		酒精度數	16.5度

以400年傳統與豐富的大自然釀成

這家酒藏集結了創業約400年的傳統與智慧結晶，持續進行古傳的寒釀造。這款大吟釀在2014年與2015年酒造年度的日本全國新酒鑑評會上，連續2年榮獲金賞，並在同年度的金澤國稅局酒類鑑評會上獲得優秀賞。冷飲或冰鎮後飲用都OK。

黑部峽 純米吟釀55

純米吟釀酒

原料米 富山縣產五百萬石／精米比例 55%／使用酵母 不公開／日本酒度 +5／酒精度數 15.5度

不過度冰鎮 喝起來風味最佳

清爽俐落的尾韻與淡淡的香氣完美調合，平衡感絕佳的一支酒。為了享受其豐富的滋味，要注意不要過度冰鎮。

勝駒 大吟釀

富山 清都酒造場

大吟釀酒

高岡市

DATA

原料米	山田錦	日本酒度	+5
精米比例	40%	酒精度數	17度
使用酵母	金澤酵母		

充滿精心釀製出的高雅風味

該酒藏主張「不容許偽」（不容許偽造），不量產，而是以酒質第一進行釀造作業。這款酒的高雅香氣令人聯想到鮮嫩的水果，加上入喉舒暢的口感，在在都像在實現其所追求的好味道。酒標上的題字是出自已故藝術家池田滿壽夫先生之筆。

勝駒 純米酒

純米酒

原料米 五百萬石／精米比例 50%／使用酵母 金澤酵母／日本酒度 +2／酒精度數 16度／日本酒的類型 醇酒

想放鬆一下時 建議來一杯

將富山縣產的「五百萬石」精磨至50%釀成的純米酒。穿透鼻腔的溫和香氣與不帶雜質的味道，喝了讓人心情平靜。

有磯 曙 純米大吟釀

富山 高澤酒造場

純米大吟釀酒

冰見市

DATA

原料米	兵庫縣產山田錦	使用酵母	金澤酵母
精米比例	40%	日本酒度	+3
		酒精度數	16.5度

魚師町的酒款，搭配魚料理堪稱絕配

不愧是魚師町冰見的酒，雖是大吟釀，香氣與味道皆十分溫和圓潤，可讓魚的味道更鮮明美味。以富含油脂的寒鰤魚（冰見的名產）搭配此酒堪稱絕配，請務必嘗試一次這樣的組合。比起加熱成燗酒，冷飲更能充分品味其俐落的尾韻。

有磯 曙 初嵐 純米吟釀

純米吟釀酒

原料米 富士縣產富之香／精米比例 50%／使用酵母 金澤酵母／日本酒度 +4／酒精度數 16.4度

不僅甜 滋味還很濃厚

以當地產的「富之香」釀成的酒。含一口在嘴裡，米的鮮甜滋味便會擴散開來，吞下後則可隱約感受到酸味，風味極富層次。

苗加屋 特別純米 琳青

富山

若鶴酒造

砺波市

DATA			
原料米	富山縣產雄山錦	使用酵母	不公開
		日本酒度	±0
精米比例	55%	酒精度數	17～18度

將優質米的力量
100%提引出來的逸品

自文久2（1862）年創業以來歷經150年，該酒藏始終貫徹「品質至上」的釀酒精神。使用庄川清澈的伏流水釀造經過嚴選的米，在謹守傳統的同時也挑戰嶄新的釀酒作業。

這款特別純米「琳青」100%使用富山縣產的「雄山錦」。堅持「無過濾」、「生酒」與「原酒」，雖屬濃醇風味，卻完美調合了鮮甜滋味與俐落尾韻，堪稱極品。充分提引出米的特色，形成柔和又飽滿的味道，建議以冷飲方式飲用。

／／／／／／ 這款也強力推薦！ ／／／／／／

若鶴 大吟釀 素心

原料米 兵庫縣產山田錦／精米比例38％／使用酵母 不公開／日本酒度＋5／酒精度數 15～16度

令內心暖烘烘的
「暖心系」日本酒

使用精心研磨至38％的「山田錦」釀成。典雅的香氣、鮮味與飽滿的口感融為一體，高雅沉穩的圓潤滋味，令飲用者的心都平靜下來。建議以冷酒或冷飲方式飲用。

三笑樂 純米吟釀

富山

三笑樂酒造

南砺市

DATA			
原料米	兵庫縣產山田錦	使用酵母	金澤酵母·協會9號
精米比例	55%	日本酒度	+2
		酒精度數	16度

在嚴苛環境下釀製出的逸品

坐落於世界遺產五箇山的酒藏。為了守護村落免於雪崩之害，完整保留整片山毛櫸原生林，並運用此處湧現的釀造用水與嚴寒的氣候，孕育出這款純米吟釀，特色在於柔和的口感與芳醇的鮮味。

／／／／／／ 這款也強力推薦！ ／／／／／／

三笑樂 上撰

原料米 富山縣產五百萬石·天高／精米比例 70％／使用酵母 協會7號／日本酒度 ＋4／酒精度數 15度

冰鎮或加熱
皆適宜

這款酒大量使用南砺市生產的「五百萬石」。擁有十分濃郁的風味。從爛酒至冷酒，可以享受到廣泛的樂趣。

富山

長生舞 清水釀造

久世酒造店

河北郡津幡町

DATA			
原料米	長生米	日本酒度	＋1.5
精米比例	68％	酒精度數	15度
使用酵母	協會701號		

以地域的名水來釀造自製的酒米

自天明6（1786）年創業以來，基於「釀造好酒須從好的酒米開始」的想法，在自社的田裡生產獨家的酒米「長生米」。這款酒是將自產的米削磨至68％，再以「清水」的湧水（軟水中的靈水）釀成，入喉口感圓潤。1年限定生產5000瓶。

////// 這款也強力推薦！//////

能登路 特別純米酒

特別純米酒

原料米 長生米／精米比例 60%／使用酵母 協會901號／日本酒度 ＋4／酒精度數 15度

以獨家的製法釀出獨一無二的味道

這款酒不同於其他的純米酒，以自社獨家的長期低溫發酵技術，實現了力道十足的扎實口感。無論燗酒或冷飲皆宜。

日榮 純米吟釀石川門

中村酒造

金澤市

純米吟釀酒

DATA			
原料米	石川門	日本酒度	－4
精米比例	60%	酒精度數	15～16度
使用酵母	金澤酵母1401號		

堅持釀造「地酒」的酒藏打造的傑作

該酒藏秉持的信念是「使用當地生產的原料（米），並透過這片土地的人、水、氣候與風土來釀製」，至少要滿足上述條件才稱得上是「地酒」。「石川門」是以靈峰白山水系的水與石川原創的酒米釀成。喝起來口感清爽溫和。建議冷飲。

////// 這款也強力推薦！//////

日榮 有機純米酒 AKIRA

純米酒

原料米 有機米三井光／精米比例 70%／使用酵母 K7號／日本酒度 ±0／酒精度數 14～15度

經世界4地區認證的有機純米酒

這款酒對米十分講究，使用有機JAS認證的契作栽培米，並在有機酒藏中釀成。口感強而有力，搭配濃郁的料理也毫不遜色。

加賀鳶 純米大吟釀 藍

福光屋

金澤市

純米大吟釀酒

DATA			
原料米	山田錦	日本酒度	＋4
精米比例	50%	酒精度數	16度
使用酵母	自社酵母	日本酒的類型	薰酒

凝聚了金澤最古老酒藏的傳統技術

建立於寬永2（1625）年，在金澤擁有最悠久歷史的酒藏，以其傳統技術與契作栽培的「山田錦」釀造而成。在輕快飽滿的鮮味中帶有適度的酸味與濃郁感，尾韻也相當俐落。這款存在感十足的酒，可以帶來多彩多姿的味覺享受。建議冷飲。

////// 這款也強力推薦！//////

黑帶 悠悠 特別純米

特別純米酒

原料米 山田錦・金紋錦／精米比例 68%／使用酵母 自社酵母／日本酒度 ＋6／酒精度數 15度

酒體穩重 風格別具的滋味

置於酒藏內慢慢地熟成，藉此帶出名符其實、穩重而「悠悠（悠長）」的滋味。加熱成燗酒，更添深度與鮮味。

加賀鶴 純米吟釀「金澤」

石川

谷內屋酒造
（やちや酒造）

金澤市

純米
吟釀酒

DATA			
原料米	五百萬石	日本酒度	−2
精米比例	55%	酒精度數	15.5度
使用酵母	金澤酵母		

名將前田利家御用的酒藏

創始者「神谷內屋仁右衛門」為了釀造藩主御用酒，隨同加賀百萬石的初代藩主前田利家從尾張國（約現今愛知縣西部）移居至此地，這就是谷內屋酒造的起源。這款純米吟釀帶有淡淡的吟釀香與均衡的滋味。建議以冷酒或冷飲方式飲用。

〰〰〰〰 **這款也強力推薦！** 〰〰〰〰

前田利家公 特別純米

特別
純米酒

原料米 五百萬石／精米比例60%／使用酵母 協會7號／日本酒度 −3／酒精度數 15.5度

配上名將之名
也毫不遜色的名酒

可以盡情品味酒米柔和的鮮味，餘味同樣不失乾淨俐落。建議以冷飲至溫燗方式享用。

菊姬 大吟釀

石川

菊姬

白山市

大吟釀酒

DATA			
原料米	山田錦	日本酒度	+7
精米比例	50%	酒精度數	17〜18度
使用酵母	自社酵母		

5年以上的長期熟成是
釀酒的關鍵

菊姬是一家坐落在靈峰白山山麓的酒藏，位處白山連峰雪水化為手取川流經的沖積扇扇頂，匯集來自連峰的水滴所釀成的酒被稱為「加賀菊酒」，自古以來備受讚揚。這家酒藏的代表酒就是這款吟釀酒。將兵庫縣三木市吉川町特A地區產的「山田錦」，利用獨家的精米機仔細磨至50%，並使用自社酵母釀出風味洗鍊的大吟釀。接著再經過5年以上的長期熟成，藉此提引出更深邃的鮮味。建議冰鎮至10℃左右再飲用。

〰〰〰〰 **這款也強力推薦！** 〰〰〰〰

菊姬 山廢純米

純米酒

原料米 山田錦／精米比例 70%／使用酵母 自社酵母／日本酒度 −1.5／酒精度數 16〜17度／日本酒的類型 醇酒

獨特的滋味
令人著迷

戰後，菊姬重新找回舊手法，用山廢酒母釀製成這款純米酒。這是一款洋溢著濃濃酸味，風味濃厚且口感扎實的酒。個性強烈，或許不是人人都適合飲用，不過一旦喝上癮就會無法自拔。

石川

「瘋菊姬」的販賣店
埼玉縣深谷市的「Yonegen（よね源）」

照片右方拍到的菊姬看板是
繼承自菊姬的酒桶蓋，由店
長小林先生自行雕刻而成。

只賣喜愛的酒款
不增加品牌

　　「我不喝酒，所以可以晚上出門去送貨，也不必擔心自己會私藏商品。」決意開始酒鋪事業的小林仲治先生說道。在他下定決心後1年左右，日本興起了一股新潟地酒的風潮。於是他搭上夜車前往新潟，在那裡與他尊為師長、同時也是酒鋪老闆的前輩相遇，他得到的建議是「品牌的數量以10個為限」。

　　小林先生在大雪中搭乘夜車前去與酒藏直接交涉，並在品酒後深深為之著迷的就是石川縣的「菊姬」。現任的董事長與那家菊姬是從小便認識的舊識。「常有人稱這裡是瘋菊姬的Yonegen。」小林先生如此說道。除了菊姬之外，最新經手的酒款也有20年，盡是一些有長年交情的酒藏。小林先生忠實地謹守前輩「不要增加品牌」的建言，目前店內共有13個品牌，不透過批發商，僅販售直接從酒藏採購來的商品。埼玉縣的這家小酒鋪，認真地販售以誠心釀造出的酒款，店內陳列的酒全都蘊含著小林先生與藏元之間的故事。

Yonegen（よね源）
地址：埼玉県深谷市稲
　　　荷町1−8−27
電話：048−571−0933

Yonegen的店長小林仲治
先生。

高砂 大吟醸

大吟釀酒

DATA

原料米	山田錦	日本酒度	+5
精米比例	40%	酒精度數	16度
使用酵母	金澤酵母		

華麗的香氣令人欣喜雀躍

白山市位於石川的米產地——加賀平原的中心位置。靈峰白山的手取川伏流水與適合釀酒的氣候，該酒藏將得天獨厚的環境發揮到極致，釀造出這款具有圓潤鮮味與華麗香氣的大吟釀。建議以小型玻璃杯來盡情品味這支香氣四溢的酒。

///// 這款也強力推薦！ /////

高砂 純米酒 石川門

純米酒

原料米 石川門／精米比例 60%／使用酵母 金澤酵母／日本酒度 +4／酒精度數 16度

搭配魚料理
堪稱絕配的純米酒

使用石川栽培的酒造好適米「石川門」釀製，這款100％石川製的酒是魚產地石川的典型酒款，搭配魚料理相當對味。

萬歲樂 劍 山廢純米

純米酒

DATA

原料米	五百萬石	日本酒度	+8
精米比例	68%	酒精度數	16度
使用酵母	協會7號		

具有酸味與
厚實有勁的超群口感

這家酒藏建立於江戶享保年間（1716～1736）。受惠於自白山流下的優質水與加賀平原的米，成為酒的一大產地，讓「加賀菊酒」之名在都城打響名號，並於明治後期將商標訂為「萬歲樂」。

這款酒是由在無數品評會上持續獲獎的酒藏所打造的逸品，在原料與製造方面都十分講究。使用白山山麓的農家所精心培育、晚植的「五百萬石」。

這款酒具有豐富的鮮味與酸味，酒體扎實，口感厚實有勁。建議以20℃左右的冷飲或是45℃左右的溫燗來品飲。

///// 這款也強力推薦！ /////

萬歲樂 白山 大吟釀 古酒

大吟釀酒

原料米 山田錦／精米比例 40%／使用酵母 協會7號／日本酒度 +3／酒精度數 17度

沉浸在有格調
又高雅的滋味中

這款酒以低溫貯藏3年，孕育出既高雅又奢華的香氣與滋味，具有壓倒性的存在感，比起當作餐中酒，更建議在餐前或餐後單獨品飲。15℃左右是最能感受到華麗香氣的溫度。

天狗舞 山廢釀造純米酒

純米酒

DATA	
原料米	五百萬石
精米比例	60%
使用酵母	自社酵母
日本酒度	+4
酒精度數	16度
日本酒的類型	醇酒

顏色美、味道好、香氣佳！

這家酒藏自文政6（1823）年創業以來，便以優質的米作為原料，堅持釀造純米酒並採用山廢釀造法進行釀酒作業。這款「山廢釀造純米酒」是天狗舞的代表性酒款，也可說是酒藏的代名詞，曾在倫敦舉辦的JWC（國際葡萄酒競賽）2011純米酒部門獲得金牌得獎酒中最高獎項的獎盃。這款純米酒帶有山廢釀造特有的濃厚香氣與酸味，兩者完美融合，香氣四溢，口感香濃而黏稠。經過冰鎮會更加容易飲用，不過以冷飲至熱燗方式來享用，濃厚的香氣與酸味會更加融合，推薦給愛酒之人。建議以白色豬口杯盡情品味其風味澄淨的金黃色酒液。

這款也強力推薦！

天狗舞 山廢純米大吟釀

純米大吟釀酒

原料米 特A地區產山田錦／精米比例 45%／使用酵母 自家培養酵母／日本酒度 +3／酒精度數 16度

在海外也受到認同的純米大吟釀

充分提引出米的鮮味，以「天狗舞」獨家的山廢酒母釀造法釀成的純米大吟釀酒。榮獲2015年洛杉磯IWSC國際葡萄酒暨烈酒競賽的最優秀金賞。建議飲用溫度為10℃左右至低於室溫的溫度，或是35～40℃的溫燗。請盡情品味其芳醇爽快的味道。

手取川 大吟釀 名流

大吟釀酒

DATA			
原料米	山田錦	日本酒度	+5
精米比例	麴米‧掛米：40%	酒精度數	16.2度
使用酵母	自社酵母金澤系		

唯一守護釀酒村傳統的酒藏

受惠於手取川豐沛的水與米，過去曾以釀酒村聞名，是唯一傳承自島村傳統的酒藏。這款大吟釀是以瓶裝方式，置於低溫貯藏庫熟成1年以上，帶有馥郁的香氣與滑順的滋味。過度冰鎮會使香氣與味道減弱，因此要特別注意。

這款也強力推薦！

手取川 大吟釀生酒 荒走
（あらばしり）

大吟釀酒

原料米 山田錦‧五百萬石／精米比例 均為45%／使用酵母 自社培養金澤系／日本酒度 +6／酒精度數 16.5度

宛如貴腐葡萄酒般溫和的甜味

含一口在嘴裡，新鮮且果香味十足的溫和甜味便擴散開來。可品嚐到宛如貴腐葡萄酒般的風味。建議飲用溫度為10～15℃。

石川

加賀之月（加賀ノ月）月光

純米大吟釀酒

DATA

原料米	五百萬石	日本酒度	+3.5
精精比例	50%	酒精度數	15.5度
使用酵母	協會901號		

能深留於心的雅致味道

加越酒造的歷史可回溯至江戶末期，以「能受到顧客喜愛的酒」為目標，持續在技術上精益求精。這款純米大吟釀雖然華麗，卻隱約可感受到沉穩的吟釀香與溫和深邃的滋味。誠如其名，令人聯想到神祕的月光。建議以冷飲或溫燗方式飲用。

////// 這款也強力推薦！ //////

酒峰加越（朱之吟）

大吟釀酒

原料米 山田錦／精精比例 38%／使用酵母 協會1801號／日本酒度 +4／酒精度數 15.5度

極為高雅纖細的味道與香氣

利用寒冷的氣候與靈峰加賀白山的名水，精心釀製而成的大吟釀酒。具有高雅的味道與香氣，建議以冷酒或冷飲方式享用。

神泉 大吟釀

大吟釀酒

DATA

原料米	山田錦	日本酒度	+2.5
精精比例	40%	酒精度數	17度
使用酵母	金澤酵母		

別具風情的歷史所孕育出的大吟釀

這家酒藏擁有150年以上的歷史，有長達25年的時間皆持續釀造這款堅持使用當地金澤酵母的大吟釀。平成21（2009）年，酒藏與十二棟住宅被指定為日本國家登錄有形文化財。這款充滿果香的清爽大吟釀，建議以冷飲方式來搭配魚料理。

////// 這款也強力推薦！ //////

神泉 純米大吟釀

純米大吟釀酒

原料米 山田錦／精精比例 50%／使用酵母 金澤酵母／日本酒度 +2／酒精度數 17度

令愛酒者讚不絕口的酒

這款濃厚辛口酒的餘味雖然清爽，但卻能享受到甜味、鮮味與酸味等鮮明的味道，讓愛好喝酒的人也難以招架。

常機嫌（常きげん）山廢純米

純米酒

DATA

原料米	五百萬石	日本酒度	+3
精精比例	65%	酒精度數	17度
使用酵母	協會7號		

用葡萄酒杯細細品味

自古以來便使用「白水之井戶」的水作為釀造用水，這口井與蓮如上人有很深的淵源。建議以葡萄酒杯來品嚐這支酒，時尚感十足。含一口在嘴裡，便可感受到濃郁厚實的滋味與口感，尾韻俐落是其特徵。

////// 這款也強力推薦！ //////

常機嫌（常きげん）純米大吟釀

純米大吟釀酒

原料米 山田錦／精精比例 50%／使用酵母 自社酵母／日本酒度 +2／酒精度數 17度

從製米開始相當講究的一支酒

使用的米是自社栽培的「山田錦」。這款酒帶有酒米豐富的鮮味與香氣。建議以冷酒或冷飲方式來飲用。

石川

十代目 純米大吟釀

純米
大吟釀酒

DATA		
原料米 五百萬石		日本酒度 +4
精米比例 50%		酒精度數 15度
使用酵母 金澤酵母		

名杜氏所在的酒藏引以為傲的逸品

由平家後代所創立的酒藏，擁有250多年的傳統，懷抱著這份驕傲，每日精進不懈，杜氏前良平先生曾獲頒「現代名工」與「黃綬褒章」。由來歷不凡的酒藏所釀造的這款純米大吟釀，帶有優雅的吟釀香、深邃的滋味與柔和的風味。

這款也強力推薦！

加賀之峰

純米酒

原料米 五百萬石／精米比例 70%／使用酵母 金澤酵母（協會14號）／日本酒度 +3／酒精度數 15度

加熱成爛酒即可產生溫和的酸味

著重發揮米的風味，可以品味到濃郁且有深度的味道。請一定要嘗試加熱成爛酒，享受擴散開來的溫和酸味。

獅子之里 超辛純米

特別
純米酒

DATA		
原料米 石川門		日本酒度 +8
精米比例 83%		酒精度數 15度
使用酵母 熊本KA-4		

使用相當靈驗的靈泉作為釀造用水

自大約1200年前起，供奉藥師如來（通稱為「藥師佛」）尊像的「醫王寺」，境內的靈泉據稱十分靈驗。這款純米酒即是使用自醫王寺境內湧出、滋味柔和圓潤的超軟水釀製而成。飲用時，純淨的滋味會使人忘卻疲憊。

這款也強力推薦！

獅子之里 純米吟釀

純米
吟釀酒

原料米 八反錦／精米比例 60%／使用酵母 金澤酵母（協會14號）／日本酒度 +3／酒精度數 16度

帶有輕快的鮮味相當容易入口

這款酒的口感十分輕快溫和，清爽的後味會在口中自然化開。推薦給日本酒的入門者。

夢釀 純米吟釀

純米
吟釀酒

DATA		
原料米 五百萬石		日本酒度 +2
精米比例 55%		酒精度數 15度
使用酵母 協會9號・14號		

可搭配任何料理的萬能酒

僅使用在加賀百萬石肥沃的土地上契作栽培的酒米，用來灌溉的水與酒藏井水的水屬於同一來源。這款酒的酸、甘、苦、澀、辛五味均勻調合，沒有哪個味道過於突出，吟釀香雖內斂卻仍具存在感，香味十分宜人。搭配任何料理都很對味。

純米 池月

石川

鳥屋酒造

鹿島郡中能登町

純米酒

DATA

原料米	五百萬石	日本酒度	+3～4
精米比例	55%	酒精度數	15度
使用酵母	協會1401號		

緩緩擴散開來的滋味

坐落在能登半島正中央的小酒藏，因致力於提升酒質，自創業以來便擁有許多愛好者。含一口酒在嘴裡，如栗子般的香氣便輕輕搔弄著鼻腔，豐盈的鮮味也緩緩擴散開來。可以冷飲，但若加熱至人肌爛的程度，甜味會增加而變得更柔和。

能登風土記之丘

石川

布施酒造店

七尾市

DATA

原料米	五百萬石	日本酒度	±0
精米比例	40%	酒精度數	19度
使用酵母	協會10號		

堅持釀造古酒的酒藏所打造的逸品

這家酒藏創業超過150年。全心全意投入日本酒的釀造，費盡周折達到的成就便是古酒。目前是以熟成3年以上的產品為販售主力。使用石川縣產的「五百萬石」釀製並經過熟成的酒，帶有沉穩深邃的味道。建議好好享受古酒獨特的色澤。

////// **這款也強力推薦！** //////

七年古酒 能登風土記之丘

原料米 五百萬石／**精米比例** 40%／**使用酵母** 協會10號／**日本酒度** ±0／**酒精度數** 19度

視覺味覺皆享受
散發金黃色光輝的酒

閃耀著金黃光輝、陳放7年之久的古酒。與其用來搭配料理，更建議冷飲或加入冰塊，用眼睛與舌頭來細細品味。

遊穗 純米吟釀55

石川

御祖酒造

羽咋市

純米吟釀酒

DATA

原料米	麴米：山田錦	使用酵母	熊本酵母
	掛米：美山錦	日本酒度	+5
精米比例	55%	酒精度數	16.5度

有了這瓶就不必為晚酌酒傷腦筋

幾個喜愛肉料理的人，打算釀造可以搭配每晚菜餚飲用的日本酒，而於2005年推出的品牌。如其所願，這款酒的濃醇鮮味與純粹酸味十分平衡，不限於和食，搭配西餐或中華料理也別有樂趣。建議不要過度冰鎮，保持15℃左右。

////// **這款也強力推薦！** //////

譽（ほまれ）純米吟釀57

純米吟釀酒

原料米 五百萬石／**精米比例** 57%／**使用酵母** 金澤酵母／**日本酒度** +5／**酒精度數** 15.8度

尾韻銳利而乾淨
很適合搭配海鮮

這款酒不同於遊穗，是為了搭配能登的海鮮而釀製的酒。辛口銳利的滋味，令人十分舒暢。

石川

竹葉 能登純米

石川
數馬酒造
鳳珠郡能登町

純米酒

DATA

原料米	石川縣產山田錦・	使用酵母	協會14號
	五百萬石	日本酒度	－2
精米比例	55%	酒精度數	15度

「米、水與技術」全出自於能登

該酒藏以能登的米、水，以及能登流派的技術來釀酒，堅持釀出可感受到能登風土的酒。這款純米酒是酒藏的人氣酒款，兼具勁道與順暢的口感，一口喝下可享受到甜味、酸味與鮮味等各種滋味。口感輕快，很推薦給日本酒的入門者。

竹葉 能登上撰

原料米 石川縣產五百萬石・加工米／精米比例 65%／使用酵母 協會7號／日本酒度 ＋1／酒精度數 15度

在當地持續受到喜愛
以無數獲獎經歷為豪

完全使用能登產本的原料米釀製而成的能登地酒。米的鮮味與微甜的餘韻十分宜人。從冷酒至熱燗，各種溫度都美味。

大江山 大吟釀

石川
松波酒造
鳳珠郡能登町

大吟釀酒

DATA

原料米	山田錦	日本酒度	＋5
精米比例	40%	酒精度數	17.6度
使用酵母	不公開		

滋味濃厚，加冰塊飲用也無妨

「希望能像祖先住在京都大江山的酒吞童子那樣豪邁地對飲」，出於這樣的心願而將品牌命名為「大江山」。這款酒是以原酒的狀態冷藏熟成1年，帶有沉穩豐富的滋味。味道十分扎實，因此加冰塊飲用也OK。可以搭配海鮮一起享用。

大江山 復刻版純米酒

純米酒

原料米 五百萬石／精米比例 50%／使用酵母 金澤酵母／日本酒度 ±0／酒精度數 15.3度

復古風的設計
讓酒愈喝愈起勁

70年前相當盛行喝日本酒，這款酒便復刻了當時的酒標設計。充滿濃郁的酸味與鮮味，搭配調味較重的料理也OK。

石川

能登 上撰 初櫻

石川
櫻田酒造
珠洲市

本釀造酒

DATA

原料米	石川門糯米	日本酒度	±0
精米比例	65%	酒精度數	15度
使用酵母	協會701號		

持續受當地居民喜愛的祝賀酒

這家酒藏自100多年前創業以來，產量雖少，卻仍持續進行嚴謹的釀造作業。酒藏地處的珠洲市只要有婚喪喜慶，人們便習慣互贈2升裝的酒，由於酒常被用於這些場合，為求符合每個人的喜好，便釀造出這款無論冷飲或熱燗都美味的酒。

特別純米酒 大慶

特別純米酒

原料米 山田錦／精米比例 55%／使用酵母 協會14號／日本酒度 ±0／酒精度數 16度

這支酒寄託了
創業時的理念

這家酒藏讓創業時的品牌在平成元（1989）年再次復活。這款酒的風味十分扎實，精磨米時會留心不破壞原有的鮮味。

宗玄 純米酒

石川
宗玄酒造
珠洲市

純米酒

DATA

原料米	山田錦	日本酒度	＋4
精米比例	55%	酒精度數	15度
使用酵母	金澤酵母	日本酒的類型	爽酒

以傳統打造出的溫和滋味

這家酒藏建立於明和5（1768）年。一般認為，這裡是代表日本的四大杜氏之一「能登杜氏」發源的酒藏。這款純米酒的柔和鮮味能讓身體放鬆，屬於療癒系日本酒。從冷飲至熱燗，隨著溫度變化會展現不同的風味。建議依個人喜好來享用。

これ款也強力推薦！

宗玄 隧道藏 純米酒

純米酒

原料米 山田錦／精米比例 55%／使用酵母 金澤酵母／日本酒度 ＋4／酒精度數 15度

活用停用的鐵路隧道作為貯藏庫

使用「能登鐵道能登線」停用的鐵路隧道作為貯藏庫來存放這款酒。具深度的柔和滋味十分迷人。

能登譽 大吟釀

石川
清水酒造店
輪島市

大吟釀酒

DATA

原料米	山田錦	日本酒度	＋4
精米比例	40%	酒精度數	17度
使用酵母	金沢酵母		

受全國肯定而享譽盛名的能登酒

杜氏出身的初代藏元在約150年前獨立出來創業。此後便貫徹品質第一的態度，近年甚至因獲獎無數而聞名全日本。使用精磨至40％的「山田錦」與金澤酵母釀成的這款大吟釀，可以享受到高雅的吟釀香與深邃的滋味。建議冷飲。

能登末廣 父親的手工釀造
（おやじの手造り）

石川
中島酒造店
輪島市

純米吟釀酒

DATA

原料米	五百萬石	日本酒度	＋4
精米比例	50%	酒精度數	17度
使用酵母	金澤1401號		

濃厚的滋味搭配濃厚的食物

這家酒藏重視來自米的甜味與來自酵母的鮮味，抱持細心謹慎的態度來釀製吟釀酒。來自金澤酵母的吟釀香充滿沁涼感，香氣深邃不已。建議搭配鰤魚等油脂豐富的生魚片、炸天婦羅，或是肉料理這類味道偏濃的料理一起享用。

これ款也強力推薦！

能登末廣 純米酒 遼

純米酒

原料米 山田錦／精米比例 60%／使用酵母 秋田今野NO.24／日本酒度 －5／酒精度數 16.5度

澄淨的酸味
清爽不膩口

這款酒充分提引出米的豐富甜味，同時到了口中還有一股自然的酸味調合味道。讓人百喝不膩。

石川

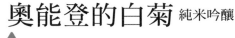

奧能登的白菊 純米吟釀

純米吟釀酒

DATA

原料米	五百萬石· 山田錦	使用酵母	K-1001
		日本酒度	一4左右
精米比例	55%	酒精度數	16度

古傳製法所孕育出的溫和感

自江戶末期左右展開釀酒業的傳統酒藏。可能是因為全量使用古傳的佐瀨式酒槽，並投注時間慢慢搾取，因此帶有令人放鬆的溫和滋味，雖然味甜，卻不會讓人覺得太重。沉穩的吟釀香也讓人想要小酌一番。只要稍微冰鎮即可。

奧能登的白菊 純米酒

純米酒

原料米 五百萬石·山田錦／精米比例 55%／使用酵母 金澤酵母／日本酒度 ＋3左右／酒精度數 16度

喝起來口感溫和 可痛快暢飲

香氣內斂，喝起來也很舒暢。口感十分圓潤，溫和易飲。建議稍微冰鎮，或以冷飲、溫爛方式飲用。

常山 純米超辛

純米酒

DATA

原料米	兵庫縣產 山田錦	使用酵母	協會1401號
		日本酒度	＋10
精米比例	60%	酒精度數	15.8度

喜愛辛口酒的人務必要喝一次

這家酒藏建立於文化元（1804）年。在融合當地氣候風土的同時，不惜以繁複的步驟，抱持信念，釀化「柔和風味與強勁口感兼具的酒款」。這款「常山 純米超辛」的扎實風味中帶有米的柔和鮮味，建議以冷飲或爛酒方式飲用。

常山 純米大吟釀

純米大吟釀酒

原料米 福井縣產山田錦／精米比例 50%／使用酵母 KZ-4／日本酒度 ＋3／酒精度數 16.2度

可盡情品味 特別栽培米的力量

以福井縣產的特別栽培米「山田錦」來釀製。特色在於高雅的香氣與酒米濃厚的鮮味。建議飲用溫度為10～30℃。

一期一會 純米大吟釀精磨33%

純米大吟釀酒

DATA

原料米	山田錦	日本酒度	＋2
精米比例	33%	酒精度數	16度
使用酵母	協會14號		

精磨過的山田錦散發出的圓潤滋味

這家酒藏建立於明治42（1909）年。全量使用兵庫縣產的「山田錦」（精磨至33%），並以低溫慢慢釀製。雖然是大吟釀，香氣卻很沉穩。略偏辛口，帶有經過熟成的圓潤鮮味。這款酒是由身兼杜氏的藏元發揮渾身解數釀製而成。

越之磯 純米吟釀無過濾原酒

純米吟釀酒

原料米 越之雫／精米比例 50%／使用酵母 協會14號／日本酒度 ＋2／酒精度數 17度

全量使用越之雫釀造 相當講究的原酒

這款純米吟釀保留了鮮搾原酒的鮮味，讓其在低溫的酒藏中慢慢進行熟成。滋味濃厚且酒體扎實。

福千歲 「福」山廢純米大吟釀

福井
田嶋酒造

純米
大吟釀酒

福井市

DATA		
原料米	越之雫	使用酵母 自社酵母
精米比例	麴米：40%	日本酒度 +3
	掛米：50%	酒精度數 16度

堅持使用「山廢釀造法」的酒藏所釀出的逸品

這家酒藏建立於嘉永2（1849）年。寄託了希望「福（幸福）」可以持續「千歲（長久）」的心願，而將品牌命名為「福千歲」。貫徹「日本酒原有的鮮味唯有靠山廢釀造法才釀得出來」的信念，致力於傳統的山廢釀造，在日本國內外獲獎無數，甚至只要提到山廢釀造就會想到「福千歲」。

集結這家酒藏的傳統與技術所釀製而成的就是這款純米大吟釀。山廢釀造特有的豐富滋味與高雅的香氣會在口中慢慢擴散開來，搭配油脂豐富的料理堪稱絕配。建議以20℃～45℃左右的溫度來飲用。

福井

////// 這款也強力推薦！//////

福千歲 PURE RICE WINE

原料米 越光／**精米比例** 90%／使用酵母 葡萄酒酵母／**日本酒度** －25／酒精度數 12度

用葡萄酒杯
瀟灑地乾杯

該酒藏近年運用葡萄酒的技術，投注心力在全新的釀酒作業上。「福千歲 PURE RICE WINE」是以葡萄酒酵母與「越光」所釀出的新款純米酒。雖然滋味酸酸甜甜，卻十分順暢易飲。簡言之，就是日本版的白葡萄酒。

紗利 50% 諸白

福井
毛利酒造

純米
大吟釀酒

福井市

DATA		
原料米	山田錦	日本酒度 +4
精米比例	50%	酒精度數 15.5度
使用酵母	協會901號	

與壽司的絕妙組合

這家酒藏建立於明治13（1938）年。品牌「紗利」在梵語中是「米」的意思，源自「sari（舍利）」一詞，同時也是壽司醋飯（シャリ）的語源。不帶澀味的獨特酸味猶如優質的檸檬，不管搭配壽司或醋料理都很對味。建議以冷酒方式飲用。

////// 這款也強力推薦！//////

紗利 爛左紫

純米酒

原料米 山田錦／**精米比例** 65%／使用酵母 協會901號／**日本酒度** +6／酒精度數 15度

誠如其名
應以爛酒搭配生魚片

希望在壽司店的「紫10（醬油）」左側擺上爛酒來飲用，酒名裡寄託了這樣的心願。最好依此方式飲用。

註10：日文的醬油又稱「むらさき（紫）」，以前的人稱紅褐色為「紫」，而滴在小碟中的醬油呈紅褐色，故稱其為「紫」。

白岳仙 純米大吟釀 特仙

福井
安本酒造

福井市

純米大吟釀酒

DATA

原料米	吟之里	使用酵母	自社酵母
精米比例	麴米：45%	日本酒度	＋4
	掛米：50%	酒精度數	16～17度

使用特別栽培的當地產酒米

這家酒藏採取古傳的槽搾法，將醪一一裝進酒袋中仔細地搾取酒液。除了製造方法外，該酒藏對於原料也相當堅持，像是100％使用福井縣特別栽培區產的「吟之里」等。這款酒帶有清爽不刺激的酒米鮮味，十分容易入喉。

這款也強力推薦！

白岳仙 純米大吟釀 限定販售

純米大吟釀酒

原料米 山田錦・五百萬石／精米比例 麴米與掛米均為50％／使用酵母 自社酵母／日本酒度 ＋4.5／酒精度數 15～16度

每次喝滋味都不同的純米大吟釀酒

這款酒的鮮味清新淡雅，並帶有透明感。十分容易入口，喝的過程中可以感受到滋味隨之變化。

舞美人 山廢純米 無過濾生原酒

福井
美川酒造場

福井市

純米酒

DATA

原料米	五百萬石	日本酒度	－2
精米比例	60%	酒精度數	15度
使用酵母	自社酵母		

以古傳的道具仔細釀製

這家酒藏是使用相當貴重的日式鍋釜蒸米，並用櫻花木製成的酒槽來搾酒，不惜投注時間心力以手工來釀酒。從帶有柔和香氣與甜味的酒液中，可感受到凸顯整體風味的微酸口感。不妨冰鎮後享受其清爽感，或加熱成風味圓潤的燗酒。

這款也強力推薦！

舞美人 特別純米 無過濾生原酒 自社田山田錦85

特別純米酒

原料米 山田錦／精米比例 85％／使用酵母 協會7號／日本酒度 ＋5／酒精度數 17度

沉穩的香氣與酸味完美調合

這支酒是使用自社田裡栽培的「山田錦」釀成，帶有厚重的香氣與鮮味。無論是冰鎮或加熱成燗酒都別有樂趣。

北之庄 純米吟釀

福井
舟木酒造

福井市

純米吟釀酒

DATA

原料米	五百萬石・神力米	使用酵母	自社酵母
		日本酒度	＋4
精米比例	60%	酒精度數	15度

鮮味會在口中迅速化開的爽快酒款

憑當地得天獨厚條件釀成的這款辛口酒，水是從150公尺的地底抽取九頭龍川的伏流水，米是產自福井平原肥沃田地的酒造好適米「五百萬石」。米的鮮味會在口中迅速化開，餘韻會慢慢消散，因此搭配料理不會搶味。可以冷酒或冷飲方式飲用。

這款也強力推薦！

北之庄 純米大吟釀 大吟 望

純米大吟釀酒

原料米 山田錦／精米比例 40％／使用酵母 自社酵母／日本酒度 ＋4／酒精度數 15度

希望能盡情地品味入喉的口感與香氣

這款大吟釀帶有華麗的香氣與清爽俐落的口感，喝起來十分舒暢。建議冰鎮後飲用，充分享受入喉的暢快感。

福井

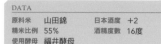

雲乃井 純米吟釀 白雲

純米 吟釀酒

DATA

原料米	山田錦	日本酒度	+2
精米比例	55%	酒精度數	16度
使用酵母	福井酵母		

竭盡全力帶出米的鮮味

這家酒藏自明治4（1871）年起展開釀酒事業，並以小規模釀造持續釀製純米酒。這款日本酒是使用九頭龍川豐沛的伏流水，以及福井酵母和自社精米的「山田錦」釀成，充滿在地風味。含入口中的瞬間，便可盡情享受酒米的芳醇鮮味。

這款也強力推薦！

雲乃井 純米吟釀 東雲

純米 吟釀酒

原料米 五百萬石／精米比例 55%／使用酵母 福井酵母／日本酒度 +1／酒精度數 15度

酒米沉穩的風味
令人讚嘆不已

這款酒的原料米堅持使用在地產的「五百萬石」。風味平衡沉穩，帶有宛如絲織品般柔和的滋味。

黑龍 大吟釀 龍

大吟釀酒

DATA

原料米	兵庫縣產山田錦	使用酵母	自社酵母
精米比例	40%	日本酒度	+6
		酒精度數	15度

運用葡萄酒熟成技術而誕生的酒

這家酒藏自文化元（1804）年創業以來，便在水源豐沛之地以新舊融合的技術進行釀酒，聲名遠播全日本。昭和50（1975）年，酒藏嘗試販售這款運用葡萄酒熟成技術的「黑龍 大吟釀 龍」。建議以冷飲方式來品味低溫熟成所產生的高雅滋味。

這款也強力推薦！

九頭龍 大吟釀

大吟釀酒

原料米 日本國產酒造好適米／精米比例 50%／使用酵母 自社酵母／日本酒度 +5／酒精度數 15度

無論燗酒或冷飲
皆十分美味

這款燗飲用的大吟釀誕生於平成16（2004）年。熟成所產生的滋味既纖細又深邃，除了加熱成燗酒外，也可以冷飲。

越前岬 純米大吟釀

純米 大吟釀酒

DATA

原料米	兵庫縣產山田錦	使用酵母	協會1801號
精米比例	50%	日本酒度	+1
		酒精度數	16度

投注時間精心打造的酒款

這家酒藏使用長年承繼下來一大一小的日式鍋釜，並採取木槽搾取與傳統手法進行釀酒，釀好的酒還會花時間經過1年的熟成。這支酒帶有純淨輕快的滋味。香氣也很華麗，卻不會過於濃烈。建議以冷飲方式飲用。

這款也強力推薦！

越前岬 槽搾純米酒

純米酒

原料米 福井縣產五百萬石／精米比例 60%／使用酵母 協會1401號／日本酒度 +4／酒精度數 16度

入喉暢快的
澄淨滋味

使用福井縣產的「五百萬石」。這款純米酒帶有柔和的酸味與具透明感的滋味，餘味十分清爽。建議以冷飲至溫燗方式飲用。

白龍 純米大吟釀

純米
大吟釀酒

DATA

原料米	福井縣產山田錦	使用酵母	KZ-4
精米比例	50%	日本酒度	+6
		酒精度數	15.6度

靠福井的米、水與人釀成的地酒

這家酒藏於文化3（1806）年在九頭龍川畔創業。自平成元（1989）年起在自社栽培「山田錦」，打造唯有這片土地才能釀出的地酒。這款純米大吟釀使用的米，是僅以完全熟成堆肥的有機肥料栽種而成，滋味高雅而不帶雜味。冷飲為佳。

□□□□□ 這款也強力推薦！ □□□□□

白龍 特別純米

特別
純米酒

原料米 福井縣產山田錦／精米比例 60%／使用酵母 協會901號／日本酒度 +4.8／酒精度數 15.6度

自家栽培米的鮮味皆凝縮其中

可以確實感受到米的鮮甜與純米酒獨特而強勁的酸味。建議搭配鰤魚生魚片或東坡肉這類較油膩的料理來飲用。

真名鶴 山廢釀造純米酒

純米酒

DATA

原料米	五百萬石	日本酒度	+1
精米比例	60%	酒精度數	15度
使用酵母	福井麗酵母	日本酒的類型	醇酒

可以細細品味殘留於口中的餘韻

白寶曆元（1751）年起，便在北陸的小京都「越前大野」持續經營的老字號酒藏。所有的酒皆採吟釀規格釀製，完全不仰賴機器，而是全量手工釀造。除了釀製高品質的酒款之外，在守護傳統手法的同時，也不斷挑戰釀造充滿個性、具有全新滋味的獨創酒款。

這款風味強勁的純米酒，含一口在嘴裡，芬芳的香氣便會緩緩擴散開來，可以享受到久久繚繞不散的扎實餘韻。冷飲也不錯，加熱成爛酒後，帶有圓潤感的酸味就會達到恰到好處的狀態，並變得更加芳醇。搭配肉料理等風味濃郁的料理十分對味。

□□□□□ 這款也強力推薦！ □□□□□

mana 1751sweet

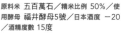

原料米 五百萬石／精米比例 50%／使用酵母 福井酵母5號／日本酒度 −20／酒精度數 15度

沉醉於甜味與酸味的二重奏中

喝下這支酒後，口中滿盈的香甜果香令人不禁聯想到蘋果與哈密瓜。高雅輕快的甜味與清新爽口的酸味，兩者間的對接也十分絕妙，令人感到舒暢。建議以冷飲方式享用。

福井

大吟釀酒

花垣 特撰大吟釀

DATA			
原料米	兵庫縣產 山田錦	使用酵母	協會9號系
		日本酒度	+4
精米比例	40%	酒精度數	16度

沉醉於
傳統酒藏的纖細滋味

這家酒藏建立於享保18（1733）年。明治時期所釀的酒被譽為「難以言喻的珠玉之滴」，於是便從當時宴席上演奏的歌謠中取一小節，命名為「花垣」。昭和8（1933）年也獲選為進貢酒。釀酒廠還被指定為日本國家登錄有形文化財等，可說是一家擁有歷史與傳統的酒藏。釀酒事業所追求的理念是：貫徹以手工釀造可周全顧及的量，推出品味更高的酒。

這款大吟釀是用被指定為「福井好水」25選的水所釀成的逸品，在鮮味中帶有相當纖細的酸味，餘味十分清爽。

花垣 純米濁酒

純米酒

原料米 福井縣產五百萬石・福井縣產華越前／精米比例 麴米與掛米均為60%／使用酵母 協會7號系／日本酒度 −20／酒精度數 14度

無論冷飲或燗酒
都美味的實力派

這款酒帶有淡淡的甜味與滑順綿密的口感，建議以冷酒或冷飲方式品嚐。此外，加熱成溫燗當作餐前酒也不錯。請務必親自確認這款在「燗酒競賽2013」上獲得最高金賞的得獎酒實力。

大吟釀酒

清酒 一乃谷 大吟釀二十代目仁兵衛

DATA			
原料米	山田錦	日本酒度	+4.5
精米比例	35%	酒精度數	17度
使用酵母	協會1801號		

已臻成熟的技術所打造的金賞酒

這家酒藏建立於元和5（1619）年。以品質第一為理念，持續打造優質的酒款。其成果獲得無數獎項的肯定。這款大吟釀也在平成27（2015）年日本全國新酒鑑評會與金澤國稅局酒類鑑評會上獲得金賞。香氣與味道均達到絕妙的平衡。

清酒 一乃谷 純米大吟釀（稀靚）

純米大吟釀酒

原料米 山田錦／精米比例 麴米：40%・掛米：45%／使用酵母 協會1401號／日本酒度 +4／酒精度數 15〜16度

喝起來舒適宜人
沒有負擔

這是一款充滿鮮味的辛口純米大吟釀。宜人的香氣與順暢的口感堪稱絕妙。建議以冷酒或冷飲方式來享用。

純米大吟釀 一筆啓上

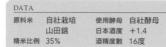

福井
久保田酒造
坂井市

DATA

原料米	自社栽培山田錦	使用酵母	自社酵母
精米比例	35%	日本酒度	+1.4
		酒精度數	16度

傳統與革新完美融合的逸品

不滿足於創業260多年的傳統，在昭和40年代領先其他大酒藏，獨自開發出繁殖麴的機器。此後更與大學的研究室共同培養藏內酵母等，在新技術的導入上也很積極。這樣的酒藏所釀製的純米大吟釀，味道高雅而沒有多餘的雜味，入喉舒暢。

///// **這款也強力推薦！** /////

純米生原酒袋吊搾取 鬼作左

原料米 自社栽培山田錦／精米比例 70%／使用酵母 自社酵母／日本酒度 +10.4／酒精度數 17度

仔細萃取出自社栽培米的味道

使用自社栽培的「山田錦」釀造，並以袋吊方式慢慢搾取。將精米比例提高至70%，讓整個口腔都能感受到米的力量。

傳心 雪 純米吟釀

福井
一本義久保本店
勝山市

DATA

原料米	山田錦·	使用酵母	不公開
	五百萬石	日本酒度	不公開
精米比例	55%	酒精度數	15～16度

使用雪水釀造的純淨酒款

這家酒藏善用來自四方群山的清澈雪水、肥沃的田地、嚴寒的冬天與最適合釀酒的地利優勢，在福井為市占率最高的酒藏。這款純米吟釀保留了這種充滿大自然環境的印象，帶有沉穩清澈的香氣以及充滿透明感的清爽滋味。

///// **這款也強力推薦！** /////

一本義 辛爽系純米吟釀

原料米 越之雫／精米比例 58%／使用酵母 不公開／日本酒度 不公開／酒精度數 16度

如辛爽系的名稱所示喝起來口感爽快

這款酒帶來宛如森林般清新的香氣，並淨溢著透明感，喝起來爽口有勁。屬於酒體硬實，尾韻十分俐落的辛口酒。

福井

梵 超吟

福井
加藤吉平商店
鯖江市

DATA

原料米	山田錦	日本酒度	+2
精米比例	20%	酒精度數	16度
使用酵母	自社酵母		

發揚大吟釀酒的酒藏推出的精心傑作

建立於萬延元（1860）年，並在昭和43（1968）年成為日本第一家以大吟釀酒為商品的酒藏。代表酒藏的這款純米大吟釀，精米比例為20%，使用不斷精磨的頂級「山田錦」釀造，並在零下8℃進行5年熟成。是一款投注全力釀製的名作。

華燭 大吟釀 滴

福井
豐酒造

鯖江市

大吟釀酒

DATA		
原料米 五百萬石	日本酒度 +5	
精米比例 40%	酒精度數 17度	
使用酵母 FK501		

帶有穩重的成熟滋味

酒藏的信條是，一心追求由福井縣的氣候風土所孕育出的地酒，因此僅進行最低限度的水加工與溫濕度管理，憑藉當地的氣候風土來釀造講究的酒款。這款大吟釀不只以袋吊方式搾取，還經過長期冰溫熟成，滋味相當沉穩，令人感到安心。

華燭 純米大吟釀 藏內秘藏酒50

純米大吟釀酒

原料米 五百萬石／精米比例 50%／使用酵母 FK501／日本酒度 +2／酒精度數 16度

充滿雅致感的吟釀香

這款純米大吟釀是以地區限定特別栽培出的「五百萬石」釀製而成。含一口在嘴裡，便會有一股內斂的吟釀香輕輕搔弄鼻腔。

鳴瓢 特別純米酒

福井
堀口酒造

南条郡南越前町

特別純米酒

DATA		
原料米 福井縣產	使用酵母 自社酵母	
五百萬石	日本酒度 +5	
精米比例 60%	酒精度數 15度	

400年歷史釀製出的清爽酒款

冬季清澈的空氣與低溫，再加上豐沛的水與美味的米。這家酒藏在這塊具備所有條件的土地上，以受人喜愛的「澄淨酒款」為理念持續進行釀造。使用當地的「五百萬石」與自社酵母釀成的酒，清爽的吟釀香與圓潤的滋味皆十分迷人。

鳴瓢 特別本釀造 原酒

特別本釀造酒

原料米 福井縣產五百萬石／精米比例 60%／使用酵母 自社酵母／日本酒度 +5／酒精度數 19度

經過長期低溫熟成的沉穩味道

這款酒經過3年長期低溫熟成，藉此提升整體的圓潤感。建議冷飲或加入冰塊細細品味。

醉蝶花 花吟釀

福井
朝日酒造

丹生郡越前町

純米吟釀酒

DATA	
原料米	越光
精米比例	50%
使用酵母	不公開
日本酒度	不公開
酒精度數	16～17度

重新發現越光的實力

這支酒榮獲「越光之鄉福井賞」的知事賞，這個獎主要是頒給活用並宣傳福井縣產「越光」的團體。這款酒最大限度地提出出米的力量，帶有豐富的鮮味與濃郁感。將金粉與梅花、櫻花撒在酒中，視覺上也相當華麗。

春岳 冰濃縮原清酒 純米吟釀

純米吟釀酒

原料米 越光／精米比例 50%／使用酵母 不公開／日本酒度 +5／酒精度數 22～23度

受到世界肯定，令人上癮的濃郁口感

以酒藏獨家製法來釀造福井縣產的「越光」，實現獨特的濃郁口感。與醉蝶花一起獲得世界荻酒食品評鑑會的金賞。

福井

若狭富士
（わかさ富士）

小濱市

純米大吟釀 若狹（わかさ）

純米大吟釀酒

DATA			
原料米	福井縣產山田錦	使用酵母	金澤KZ-4
		日本酒度	+5
精米比例	40%	酒精度數	16.5度

酒藏堅持不懈的歷史濃縮其中

為了尋求最適合釀製吟釀的水而遷至水源發祥地——熊川、小濱與南川的河畔，抱著堅持的態度持續釀酒事業達150年。這款純米大吟釀是將福井縣產的「山田錦」精磨至40％釀製而成，特色在於優雅高貴的香氣以及清爽不刺激的餘味。

吟釀 熊川宿

吟釀酒

原料米 麴米：福井縣產山田錦，精白：福井縣產五百萬石／精米比例 麴米：50%、掛米：55%／使用酵母 金澤KZ-4／日本酒度+7／酒精度數 15.7度

令人浮現雅致風景的華麗酒款

若狹鯖街道的驛站「熊川宿」被指定為街道保存區，這支酒即是以其雅致的風情為意象打造而成。華麗中帶有俐落的味道。

福井

三宅彥右衛門酒造

三方郡美濱町

早瀨浦 純米酒

純米酒

DATA			
原料米	福井縣產酒造好適米	使用酵母	協會9號
		日本酒度	+8
精米比例	55%	酒精度數	15度

熱愛辛口酒的人一定會愛不釋口

這家酒藏建立於享保3（1718）年，使用自宅內湧現的地下水作為釀造用水。其所生產的辛口酒帶有銳利的口感，享有「若狹的男酒」之美譽。這款酒帶有扎實的滋味與俐落的尾韻，令人難以招架。風味會隨著溫度改變，飲用時樂趣無窮。

早瀨浦 純米吟釀酒「越之雫」

純米吟釀酒

原料米 越之雫／精米比例 50%／使用酵母 協會9號／日本酒度+6.5／酒精度數 16度

越之雫孕育出的獨特圓潤口感

這款純米吟釀酒是使用在福井縣大野市開發並栽培的酒米「越之雫」。特色在於帶有雅致的含香與圓潤的口感。

福井

COLUMN
酒器

挑選符合日本酒特性的大小、形狀與材質

若要享受華麗的酒香，選用能讓香氣散發出來的較大玻璃杯為佳。若是冷酒，則挑選可以在酒變溫前喝完的小型酒器。硬質的瓷器或玻璃容器，應該與沁涼的飲用口感十分契合。品飲爛酒的話，則選擇具保溫效果的厚質陶器或錫製酒器。

想要帶出酒香就選用喇叭口酒杯（照片右方）；若要細細品味香氣，則挑選易於匯聚香氣的鬱金香型酒杯（照片左方）。

品飲爛酒時，選擇不易降溫、厚質的陶器較為合適。

品飲冷酒時，就口的觸感冰涼且硬質的瓷器或玻璃製酒器比較適合。

北陸
各式各樣的日本酒

在此介紹北陸的古酒、濁酒與氣泡日本酒。

氣泡酒

福井縣
加藤吉平商店
梵
PREMIUM
SPARKLING

「梵 PREMIUM SPARKLING」如香檳般的瓶身獨具特色。全量使用兵庫縣口吉川町產的「山田錦」,並精磨至20%。這是一支原料米與精米比例皆比照「梵 超吟」所完成的氣泡日本酒。

 福井縣 **吉田酒造**

發泡性清酒
DRAGON KISS

低酒精度數的發泡性清酒。酸酸甜甜的水果滋味相當清爽宜人。建議冰鎮後飲用。

石川縣 **松浦酒造**

活性純米吟釀
鮮

保留活酵母直接裝瓶的香檳純米吟釀酒。帶有如蘋果般的香氣與鮮明的滋味。柔和的氣泡增添了整體的層次感。

濁酒

福井縣 **南部酒造場**

花垣
純米濁酒

後味可以感受到酒米柔和的餘韻。這支酒在「IWC國際葡萄酒競賽2015」的純米酒部門獲得銀牌,並在「最適合用葡萄酒杯品飲的日本酒大獎2015」獲得金賞。

古酒

(石川縣) 金谷酒造店

**山廢秘藏酒
寶養老
1988年釀造**

將昭和63（1988）年釀造的本釀造原酒（山廢釀造）經過長期熟成。色調會轉為琥珀色，屬於辛口風味。加熱成溫爛後香氣會更鮮明。

(福井縣) 宇野酒造場

**一乃谷
平成四年度產
古古酒大吟釀**

在平成4（1992）年度的嚴冬時期釀成的古古酒大吟釀。熟成後的酒液，口感柔和好入喉。琥珀色的大吟釀逸品。

其他氣泡酒&濁酒&古酒

種類	縣市	酒藏	商品名稱	概要
氣泡酒	富山	皇國晴酒造	幻之瀧 柚子 氣泡酒 shushu	一注入玻璃杯中，清爽的柚子色與柚子香便擴散開來，迅速迸發的暢快感十分宜人。
	石川	福光屋	福光屋 酒碳酸 clear	帶有輕快口感，高雅香氣與滑順滋味的氣泡日本酒。建議冰鎮至10～15℃來飲用。
	石川	東酒造	神泉 鮮搾 濁酒	碳酸奔放的口感相當受到喜愛，屬於瓶內發酵的香檳風濁酒。冬季限定品。
	石川	富木酒造店	夢釀 微澄泡特別純米生酒	在嚴冬期的最佳時機搾取完成的微氣泡純米酒。可以享受到輕盈綿密的滋味。季節限定品。
	福井	一本義久保本店	氣泡日本酒 寒日和	將酒精發酵時清酒酵母所產生的天然碳酸氣體封存於瓶內製成的氣泡純米酒。充滿清涼感的溫和甜味，以及細緻的口感十分迷人。
	福井	安本酒造	白岳仙 純米吟釀 Slightly Sparkling	所謂的「Slightly Sparkling」，是指微微冒泡的意思。這款以純米酒規格完成的微氣泡酒，最適合於盛夏時飲用。特色在於清爽的飲用口感。
濁酒	富山	吉乃友酒造	吉乃友 濁酒	純米的薄濁生酒。特色在於帶有柔滑的滋味。冰鎮至10～15℃，即可享受到濃醇的滋味。自12月底開始發售的限定品。
	富山	高澤酒造場	鮮搾生原酒 利右エ門	特色在於豐富的果香與清新的滋味。帶有微碳酸感，口感絕佳，讓人不禁一杯接一杯。
	石川	御祖酒造	遊穗 遊穗之白（ゆうほのしろ）純米原酒 薄濁清酒	帶有飽滿的酸味與鮮味，極富深度的濁酒。以石川能登被積雪覆蓋的雪白冬天為意象的季節限定品。
	石川	松波酒造	活性濁酒 波之花	在能登寒冷的冬天打造，保留了醇的滋味的濁酒。從12月至春天為止發售的季節限定品。
	福井	舟木酒造	北之庄 越前雪國培育的濁酒（越前雪国そだち にごり酒）	甘口風味的白色濁酒，口感滑順易飲。建議以冷酒至溫爛方式飲用。
古酒	石川	久世酒造店	長生舞 超古大吟25	將「山田錦」精磨至40%，並使用自社地下水釀造而成。經過25年以上慢慢熟成的古酒。
	石川	金谷酒造店	高砂 山廢古古酒 1992年釀造	將平成4（1992）年釀造的本釀造酒（山廢釀造）經過長期熟成。甜味、苦味與酸味達到平衡，充滿古酒特有的滋味。
	石川	橋本酒造	純米大吟釀 十代目 十年古酒	一開始可先以冷酒享受醇厚圓潤的滋味，回溫至常溫後，則可品味蘊藏其中的優美吟釀香。
	福井	越之磯	反覆雕琢（刻がさね）十年熟成 純米原酒	風味圓潤，喝起來十分順口。在IWC國際葡萄酒競賽2011的古酒部門獲得金賞。
	福井	美川酒造場	舞美人 純米吟釀古酒 2000年釀造	平成12（2000）年釀造後，置於酒藏以常溫熟成的古酒。帶有熟成的香氣與濃郁的滋味。
	福井	南部酒造場	花垣 大吟釀拾年古酒	「甘辛酸苦旨」五味融為一體，盈豐的滋味在口中擴散開來。這款古酒的口感柔和，卻會留下複雜的餘韻。

※品牌名稱依日文五十音順序排列。

235

酒藏名稱（中文）	酒藏名稱（日文）	地址	洽詢電話	網址	頁數
北海道					
男山（股）	男山（株）	旭川市永山2条7	0166-48-1931	http://www.otokoyama.com/	34
金滴酒造（股）	金滴酒造（株）	樺戸郡新十津川町字中央71 - 7	0125-76-2341	http://www.kinteki.co.jp/	34
國稀酒造（股）	国稀酒造（株）	増毛郡増毛町稲葉町1-17	0164-53-1050	http://www.kunimare.co.jp/	35
合同酒精（股）旭川工場	合同酒精（株）旭川工場	旭川市南4条通20-1955	0166-31-4131	http://www.oenon.jp/product/sake/sake-brewery/godo.html	35
小林酒造（股）	小林酒造（株）	夕張郡栗山町錦3-109	0123-72-1001	http://www.kitanonishiki.com/	33
高砂酒造（股）	髙砂酒造（株）	旭川市宮下通17	0166-23-2251	http://www.takasagoshuzo.com/	33
田中酒造（股）	田中酒造（株）	小樽市色内3-2-5	0134-23-0390	http://www.tanakashuzo.com/	32
（有）二世古酒造	（有）二世古酒造	虻田郡倶知安町旭47	0136-22-1040	http://www.nisekoshuzo.com/	32
日本清酒（股）	日本清酒（株）	札幌市中央区南3条東5-2	011-221-7106	http://www.nipponseishu.co.jp/	32
青森					
尾崎酒造（股）	尾崎酒造（株）	西津軽郡鰺ヶ沢町漁師町30	0173-72-2029	http://www.ozakishuzo.com/	42
（股）菊駒酒造	（株）菊駒酒造	三戸郡五戸町川原町12	0178-62-2323	http://www.kikukoma.com/	41
（股）齋藤酒造店	（株）齋藤酒造店	弘前市駒越町58	0172-34-2233	http://www.matsumidori.co.jp/	40
（有）關乃井酒造	（有）関乃井酒造	むつ市柳町1-5-15	0175-22-3261	http://www.sekinoi.co.jp/	38
（股）鳴海醸造店	（株）鳴海醸造店	黒石市中町1-1	0172-52-3321	http://www.applet1181.jp/kikunoi/	39
（股）西田酒造店	（株）西田酒造店	青森市油川大浜46	017-788-0007	http://www.densyu.co.jp/	38
八戸酒造（股）	八戸酒造（株）	八戸市湊町本町9	0178-33-1171	http://www.mutsu8000.com/	42
八戸酒類（股）	八戸酒類（株）	八戸市八日町1	0178-43-0010	http://hachinohe-syurui.com	42
（股）丸竹酒造店	（株）丸竹酒造店	弘前市国吉坂本49	0172-86-2002		40
三浦酒造（股）	三浦酒造（株）	弘前市石渡5-1-1	0172-32-1577	http://www.houhai.jp/	41
桃川（股）	桃川（株）	上北郡おいらせ町上明堂112	0178-52-2241	http://www.momokawa.co.jp/	38
（股）盛田庄兵衛	（株）盛田庄兵衛	上北郡七戸町七戸230	0176-62 - 2010	http://www.morishou.co.jp/	39
六花酒造（股）	六花酒造（株）	弘前市向外瀬豊田217	0172-35-4141	http://www.joppari.com/	40
鳩正宗（股）	鳩正宗（株）	十和田市三本木字稲吉176-2	0176-23-0221	http://www.hatomasa.jp/	11
岩手					
赤武酒造（股）	赤武酒造（株）	盛岡市北飯岡1-8-60	019-681-8895	http://www.akabu1.com/	44

酒藏名稱（中文）	酒藏名稱（日文）	地址	洽詢電話	網址	頁數
(股) 朝開	(株) あさ開	盛岡市大慈寺町10-34	019-652-3111	http://www.asabiraki-net.jp/	43
(名) 吾妻嶺酒造店	(名) 吾妻嶺酒造店	紫波郡紫波町土舘字内川5	019-673-7221	http://www.azumamine.com/	44
磐乃井酒造 (股)	磐乃井酒造 (株)	一関市花泉町涌津字舘72	0191-82-2100	http://www.iwanoi.co.jp/	47
上閉伊酒造 (股)	上閉伊酒造 (株)	遠野市青笹町糠前31-19-7	0198-62-2002	http://www.v-toono.jp/kamihei/	48
(資) 川村酒造店	(資) 川村酒造店	花巻市石鳥谷町好地12-132	0198-45-2226	http://homepage1.nifty.com/nanbuzeki/	46
喜久盛酒造 (股)	喜久盛酒造 (株)	北上市更木3-54	0197-66-2625	http://kikuzakari.jp/	46
菊之司酒造 (股)	菊の司酒造 (株)	盛岡市紺屋町4-20	019-624-1311	http://www.kikunotsukasa.jp/	43
(股) 櫻顏酒造	(株) 桜顔酒造	盛岡市川目町23-18	019-622-6800	http://sakuragao.com/	44
世嬉之一酒造 (股)	世嬉の一酒造 (株)	一関市田村町5-42	0191-21-1144	http://www.sekinoichi.co.jp/	47
泉金久造 (股)	泉金酒造 (株)	下閉伊郡岩泉町岩泉字太田30	0194-22-3211	http://www.ginga.or.jp/senkin/	48
高橋酒造店	高橋酒造店	紫波郡紫波町片寄字堀米36	019-673-7308		45
(有) 月之輪酒造店	(有) 月の輪酒造店	紫波郡紫波町高水寺字向畑101	019-672-1133	http://www.tsukinowa-iwate.com/	45
(股) 南部美人	(株) 南部美人	二戸市福岡上町13	0195-23-3133	http://www.nanbubijin.co.jp/	49
(股) 濱千鳥	(株) 浜千鳥	釜石市小川町3-8-7	0193-23-5613	http://www.hamachidori.net/	48
廣田酒造店	廣田酒造店	紫波郡紫波町宮手字栗屋敷2-4	019-673-7706	http://hiroki.xm.shopserve.jp/	45
(股) 福來	(株) 福来	久慈市宇部町第5地割31	0194-56-2221	http://www.maroon.dti.ne.jp/fukurai/	46
兩磐酒造 (股)	兩磐酒造 (株)	一関市末広1-8-23	0191-23-3392	http://www.seisyu-kanzan.com/	47

宮城

阿部勘酒造店	阿部勘酒造店	塩竈市西町3-9	022-362-0251	http://www.abekan.com/	51
(股) 一之藏	(株) 一ノ蔵	大崎市松山千石大欅14	0229-55-3322	http://ichinokura.co.jp/	52
(資) 內之崎酒造店	(資) 内ヶ崎酒造店	黒川郡富谷町富谷字町27	022-358-2026	http://www.uchigasaki.com/	50
(有) 大沼酒造店	(有) 大沼酒造店	柴田郡村田町字町56-1	0224-83-2025		50
(股) 男山本店	(株) 男山本店	気仙沼市入沢3-8	0226-24-8088	http://www.kesennuma.co.jp/	55
(股) 角星	(株) 角星	気仙沼市切通78	0226-22-0001	http://kakuboshi.co.jp/	55
金之井酒造 (股)	金の井酒造 (株)	栗原市一迫字川口町浦1-1	0228-54-2115		55
(名) 川敬商店	(名) 川敬商店	遠田郡美里町二郷字高玉6-7	0229-58-0333		49
(名) 寒梅酒造	(名) 寒梅酒造	大崎市古川柏崎字境田15	0229-26-2037	http://miyakanbai.com/	52
(股) 佐浦	(株) 佐浦	塩竈市本町2-19	022-362-4165	http://www.urakasumi.com/	51
墨廼江酒造 (股)	墨廼江酒造 (株)	石巻市千石町8-43	0225-96-6288		56

※省略部分內容以及地址的「字」與「大字」。
（註：日本在實施市町村合併後，原本的村名改成「大字」，村以下的更小行政區單位則成為「小字」）

酒藏名稱（中文）	酒藏名稱（日文）	地址	洽詢電話	網址	頁數
仙台伊澤家勝山酒造（股）	仙台伊澤家勝山酒造（株）	仙台市泉区福岡二又25-1	022-348-2611	http://www.katsu-yama.com/#p1	54
大和藏酒造（股）	大和藏酒造（株）	黒川郡大和町松坂平8-1	022-345-6886		50
（股）田中酒造店	（株）田中酒造店	加美郡加美町西町88-1	0229-63-3005		53
（股）中勇酒造店	（株）中勇酒造店	加美郡加美町南町166	0229-63-2018	http://www.mugen-kuramoto.co.jp/	53
（股）新澤醸造店	（株）新澤醸造店	大崎市三本木北町63	0229-52-3002	http://www.niizawa-sake.jp/	52
萩野酒造（股）	萩野酒造（株）	栗原市金成有壁新町52	0228-44-2214	http://www.hagino-shuzou.co.jp/	54
（股）平孝酒造	（株）平孝酒造	石巻市清水町1-5-3	0225-22-0161		56
森民酒造店	森民酒造店	大崎市岩出山字上川原町15	0229-72-1010		54
（股）山和酒造店	（株）山和酒造店	加美郡加美町南町109-1	0229-63-3017	http://www.nona.dti.ne.jp/~yamawa/	53

秋田

秋田縣發酵工業（股）	秋田県醗酵工業（株）	湯沢市深堀字中川原120-8	0183-73-3106	http://www.oenon.jp/product/sake/sake-brewery/akita.html	69
秋田酒造（股）	秋田酒造（株）	秋田市新屋元町23-28	018-828-1311	http://www.akitabare.jp/	60
秋田酒類製造（股）	秋田酒類製造（株）	秋田市川元むつみ町4-12	018-864-7331	http://www.takashimizu.co.jp/	57
秋田醸造（股）	秋田醸造（株）	秋田市楢山登町5-2	018-832-2818		60
秋田清酒（股）	秋田清酒（株）	大仙市戸地谷字天ケ沢83-1	0187-63-1224	http://www.igeta.jp/	66
秋田銘醸（股）	秋田銘醸（株）	湯沢市大工町4-23	0183-73-3161	http://www.ranman.co.jp/ranman/	70
阿櫻酒造（股）	阿櫻酒造（株）	横手市大沢字西野67-2	0182-32-0126	http://www.azakura.co.jp/	67
淺舞酒造（股）	浅舞酒造（株）	横手市平鹿町浅舞字浅舞388	0182-24-1030	http://www.amanoto.co.jp/	68
新政酒造（股）	新政酒造（株）	秋田市大町6-2-35	018-823-6407	http://www.aramasa.jp/	57
（有）奥田酒造店	（有）奥田酒造店	大仙市協和境字境113	018-892-3001	http://www.chiyomidori.com/	65
鹿角之銘酒（股）	かづの銘酒（株）	鹿角市花輪字中花輪29	0186-23-2053	http://www.osake.or.jp/kuramoto/iframe/d141.html	64
刈穂酒造（股）	刈穂酒造（株）	大仙市神宮寺字神宮寺275	0187-72-2311	http://www.igeta.jp/about-kariho/	65
喜久水酒造（資）	喜久水酒造（資）	能代市万町6-37	0185-52-2271	http://kikusuisyuzo.com/	63
（股）木村酒造	（株）木村酒造	湯沢市田町2-1-11	0183-73-3155	http://www.fukukomachi.com/	70
金紋秋田酒造（股）	金紋秋田酒造（株）	大仙市藤木字西八圭34-2	0120-65-3560	http://www.kinmon-kosyu.com/	66
小玉醸造（股）	小玉醸造（株）	潟上市飯田川飯塚字飯塚34-1	018-877-2100	http://www.kodamajozo.co.jp/	64

酒藏名稱（中文）	酒藏名稱（日文）	地址	洽詢電話	網址	頁數
（股）齋彌酒造店	（株）齋彌酒造店	由利本荘市 石脇字石脇53	0184-22-0536	http://www.yukinobousha.jp/	62
（名）鈴木酒造店	（名）鈴木酒造店	大仙市長野字 二日町9	0187-56-2121	http://www.hideyoshi.co.jp/	66
出羽鶴酒造（股）	出羽鶴酒造（株）	大仙市南外字 悪戸野81	0187-74-2600	http://www.igeta.jp/about-dewatsuru/	65
天壽酒造（股）	天寿酒造（株）	由利本荘市矢島町 城内字八森下117	0184-55-3165	http://www.tenju.co.jp/	62
（股）那波商店	（株）那波商店	秋田市土崎港 中央1-16-41	018-845-1260	http://jizakemonogatari.net/	61
（名）西村釀造店	（名）西村醸造店	能代市日吉町 14-28	0185-52-3341	http://www.shirakami. or.jp/~rakuizumi/	63
備前酒造本店	備前酒造本店	横手市大森町字 大森169	0182-26-2004	http://dainagawa.jp/	68
日之丸釀造（股）	日の丸醸造（株）	横手市増田町 七日町114-2	0182-45-2005	http://hinomaru-sake.com/	67
（股）飛良泉本舖	（株）飛良泉本舗	にかほ市平沢中 町59	0184-35-2031	http://www.hiraizumi.co.jp/	63
福祿壽酒造（股）	福禄寿酒造（株）	南秋田郡五城目町 字下タ町48	018-852-4130	http://www.fukurokuju.jp/	61
（股）北鹿	（株）北鹿	大館市有浦2-2-3	0186-42-2101	http://www.hokushika.jp/	64
舞鶴酒造（股）	舞鶴酒造（株）	横手市平鹿町 浅舞字浅舞184	0182-24-1128		67
山本（名）	山本（名）	山本郡八峰町 八森字八森269	0185-77-2311	http://www.shirataki.net/	70
兩關酒造（股）	両関酒造（株）	湯沢市前森4-3-18	0183-73-3143	http://www.ryozeki.co.jp/	69

山形

酒藏名稱（中文）	酒藏名稱（日文）	地址	洽詢電話	網址	頁數
朝日川酒造（股）	朝日川酒造（株）	西村山郡河北町 谷地93	0237-72-2022	http://www.oboshi.co.jp/ kuramoto/asahikawa/	85
東之麓酒造（有）	東の麓酒造（有）	南陽市 宮内2557	0238-47-5111	http://www3.omn.ne.jp/ ~yamaei/	84
奧羽自慢（股）	奥羽自慢（株）	鶴岡市上山添 字神明前123	050-3385-0347	http://oujiman.jp/	80
（股）Eau de Vie 庄內	（株）オードヴィ 庄内	酒田市大字 浜中乙123	0234-92-2046	http://kiyoizumigawa.com/	77
月山酒造（股）	月山酒造（株）	寒河江市谷沢769-1	0237-87-1114	http://www.gassan-sake.co.jp/	73
加藤嘉八郎 酒造（股）	加藤嘉八郎 酒造（株）	鶴岡市大山 3-1-38	0235-33-2008	http://katokahachiro.web.fc2. com/	81
菊勇（股）	菊勇（株）	酒田市大字黒森 字葭葉山650	0234-92-2323	http://www.kikuisami.co.jp/	76
香坂酒造（股）	香坂酒造（株）	米沢市中央7-3-10	0238-23-3355	http://www.ko-bai.sakura.ne.jp/	83
（股）小嶋總本店	（株）小嶋総本店	米沢市本町2-2-3	0238-23-4848	http://www.sake-toko.co.jp/ main.php	82
（資）後藤酒造店	（資）後藤酒造店	東置賜郡高畠町 大字糠野目1462	0238-57-3136	http://www.benten-goto.com/	85

酒藏名稱（中文）	酒藏名稱（日文）	地址	洽詢電話	網址	頁數
壽虎屋酒造（股）	寿虎屋酒造（株）	山形市大字中里字北田93-1	023-687-2626	http://www.kotobukitoraya.co.jp/	71
（股）小屋酒造	（株）小屋酒造	最上郡大蔵村大字清水2591	0233-75-2001		74
酒田酒造（股）	酒田酒造（株）	酒田市日吉町2-3-25	0234-22-1541		78
（名）佐藤佐治右衛門	（名）佐藤佐治右衛門	東田川郡庄内町余目字町255	0234-42-3013		74
（有）秀鳳酒造場	（有）秀鳳酒造場	山形市山家町1-6-6	023-641-0026	http://www.shuhosyuzo.com/	71
（有）新藤酒造店	（有）新藤酒造店	米沢市竹井1331	0238-28-3403	http://www.kurouzaemon.com/	83
（資）杉勇蕨岡酒造場	（資）杉勇蕨岡酒造場	飽海郡遊佐町大字上蕨岡字御備田47-1	0234-72-2234		79
（資）高橋酒造店	（資）高橋酒造店	飽海郡遊佐町大字吹浦字一本木57	0234-77-2005	http://www.touhokuizumi.co.jp/	79
竹之露（資）	竹の露（資）	鶴岡市羽黒町猪俣新田字田屋前133	0235-62-2209	http://www.takenotsuyu.com/	80
楯之川酒造（股）	楯の川酒造（株）	酒田市山楯字清水田27	0234-52-2323	http://www.tatenokawa.jp/ja/sake/	77
樽平酒造（股）	樽平酒造（株）	東置賜郡川西町大字中小松2886	0238-42-3101	http://www.taruhei.co.jp	84
千代壽虎屋（股）	千代寿虎屋（株）	寒河江市南町2-1-16	0237-86-6133	http://www.chiyokotobuki.com/	72
出羽櫻酒造（股）	出羽桜酒造（株）	天童市一日町1-4-6	023-653-5121	http://www.dewazakura.co.jp/	72
東北銘釀（股）	東北銘醸（株）	酒田市十里塚字村東山125-3	0234-31-1515	http://www.hatsumago.co.jp/	76
野澤酒造店	野澤酒造店	西置賜郡小国町大字小国小坂町213	0238-62-2011		84
羽根田酒造（股）	羽根田酒造（株）	鶴岡市大山2-1-15	0235-33-2058		81
濱田（股）	浜田（株）	米沢市窪田町藤泉943-1	0238-37-6330	http://www.okimasamune.com/	82
富士酒造（股）	冨士酒造（株）	鶴岡市大山3-32-48	0235-33-3200	http://www.e-sakenom.com/	81
麓井酒造（股）	麓井酒造（株）	酒田市麓字横道32	0234-64-2002		78
古澤酒造（股）	古澤酒造（株）	寒河江市丸内3-5-7	0237-86-5322	http://www.furusawa.co.jp/	73
（股）水戶部酒造	（株）水戸部酒造	天童市原町乙7	023-653-2131	http://www.mitobesake.com/	71
米鶴酒造（股）	米鶴酒造（株）	東置賜郡高畠町二井宿1076	0238-52-1130	http://www.yonetsuru.com/	85
（股）六歌仙	（株）六歌仙	東根市温泉町3-17-7	0237-42-2777	http://www.yamagata-rokkasen.co.jp/	74
和田酒造（資）	和田酒造（資）	西村山郡河北町谷地甲17	0237-72-3105	http://www.hinanet.ne.jp/~aratama/	73
（股）渡會本店	（株）渡會本店	鶴岡市大山2-2-8	0235-33-3262	http://www.dewanoyuki.com/	80

福島

會津酒造（股）	会津酒造（株）	南会津郡南会津町永田字穴沢603	0241-62-0012	http://www.kinmon.aizu.or.jp/	99
曙酒造（資）	曙酒造（資）	河沼郡会津坂下町戌亥乙2	0242-83-2065	http://akebono-syuzou.com/	101

酒藏名稱（中文）	酒藏名稱（日文）	地址	洽詢電話	網址	頁數
榮川酒造（股）	榮川酒造（株）	耶麻郡磐梯町更科字中曽根平6841-11	0242-73-2300	http://www.eisen.jp/	98
（名）大谷忠吉本店	（名）大谷忠吉本店	白河市本町54	0248-23-2030	http://www.hakuyou.co.jp/	91
奧之松酒造（股）	奥の松酒造（株）	二本松市長命69	0243-22-2153	http://www.okunomatsu.co.jp/	89
小原酒造（股）	小原酒造（株）	喜多方市南町2846	0241-22-0074	http://www.oharashuzo.co.jp/	92
開當男山酒造	開当男山酒造	南会津郡南会津町中荒井久宝居785	0241-62-0023	http://otokoyama.jp/	99
（資）喜多之華酒造場	（資）喜多の華酒造場	喜多方市前田4924	0241-22-0268	http://www.kitano87.jp/	92
（有）金水晶酒造店	（有）金水晶酒造店	福島市松川町本町29	024-567-2011	http://www.kinsuisho.com/	87
（有）玄葉本店	（有）玄葉本店	田村市船引町船引北町通41	0247-82-0030		98
國權酒造（股）	国権酒造（株）	南会津郡南会津町田島上町甲4037	0241-62-0036	http://www.kokken.co.jp/	99
笹之川酒造（股）	笹の川酒造（株）	郡山市笹川1-178	024-945-0261	http://www.sasanokawa.co.jp/	90
笹正宗酒造（股）	笹正宗酒造（株）	喜多方市上三宮町上三宮籬山675	0241-24-2211	http://www.sasamasamune.com/	93
（名）四家酒造店	（名）四家酒造店	いわき市内郷高坂町中平14	0246-26-3504	http://ww35.tiki.ne.jp/~iwaki-syuzou/sakaya/sike.html	100
末廣酒造	末廣酒造	会津若松市日新町12-38	0242-27-0002	http://www.sake-suehiro.jp/	96
千駒酒造（股）	千駒酒造（株）	白河市年貢町15-1	0120-35-3057	http://senkoma.wn.shopserve.jp/	91
大七酒造（股）	大七酒造（株）	二本松市竹田1-66	0243-23-0007	http://www.daishichi.com/	88
大天狗酒造（股）	大天狗酒造（株）	本宮市本宮九縄18	0243-33-2017	http://www.daiteng.com/	87
太平櫻酒造（資）	太平桜酒造（資）	いわき市常磐下湯長谷町町下92	0246-43-2053	http://www.sake-iwaki.com/	100
高橋庄作酒造店	髙橋庄作酒造店	会津若松市門田町一ノ堰村東755	0242-27-0108	http://aizumusume.a.la9.jp/	96
（資）辰泉酒造	（資）辰泉酒造	会津若松市上町5-26	0242-22-0504	http://tatsuizumi.co.jp/	97
鶴乃江酒造（股）	鶴乃江酒造（株）	会津若松市七日町2-46	0242-27-0139	http://www.d3.dion.ne.jp/~seibo/	97
豐國酒造（資）	豊国酒造（資）	河沼郡会津坂下町市中一番甲3554	0242-83-2521	http://aizu-toyokuni.com/	101
名倉山酒造（股）	名倉山酒造（株）	会津若松市千石町2-46	0242-22-0844	http://www.nagurayama.jp/	95
仁井田本家	仁井田本家	郡山市田村町金沢高屋敷139	024-955-2222	http://www.kinpou.co.jp/	89
人氣酒造（股）	人気酒造（株）	二本松市山田470	0243-23-2091	http://www.ninki.co.jp/	88
花泉酒造（名）	花泉酒造（名）	南会津郡南会津町界中田646-1	0241-73-2029	http://www.hanaizumi.ne.jp/	100
花春酒造（股）	花春酒造（株）	会津若松市神指町中四合小見前24-1	0242-22-0022	http://www.hanaharu.co.jp/	95

酒藏名稱（中文）	酒藏名稱（日文）	地址	洽詢電話	網址	頁數
磐梯酒造（股）	磐梯酒造（株）	耶麻郡磐梯町磐梯金上壇2568	0242-73-2002		98
（股）檜物屋酒造店	（株）檜物屋酒造店	二本松市松岡173	0243-23-0164		87
（資）廣木酒造本店	（資）廣木酒造本店	河沼郡会津坂下町市中二番甲3574	0242-83-2104		101
（名）藤井酒造店	（名）藤井酒造店	東白川郡矢祭町戸塚41	0247-46-3101	http://www.nango41.jp/	90
譽酒造（股）	ほまれ酒造（株）	喜多方市松山町村松常盤町2706	0241-22-5151	http://www.aizuhomare.jp/	93
（有）峰之雪酒造場	（有）峰の雪酒造場	喜多方市桜ケ丘1-17	0241-22-0431	http://minenoyuki.com/	93
宮泉銘釀（股）	宮泉銘醸（株）	会津若松市東栄町8-7	0242-27-0031	http://www.miyaizumi.co.jp/	96
（資）大和川酒造店	（資）大和川酒造店	喜多方市寺町4761	0241-22-2233	http://www.yauemon.co.jp/	92
夢心酒造（股）	夢心酒造（株）	喜多方市北町2932	0241-22-1266	http://www.yumegokoro.com/	91
（股）若關酒造	（株）若関酒造	郡山市久留米2-98	024-945-0010		90
山口（名）	山口（名）	会津若松市相生町7-17	0242-25-0054		95

茨城

酒藏名稱（中文）	酒藏名稱（日文）	地址	洽詢電話	網址	頁數
（資）井坂酒造店	（資）井坂酒造店	常陸太田市小中町187	0294-82-2006	http://www.isakasyuzou.co.jp/	108
（資）浦里酒造店	（資）浦里酒造店	つくば市吉沼982	029-865-0032	http://www.kiritsukuba.co.jp/	109
岡部（名）	岡部（名）	常陸太田市小沢町2335	0294-74-2171	http://www.matsuzakari.co.jp/	108
木内酒造（資）	木内酒造（資）	那珂市鴻巣1257	029-298-0105	http://www.kodawari.cc/	112
須藤本家（股）	須藤本家（株）	笠間市小原2125	0296-77-0152	http://www.sudohonke.co.jp/	107
（股）竹村酒造店	（株）竹村酒造店	常総市水海道宝町3374-1	0297-23-1155	http://takemurashuzou.com/	111
（股）月之井酒造店	（株）月の井酒造店	東茨城郡大洗町磯浜638	029-266-2168	http://www.tsukinoi.co.jp/	112
野村釀造（股）	野村醸造（株）	常総市石下町本石下2052	0297-42-2056	http://www.tsumugibijin.co.jp/	111
府中譽（股）	府中誉（株）	石岡市国府5-9-32	0299-23-0233	http://www.huchuhomare.com/	109
（股）武勇	（株）武勇	結城市結城144	0296-33-3343	http://www.buyu.jp/	106
明利酒類（股）	明利酒類（株）	水戸市元吉田町338	029-247-6111	http://www.meirishurui.com/	106
森島酒造（股）	森島酒造（株）	日立市川尻町1-17-7	0294-43-5334	http://www.taikan.co.jp/	110
（股）山中酒造店	（株）山中酒造店	常総市新石下187	0297-42-2004	http://www.hitorimusume.co.jp/	111
結城酒造（股）	結城酒造（株）	結城市結城1589	0296-33-3344	http://www.yuki-sake.com/	107
吉久保酒造（股）	吉久保酒造（株）	水戸市本町3-9-5	029-224-4111	http://www.ippin.co.jp/	106
來福酒造（股）	来福酒造（株）	筑西市村田1626	0296-52-2448	http://www.raifuku.co.jp/	110

酒藏名稱（中文）	酒藏名稱（日文）	地址	洽詢電話	網址	頁數
栃木					
飯沼銘醸（股）	飯沼銘醸（株）	栃木市西方町元850	0282-92-2005	http://www.cc9.ne.jp/~suginamiki/	115
池島酒造（股）	池島酒造（株）	大田原市下石上1227	0287-29-0011	http://www.ikenishiki.co.jp/	117
（股）井上清吉商店	（株）井上清吉商店	宇都宮市白沢町1901-1	028-673-2350	http://sawahime.co.jp/	118
宇都宮酒造（股）	宇都宮酒造（株）	宇都宮市柳田町248	028-661-0880	http://www.shikisakura.co.jp/	118
片山酒造（股）	片山酒造（株）	日光市瀬川146-2	0288-21-0039	http://www.kashiwazakari.com/	115
菊之里酒造（股）	菊の里酒造（株）	大田原市片府田302-2	0287-98-3477	http://www.daina-sake.com/	119
小林酒造（股）	小林酒造（株）	小山市卒島743-1	0285-37-0005		114
（股）仙禽	（株）せんきん	さくら市馬場106	028-681-0011		119
惣譽酒造（股）	惣誉酒造（株）	芳賀郡市貝町大字上根539	0285-68-1141	http://sohomare.co.jp/	113
第一酒造（股）	第一酒造（株）	佐野市田島町488	0283-22-0001	http://www.sakekaika.co.jp/	115
（股）辻善兵衛商店	（株）辻善兵衛商店	真岡市田町1041-1	0285-82-2059	http://www.nextftp.com/dotcom/sakuragawa/	116
天鷹酒造（股）	天鷹酒造（株）	大田原市蛭畑2166	0287-98-2107	http://tentaka.co.jp/	117
（股）外池酒造店	（株）外池酒造店	芳賀郡益子町大字塙333-1	0285 72 0001	http://tonoike.jp/	113
（股）虎屋本店	（株）虎屋本店	宇都宮市本町4-12	028-622-8223	http://toratora.co.jp/	118
西堀酒造（股）	西堀酒造（株）	小山市粟宮1452	0285-45-0035	http://nishiborisyuzo.com/	122
鳳鸞酒造（股）	鳳鸞酒造（株）	大田原市住吉町1-1-28	0287-22-2239	http://www.horan.co.jp/	117
（股）松井酒造店	（株）松井酒造店	塩谷郡塩谷町船生3683	0287-47-0008	http://www.matsunokotobuki.jp/	116
若駒酒造（股）	若駒酒造（株）	小山市小粽169-1	0285-37-0429		114
群馬					
淺間酒造（股）	浅間酒造（株）	吾妻郡長野原町長野原1392-10	0279-82-2045	http://www.asama-sakagura.co.jp/	123
大利根酒造（有）	大利根酒造（有）	沼田市白沢町高平1306-2	0278-53-2334	http://www.sadaijin.co.jp/	123
近藤酒造（股）	近藤酒造（株）	みどり市大間々町大間々1002	0277-72-2221	http://www.akagisan.com/	122
清水屋酒造（有）	清水屋酒造（有）	館林市台宿町3-10	0276-74-0269	http://www.shimizuyasyuzo.co.jp/	125
土田酒造（股）	土田酒造（株）	利根郡川場村川場湯原2691	0278-52-3511	http://www.homare.biz/	124
永井酒造（股）	永井酒造（株）	利根郡川場村門前713	0278-52-2311	http://www.mizubasho.jp/	124
分福酒造（股）	分福酒造（株）	館林市野辺137	0276-72-0017	http://www.bunbuku.net/	124
（股）町田酒造	（株）町田酒造	前橋市駒形町65	027 266-0052	http://www.seiryo-sake.co.jp/	126

酒藏名稱（中文）	酒藏名稱（日文）	地址	洽詢電話	網址	頁數
松屋酒造（股）	松屋酒造（株）	藤岡市藤岡乙180	0274-22-0022	http://www.tousenkura.jp/	123
柳澤酒造（股）	柳澤酒造（株）	前橋市粕川町深津104-2	027-285-2005	http://www.katsuragawa-sake.co.jp/	126
龍神酒造（股）	龍神酒造（株）	館林市西本町7-13	0276-72-3711	http://www.ryujin.jp/	125

埼玉

酒藏名稱（中文）	酒藏名稱（日文）	地址	洽詢電話	網址	頁數
麻原酒造（股）	麻原酒造（株）	入間郡越生町上野2906-1	049-298-6010	http://www.musashino-asahara.jp/	127
五十嵐酒造（股）	五十嵐酒造（株）	飯能市大字川寺667-1	050-3785-5680	https://www.snw.co.jp/~iga_s/	129
（股）釜屋	（株）釜屋	加須市騎西1162	0480-73-1234	http://www.rikishi.co.jp/	131
川端酒造（股）	川端酒造（株）	行田市佐間2-9-8	048-554-3217	http://www.kawabatashuzou.co.jp/	132
小江戸鏡山酒造（股）	小江戸鏡山酒造（株）	川越市仲町10-13	049-224-7780	http://www.kagamiyama.jp/	128
（股）小山本家酒造	（株）小山本家酒造	さいたま市西区指扇1798	048-623-0013	http://www.koyamahonke.co.jp/	127
権田酒造（股）	権田酒造（株）	熊谷市三ヶ尻1491	048-532-3611	http://www.ksky.ne.jp/~gonda/	131
神龜酒造（股）	神亀酒造（株）	蓮田市馬込1978	048-768-0115	http://shinkame.com/	134
鈴木酒造（股）	鈴木酒造（株）	さいたま市岩槻区本町4-8-24	048-756-0067	http://www.suzukishuzou.com/	127
晴雲酒造（股）	晴雲酒造（株）	比企郡小川町大字大塚178-2	0493-72-0055	http://www.kumagaya.or.jp/~seiun/	130
清龍酒造（股）	清龍酒造（株）	蓮田市閒戸659-3	048-768-2025	http://www.seiryu-syuzou.co.jp/	134
（股）TAISEI秩父菊水酒造所	（株）タイセー秩父菊水酒造所	秩父市下吉田3786-1	0494-77-2010	http://www.chichibu-kikusui.com/	131
瀧澤酒造（股）	滝澤酒造（株）	深谷市田所町9-20	048-571-0267	http://kikuizumi.jp/	132
（股）東亞酒造	（株）東亜酒造	羽生市西4-1-11	048-561-3311	http://www.toashuzo.com/	133
長澤酒造（股）	長澤酒造（株）	日高市大字北平沢335	042-989-0007	http://nagasawasyuzou.com/	128
南陽釀造（股）	南陽釀造（株）	羽生市大字上新郷5951	048-561-0178	http://www.nanyo-jozo.com/	133
武甲酒造（股）	武甲酒造（株）	秩父市宮側町21-27	0494-22-0046	http://www.bukou.co.jp/	130
（股）文樂	（株）文楽	上尾市上町2-5-5	048-771-0011	http://www.bunraku.net/	128
松岡釀造（股）	松岡釀造（株）	比企郡小川町下古寺7-2	0493-72-1234	http://www.mikadomatsu.com/	130
丸山酒造（股）	丸山酒造（株）	深谷市横瀬1323	048-587-2144	http://www.maruyamasz.com/	132
武藏鶴酒造（股）	武蔵鶴酒造（株）	比企郡小川町大塚243	0493-72-1634	http://www.musashitsuru.co.jp/	129
横山酒造（股）	横田酒造（株）	行田市桜町2-29-3	048-556-6111	http://yokota-shuzou.co.jp/	133

千葉

酒藏名稱（中文）	酒藏名稱（日文）	地址	洽詢電話	網址	頁數
（股）飯田本家	（株）飯田本家	香取市小見川178	0478-82-2037	http://www.iida-honke.com/	139
龜田酒造（股）	亀田酒造（株）	鴨川市仲329	04-7097-1116	http://jumangame.com/	136
（資）寒菊銘釀	（資）寒菊銘釀	山武市松尾町武野里11	0479-86-3050	http://www.kankiku.com/	139

酒藏名稱（中文）	酒藏名稱（日文）	地址	洽詢電話	網址	頁數
木戶泉酒造（股）	木戸泉酒造（株）	いすみ市大原7635-1	0470-62-0013	http://kidoizumi.jpn.com/	138
小泉酒造（資）	小泉酒造（資）	富津市上後423-1	0439-68-0100	http://www.sommelier.co.jp/	136
（股）瀧澤本店	（株）滝沢本店	成田市上町513	0476-24-2292	http://www.nctv.co.jp/~takizawa/	135
（股）寺田本家	（株）寺田本家	香取郡神崎町神崎本宿1964	0478-72-2221	http://www.teradahonke.co.jp/	138
東薰酒造（股）	東薫酒造（株）	香取市佐原イ627	0478-55-1122	http://www.tokun.co.jp	138
豊乃鶴酒造（股）	豊乃鶴酒造（株）	夷隅郡大多喜町新丁88	0470-82-2026	http://toyonotsuru.jimdo.com/	137
鍋店（股）	鍋店（株）	成田市本町338	0476-22-1455	http://www.nabedana.co.jp/	135
（股）馬場本店酒造	（株）馬場本店酒造	香取市佐原イ614-1	0478-52-2227	http://www.babahonten.com/	139
吉崎酒造（股）	吉崎酒造（株）	君津市久留里市場102	0439-27-2013	http://kichiju-gekka.com/	135
吉野酒造（股）	吉野酒造（株）	勝浦市植野571	0470-76-0215	http://koshigoi.com/	137
和藏酒造（股）	和蔵酒造（株）	富津市竹岡1	0439-52-0461		136

東京

石川酒造（股）	石川酒造（株）	福生市熊川1	042-553-0100	http://www.tamajiman.co.jp/	146
小澤酒造（股）	小澤酒造（株）	青梅市沢井2-770	0428-78-8215	http://www.sawanoi-sake.com/	143
小山酒造（股）	小山酒造（株）	北区岩淵町26-10	03-3902-3451	http://www.koyamashuzo.co.jp/	142
田村酒造場	田村酒造場	福生市福生626	042-551-0003	http://www.seishu-kasen.com/	143
豊島屋酒造（股）	豊島屋酒造（株）	東村山市久米川町3-14-10	042-391-0601	http://www.toshimayasyuzou.co.jp/	142
中村酒造	中村酒造	あきる野市牛沼63	042-558-0516	http://www.chiyotsuru.jp/	147
（名）野口酒造店	（名）野口酒造店	府中市宮西町4-2-1	042-362-2117		142
野崎酒造（股）	野崎酒造（株）	あきる野市戸倉63	042-596-0123	http://www.kisho-sake.jp/	146

神奈川

石井醸造（股）	石井醸造（株）	足柄上郡大井町上大井954	0465-82-3241	http://www.ishiijozo.com/	147
泉橋酒造（股）	泉橋酒造（株）	海老名市下今泉5-5-1	046-231-1338	http://izumibashi.com/	150
井上酒造（股）	井上酒造（株）	足柄上郡大井町上大井552	0465-82-0325	http://www.hakoneyama.co.jp/	147
大矢孝酒造（股）	大矢孝酒造（株）	愛甲郡愛川町田代521	046-281-0028	http://www.hourai.jp/	149
（有）金井酒造店	（有）金井酒造店	秦野市堀山下182-1	0463-88-7521	http://www.shirasasa.com/	149
（資）川西屋酒造店	（資）川西屋酒造店	足柄上郡山北町山北250	0465-75-0009		148
熊澤酒造（股）	熊澤酒造（株）	茅ヶ崎市香川7-10-7	0467-52-6118	http://www.kumazawa.jp/	151
黃金井酒造（股）	黄金井酒造（株）	厚木市七沢769	046-248-0124	http://www.koganeishuzou.com/	150
中澤酒造（股）	中澤酒造（株）	足柄上郡松田町松田惣領1875	0465-82-0024	http://www.matsumidori.jp/	148

酒藏名稱（中文）	酒藏名稱（日文）	地址	洽詢電話	網址	頁數
山梨					
笹一酒造（股）	笹一酒造（株）	大月市笹子町吉久保26	0554-25-2111	http://www.sasaichi.co.jp/	158
太冠酒造（股）	太冠酒造（株）	南アルプス市上宮地57	055-282-1116	http://www.taikan-y.co.jp/	156
武之井酒造（股）	武の井酒造（株）	北杜市高根町箕輪1450	0551-47-2277	http://www008.upp.so-net.ne.jp/takenoi/	158
谷櫻酒造（有）	谷櫻酒造（有）	北杜市大泉町谷戸2037	0551-38-2008	http://www.tanizakura.co.jp/	157
（股）八巻酒造店	（株）八巻酒造店	北杜市高根町下黒沢950	0551-47-3130	http://yamakishuzou.com	159
山梨銘醸（股）	山梨銘醸（株）	北杜市白州町台ヶ原2283	0551-35-2236	http://www.sake-shichiken.co.jp/	157
（股）萬屋醸造店	（株）萬屋醸造店	南巨摩郡富士川町青柳町1202-1	0556-22-2103	http://www.shunnoten.co.jp/	156
長野					
（股）井賀屋酒造場	（株）井賀屋酒造場	中野市大字中野1597	0269-22-3064	http://igayasyuzou.com/	171
岩波酒造（資）	岩波酒造（資）	松本市里山辺5159	0263-25-1300	https://www.mcci.or.jp/www/iwanami/	170
漆戸醸造（股）	漆戸醸造（株）	伊那市西町4875-1	0265-78-2223	http://urushido.co.jp/	166
（股）遠藤酒造場	（株）遠藤酒造場	須坂市大字須坂29	026-245-0117	http://www.keiryu.jp/	172
大國酒造（股）	大國酒造（株）	伊那市西春近2161-1	0265-72-2040	http://www.ookuni.com/	167
大澤酒造（股）	大澤酒造（株）	佐久市茂田井2206	0267-53-3100	http://osawa-sake.jp/	161
大塚酒造（股）	大塚酒造（株）	小諸市大手2-1-24	0267-22-0002	http://www.asamadake.co.jp/	160
岡崎酒造（股）	岡崎酒造（株）	上田市中央4-7-33	0268-22-0149	http://www.ueda.ne.jp/~okazaki/	163
（股）角口酒造店	（株）角口酒造店	飯山市大字常郷1147	0269-65-2006	http://www.kadoguchi.jp/	169
木内醸造（股）	木内醸造（株）	佐久市大沢985	0267-62-0005	http://www1a.biglobe.ne.jp/hatuuguisu/	162
喜久水酒造（股）	喜久水酒造（株）	飯田市鼎切石4293	0265-22-2300	http://kikusuisake.co.jp/	168
黒澤酒造（股）	黒澤酒造（株）	南佐久郡佐久穂町穂積1400	0267-88-2002	http://www.kurosawa.biz/	163
佐久乃花酒造（股）	佐久の花酒造（株）	佐久市下越620	0267-82-2107	http://www.sakunohana.jp/	162
（股）酒千蔵野	（株）酒千蔵野	長野市川中島町今井368-1	026-284-4062	http://www.shusen.jp/	169
酒造（股）長生社	酒造（株）長生社	駒ヶ根市赤須東10-31	0265-83-4136	http://sinanoturu.blog77.fc2.com/	167
（股）仙醸	（株）仙醸	伊那市高遠町上山田2432	0265-94-2250	http://www.senjyo.co.jp/	166
大信州酒造（股）	大信州酒造（株）	松本市島立2380	0263-47-0895	http://www.daishinsyu.com/	170
大雪渓酒造（股）	大雪渓酒造（株）	北安曇郡池田町会染9642-2	0261-62-3125	http://www.jizake.co.jp/	170

酒藏名稱（中文）	酒藏名稱（日文）	地址	洽詢電話	網址	頁數
（股）田中屋酒造店	（株）田中屋酒造店	飯山市大字飯山2227	0269-62-2057	http://www.mizuo.co.jp/	172
千曲錦酒造（股）	千曲錦酒造（株）	佐久市長土呂1110	0267-67-3731	http://www.chikumanishiki.com/	160
（股）土屋酒造店	（株）土屋酒造店	佐久市大字中込1914-2	0267-62-0113	http://www.kamenoumi.sakura.ne.jp/	161
伴野酒造（股）	伴野酒造（株）	佐久市野沢123	0267-62-0021	http://www.sawanohana.com/	161
（股）中善酒造店	（株）中善酒造店	木曽郡木曽町福島5990	0264-22-2112	http://nakanorisan.com/	168
長野銘醸（股）	長野銘醸（株）	千曲市大字八幡275	026-272-2138	http://www.obasute.co.jp/	171
菱友醸造（股）	菱友醸造（株）	諏訪郡下諏訪町3205-17	0266-27-8109	http://www.mikotsuru.com/	165
（股）古屋酒造店	（株）古屋酒造店	佐久市塚原411	0267-67-2153	http://www.miyamazakura.com/shop/	160
（股）舞姫	（株）舞姫	諏訪市諏訪2-9-25	0266-52-0078	http://www.maihime.co.jp/	164
（股）桝一市村酒造場	（株）桝一市村酒造場	上高井郡小布施町小布施807	026-247-2011	http://www.masuichi.com/	159
（股）丸世酒造店	（株）丸世酒造店	中野市中央2-5-12	0269-22-2011	http://marusesyuzouten.co.jp/	171
宮坂醸造（股）	宮坂醸造（株）	諏訪市元町1-16	0266-52-6161	http://www.masumi.co.jp/	164
（資）宮島酒店	（資）宮島酒店	伊那市荒井3629-1	0265-78-3008	http://www.miyajima.net/	166
（股）湯川酒造店	（株）湯川酒造店	木曽郡木祖村薮原1003-1	0264-36-2030	http://www.sake-kisoji.com/	168
（股）Yoshinoya	（株）よしのや	長野市大字長野西之門町941	026-237-5000	http://www.nishinomon-yoshinoya.com/	169
米澤酒造（股）	米澤酒造（株）	上伊那郡中川村大草4182-1	0265-88-3012	http://www.imanisiki.co.jp/	167
麗人酒造（股）	麗人酒造（株）	諏訪市諏訪2-9-21	0266-52-3121	http://www.reijin.com/	165

新潟

青木酒造（股）	青木酒造（株）	南魚沼市塩沢1214	025-782-0023	http://www.kakurei.co.jp/	192
朝日酒造（股）	朝日酒造（株）	長岡市朝日880-1	0258-92-3181	http://www.asahi-shuzo.co.jp/	189
阿部酒造（股）	阿部酒造（株）	柏崎市安田3475-1	0257-22-4317	http://www.abesyuzou.jp/	196
鮎正宗酒造（股）	鮎正宗酒造（株）	妙高市猿橋636	0255-75-2231	http://www.ayumasamune.com/	198
池浦酒造（股）	池浦酒造（株）	長岡市両高1538	0258-74-3141	http://www.ikeura-shuzo.com/	190
池田屋酒造（股）	池田屋酒造（株）	糸魚川市新鉄1-3-4	0255-52-0011		200
石塚酒造（股）	石塚酒造（株）	柏崎市高柳町岡野町1820-2	0257-41-2004	http://www.himenoi.com/	197
石本酒造（股）	石本酒造（株）	新潟市江南区北山847-1	025-276-2028	http://koshinokanbai.co.jp/	179
市島酒造（股）	市島酒造（株）	新発田市諏訪町3-1-17	0254-22-2350	http://www.ichishima.jp/	175
今代司酒造（股）	今代司酒造（株）	新潟市中央区鏡が岡1-1	025-245-3231	http://www.imayotsukasa.com/	178
越後櫻酒造（股）	越後桜酒造（株）	阿賀野市山口町1-7-13	0250-62-2033	http://www.nihonsakura.co.jp/	176
（股）越後鶴龜	（株）越後鶴亀	新潟市西蒲区竹野町2580	0256-72-2039	http://www.echigotsurukame.com/	180

酒藏名稱（中文）	酒藏名稱（日文）	地址	洽詢電話	網址	頁數
尾畑酒造（股）	尾畑酒造（株）	佐渡市真野新町449	0259-55-3171	http://www.obata-shuzo.com/home/	183
福酒造（股）	お福酒造（株）	長岡市横枕町606	0258-22-0086	http://www.ofuku-shuzo.jp/	186
恩田酒造（股）	恩田酒造（株）	長岡市六日市町1330	0258-22-2134	http://www.maitsuru.com/	187
下越酒造（股）	下越酒造（株）	東蒲原郡阿賀町津川3644	0254-92-3211	http://www.sake-kirin.com/	177
金升酒造（股）	金升酒造（株）	新発田市豊町1-9-30	0254-22-3131	http://kanemasu-sake.co.jp/	175
加茂錦酒造（股）	加茂錦酒造（株）	加茂市仲町3-3	0250-61-1411	http://kamonishiki.com/	177
菊水酒造	菊水酒造	新発田市島潟750	0254-24-5111	http://www.kikusui-sake.com/	175
君之井酒造（股）	君の井酒造（株）	妙高市下町3-11	0255-72-3136	http://www.kiminoi.co.jp/	197
麒麟山酒造（股）	麒麟山酒造（株）	東蒲原郡阿賀町津川46	0254-92-3511	http://www.kirinzan.co.jp/	176
金鵄盃酒造（股）	金鵄盃酒造（株）	五泉市村松甲1836	0250-58-7125	http://www.kinshihai.com/	190
久須美酒造（股）	久須美酒造（株）	長岡市小島谷1537-2	0258-74-3101	http://www.kamenoo.jp/	189
越之華酒造（股）	越の華酒造（株）	新潟市中央区沼垂西3-8-6	025-241-2277	http://www.koshinohana.com/	178
越銘釀（股）	越銘醸（株）	長岡市栃尾大町2-8	0258-52-3667		187
笹祝酒造（股）	笹祝酒造（株）	新潟市西蒲区松野尾3249	0256-72-3982	http://www.sasaiwai.com/	181
鹽川酒造（股）	塩川酒造（株）	新潟市西区内野町662	025-262-2039	http://www.shiokawa.biz/	178
白瀧酒造（股）	白瀧酒造（株）	南魚沼郡湯沢町湯沢2640	0257-84-3443	www.jozen.co.jp/	193
關原酒造（股）	関原酒造（株）	長岡市関原町1-1029-1	0258-46-2010	http://www.sake-sekihara.co.jp/	188
大洋酒造（股）	大洋酒造（株）	村上市飯野1-4-31	0254-53-3145	http://www.taiyo-sake.co.jp/	174
高千代酒造（股）	高千代酒造（株）	南魚沼市長崎328-1	025-782-0507	http://www.takachiyo.co.jp/	192
高之井酒造（股）	高の井酒造（株）	小千谷市東栄3-7-67	0258-83-3450	http://www.hatsuume.co.jp/	191
高野酒造（股）	高野酒造（株）	新潟市西区木山24-1	025-239-2046	http://www.takano-shuzo.co.jp/	179
高橋酒造（股）	高橋酒造（株）	長岡市地蔵1-8-2	0258-32-0181	http://www.echigo-choryo.co.jp/	185
寶山酒造（股）	宝山酒造（株）	新潟市西蒲区石瀬1380	0256-82-2003	http://takarayama-sake.co.jp/	181
（資）竹田酒造店	（資）竹田酒造店	上越市大潟区上小船津浜171	025-534-2320	http://www.katafune.jp/	199
田中酒造（股）	田中酒造（株）	上越市長浜129-1	025-546-2311	http://web01.joetsu.ne.jp/~t-syuzou/	199
玉川酒造（股）	玉川酒造（株）	魚沼市須原1643	025-797-2017	http://www.yukikura.com/	191
千代之光酒造（股）	千代の光酒造（株）	妙高市窪松原656	0255-72-2814	http://www.chiyonohikari.com/	197
津南醸造（股）	津南醸造（株）	中魚沼郡津南町秋成7141	025-765-5252	http://www.jouzou.com/	196
（股）DHC小黒酒造	（株）DHC小黒酒造	新潟市北区嘉山1-6-1	025-387-2025	http://www.bairi.net/	180

酒藏名稱（中文）	酒藏名稱（日文）	地址	洽詢電話	網址	頁數
天領盃酒造（股）	天領盃酒造（株）	佐渡市 加茂歌代458	0259-23-2111	http://www.tenryohai.jp/	182
栃倉酒造（股）	栃倉酒造（株）	長岡市大積町 1乙274-3	0258-46-2205		188
苗場酒造（股）	苗場酒造（株）	中魚沼郡津南町 下船渡戊555	025-765-2011	http://www.naebasan.com/	196
中川酒造（股）	中川酒造（株）	長岡市脇野町2011	0258-42-2707		188
新潟銘醸（股）	新潟銘醸（株）	小千谷市東栄1-8-39	0258-83-2025	http://www.niigata-meijo.com/	190
白龍酒造（股）	白龍酒造（株）	阿賀野市岡山町3-7	0250-62-2222	http://hakuryu-sake.com/	176
柏露酒造（股）	柏露酒造（株）	長岡市十日町字 小島1927	0258-22-2234	http://www.hakuroshuzo.co.jp/	185
長谷川酒造（股）	長谷川酒造（株）	長岡市摂田屋2-7-28	0258-32-0270	http://www.sekkobai.ecnet.jp/	186
八海醸造（股）	八海醸造（株）	南魚沼市長森1051	025-775-3121	http://www.hakkaisan.co.jp/	193
福顏酒造（股）	福顏酒造（株）	三条市林町1-5-38	0256-33-0123	http://www.fukugao.jp/	184
逸見酒造（股）	逸見酒造（株）	佐渡市長石84-甲	0259-55-2046	http://henmisyuzo.com/	183
（股）北雪酒造	（株）北雪酒造	佐渡市徳和2377-2	0259-87-3105	http://sake-hokusetsu.com/	182
（股）萬壽鏡	（株）マスカガミ	加茂市若宮町1-1-32	0256-52-0041	http://www.masukagami.co.jp/	184
（股）丸山酒造場	（株）丸山酒造場	上越市三和区 塔ノ輪617	025-532-2603		198
綠川酒造（股）	綠川酒造（株）	魚沼市青島4015-1	025-792-2117		191
峰乃白梅 酒造（股）	峰乃白梅 酒造（株）	新潟市西蒲区 福井1833	0256-73-5000	http://www.minenohakubai. co.jp/	181
宮尾酒造（股）	宮尾酒造（株）	村上市上片町5-15	0254-52-5181	http://www.shimeharitsuru.co.jp/	174
妙高酒造（股）	妙高酒造（株）	上越市南本町2-7-47	025-522-2111	http://www.myokoshuzo.co.jp/	198
村祐酒造（股）	村祐酒造（株）	新潟市秋葉区 舟戸1-1-1	0250-30-2028		177
諸橋酒造（股）	諸橋酒造（株）	長岡市北荷頃408	0258-52-1151	http://www.morohashi-shuzo. co.jp/	187
彌彥酒造（股）	弥彦酒造（株）	西蒲原郡弥彦村 上泉1830-1	0256-94-3100	http://www.yahiko-shuzo.co.jp/	184
吉乃川（股）	吉乃川（株）	長岡市摂田屋4-8-12	0258-35-3000	http://yosinogawa.co.jp/	185
代代菊醸造（股）	代々菊醸造（株）	上越市柿崎区 角取597	025-536-2469		199
（名）渡邊酒造店	（名）渡辺酒造店	糸魚川市 根小屋1197-1	025-558-2006	http://www.nechiotokoyama.jp/	200

富山

（有）清都酒造場	（有）清都酒造場	高岡市京町12-12	0766-22-0557		209
銀盤酒造（股）	銀盤酒造（株）	黒部市荻生4853-3	0765-54-1181	http://www.ginban.co.jp/	208
三笑樂酒造（股）	三笑楽酒造（株）	南砺市上梨678	0763-66-2010	http://www.sansyouraku.jp/	210
高澤酒造場	高澤酒造場	氷見市北大町18-7	0766-72-0006	http://www1.cnh.ne.jp/akebono/	209
千代鶴酒造（資）	千代鶴酒造（資）	滑川市下梅沢360	076-475-0031	http://www.chiyozuru.com/	207
林酒造場	林酒造場	下新川郡朝日町 境1608	0765-82-0384	http://www.hayashisyuzo.com/	209
福鶴酒造（股）	福鶴酒造（株）	富山市八尾町 西町2352	076-455-2727	http://www.kazenobon.co.jp/	206

酒藏名稱（中文）	酒藏名稱（日文）	地址	洽詢電話	網址	頁數
富美菊酒造（股）	富美菊酒造（株）	富山市百塚134-3	076-441-9594	http://www.fumigiku.co.jp/	206
本江酒造（股）	本江酒造（株）	魚津市本江新町6-1	0765-22-0134	http://twitter.com/hongoshuzo	208
（股）桝田酒造店	（株）桝田酒造店	富山市東岩瀬町269	076-437-9916	http://www.masuizumi.co.jp/	207
皇國晴酒造（股）	皇国晴酒造（株）	黒部市生地296	0765-56-8028	http://www.mabotaki.co.jp/	208
吉乃友久造（有）	吉乃友久造（有）	富山市婦中町下井沢3285-1	076-466-2308	http://yoshinotomo.jp/	206
若鶴酒造（股）	若鶴酒造（株）	砺波市三郎丸208	0763-32-3032	http://www.wakatsuru.co.jp/	210

石川

酒藏名稱（中文）	酒藏名稱（日文）	地址	洽詢電話	網址	頁數
（股）加越酒造	（株）加越酒造	小松市今江町9-605	0761-22-5321	http://www.kanpaku.co.jp/	216
數馬酒造（股）	数馬酒造（株）	鳳珠郡能登町宇出津へ-36	0768-62-1200	https://chikuha.co.jp/	219
（股）金谷酒造店	（株）金谷酒造店	白山市安田町3-2	076-276-1177	http://www.hakusan-takasago.jp/	214
鹿野酒造（股）	鹿野酒造（株）	加賀市八日市町イ6	0761-74-1551	http://www.jokigen.co.jp/	216
菊姫（資）	菊姫（資）	白山市鶴来新町タ8	076-272-1234	http://www.kikuhime.co.jp/	212
（股）久世酒造店	（株）久世酒造店	河北郡津幡町清水イ122	076-289-2028	http://www.choseimai.co.jp/	211
（股）小堀酒造店	（株）小堀酒造店	白山市鶴来本町1-ワ47	076-273-1171	http://www.manzairaku.co.jp/	214
櫻田酒造（股）	櫻田酒造（株）	珠洲市蛸島町ソ-93	0768-82-0508	http://sakurada.biz/	219
（股）清水酒造店	（株）清水酒造店	輪島市河井町1部18-1	0768-22-5858	http://www.notohomare.com/	220
（股）車多酒造	（株）車多酒造	白山市坊丸町60-1	076-275-1165	http://www.tengumai.co.jp/	215
宗玄酒造（股）	宗玄酒造（株）	珠洲市宝立町宗玄24-22	0768-84-1314	http://www.sougen-shuzou.com/	220
鳥屋酒造（股）	鳥屋酒造（株）	鹿島郡中能登町一青ヶ部96	0767-74-0013		218
（名）中島酒造店	（名）中島酒造店	輪島市鳳至町稲荷町8	0768-22-0018	http://www.notosuehiro.com/	220
中村酒造（股）	中村酒造（株）	野々市市清金2-1	076-248-2435	http://nakamura-shuzou.co.jp/	211
（股）白藤酒造店	（株）白藤酒造店	輪島市鳳至町上町24	0768-22-2115	http://www.hakutousyuzou.jp/	221
橋本酒造（股）	橋本酒造（株）	加賀市動橋町イ184	0761-74-0602	http://judaime.com/	217
東酒造（股）	東酒造（株）	小松市野田町丁35	0120-47-2302	http://www.sake-sinsen.co.jp/	216
（股）福光屋	（株）福光屋	金沢市石引2-8-3	076-223-1161	http://www.fukumitsuya.co.jp/	211
（資）布施酒造店	（資）布施酒造店	七尾市三島町52-2	0767-53-0027		218
松浦酒造（有）	松浦酒造（有）	加賀市山中温泉富士見町オ50	0761-78-1125	http://www.shishinosato.com/	217
松波酒造（股）	松波酒造（株）	鳳珠郡能登町松波30-114	0768-72-0005	http://www.o-eyama.com/	219
御祖酒造（股）	御祖酒造（株）	羽咋市大町イ8	0767-26-2320		218
（股）宮本酒造店	（株）宮本酒造店	能美市宮竹町イ74	0761-51-3333	http://www.mujou.co.jp/	217
谷內屋酒造（股）	やちや酒造（株）	金沢市大樋町8-32	076-252-7077	http://www.yachiya-sake.co.jp/	212
（股）吉田酒造店	（株）吉田酒造店	白山市安吉町41	076-276-3311	http://www.tedorigawa.com/	215

福井

酒藏名稱（中文）	酒藏名稱（日文）	地址	洽詢電話	網址	頁數
朝日酒造（股）	朝日酒造（株）	丹生郡越前町西田中11-53	0778-34-0020	http://www.asahisyuzo.com/	228
（股）一本義久保本店	（株）一本義久保本店	勝山市沢町1-3-1	0779-87-2500	http://www.ippongi.co.jp/	227
（股）宇野酒造場	（株）宇野酒造場	大野市本町3-4	0779-66-2236	http://www.itinotani.co.jp/	226
（資）加藤吉平商店	（資）加藤吉平商店	鯖江市吉江町1-11	0778-51-1507	http://www.born.co.jp/	227
久保田酒造（資）	久保田酒造（資）	坂井市丸岡町山久保27-45	0776-66-0123	http://www.fukukoma.co.jp/	227
黑龍酒造（股）	黒龍酒造（株）	吉田郡永平寺町松岡春日1-38	0776-61-6110	http://www.kokuryu.co.jp/	224
（股）越之磯	（株）越の磯	福井市大宮5-8-25	0776-22-7711	http://www.j-brewery.com/	221
田嶋酒造（股）	田嶋酒造（株）	福井市桃園1-3-10	0776-36-3385	http://www.fukuchitose.com/	222
田邊酒造（有）	田邊酒造（有）	吉田郡永平寺町松岡芝原2-24	0776-61-0029	http://www.echizenmisaki.com/	224
常山酒造（資）	常山酒造（資）	福井市御幸1-19-10	0776-22-1541	http://www.jozan.co.jp/cgi-bin/	221
（有）南部酒造場	（有）南部酒造場	大野市元町6-10	0779-65-8900	http://www.hanagaki.co.jp/	226
舟木酒造（資）	舟木酒造（資）	福井市大和田町46-3-1	0776-54-2323	http://www.funaki-sake.com/	223
堀口酒造（有）	堀口酒造（有）	南条郡南越前町今庄76-1-2	0778-45-0007		228
真名鶴酒造（資）	真名鶴酒造（資）	大野市明倫町11-3	0779-66-2909	http://www.manaturu.com/	225
美川酒造場	美川酒造場	福井市小稲津町36-15	0776-41-1002	http://www.maibijin.com/	223
三宅彦右衛門酒造（有）	三宅彦右衛門酒造（有）	三方郡美浜町早瀬21-7	0770-32-0303		229
毛利酒造（資）	毛利酒造（資）	福井市東郷二ヶ町36-29	0776-41-0020		222
安本酒造（有）	安本酒造（有）	福井市安原町7-4	0776-41-0011	http://www.yasumoto-shuzo.jp/	223
豐酒造（股）	豊酒造（株）	鯖江市下野田町38-70	0778-62-1013	http://www.sake-kashoku.com/	228
（股）吉田金右衛門商店	（株）吉田金右衛門商店	福井市佐野町21-81	0776-83-1166	http://www.kumonoi.jp	224
吉田酒造（有）	吉田酒造（有）	吉田郡永平寺町北島7-22	0766-64-2015	http://www.jizakegura.com/	225
（股）若狭富士	（株）わかさ冨士	小浜市木崎13-7	0770-56-1717		229

<監修>

友田晶子

全方位飲品顧問。以侍酒師身分進入酒
類業界，廣泛經手葡萄酒、日本酒、燒
酒、啤酒與雞尾酒等各種酒類。發揮其
在業界約30年的經歷以及女性特有的
感性，舉辦適合一般大眾或專為專業人
士量身打造的研討會、提供諮詢服務、
支援觀光推廣等。著作無數。

日本酒服務研究會‧
酒匠研究會聯合會

主要以日本國酒「日本酒」與「燒酒」
的提供方法為中心，進行酒類的綜合性
研究，透過這些教育啟蒙活動，目的在
於對「日本酒」與「燒酒」的酒文化發
展以及相關產業提供支援，並且為日本
飲食文化的傳承發展做出貢獻。設立於
1991年。提供唎酒師、燒酒唎酒師等
認證。刊載日本酒香味評鑑的官方網站
「酒仙人」也頗受好評。

<日文版工作人員>

設計／NILSON design studio（望月
昭秀、境田真奈美）
插圖／古川織江
攝影／山上忠、伊藤靖史（Creative Peg
Works）、羽渕みどり、清水紘子
執筆協助／伊東明希、加茂直美、青
龍堂（竹田東山、倉本皓介）、中村悟
志、山本敦子
DTP／新榮企劃
編輯／3season
企劃‧編輯／山本雅之（マイナビ出版）

參考文獻

《日本酒の基》日本酒服務研究會‧酒
匠研究會聯合會（NPO法人FBO）
《日本酒の図鑑》日本酒服務研究會‧
酒匠研究會聯合會（マイナビ出版）
《日本酒のテキスト2　産地の特徴と造
り手たち》松崎晴雄著（同友館）

國家圖書館出版品預行編目資料

日本酒全圖鑑. 東日本篇 / 友田晶子, 日本酒服務
研究會, 酒匠研究會聯合會監修；童小芳譯.
-- 初版. -- 臺北市：臺灣東販, 2017.08
256面；14.7×21公分
ISBN 978-986-475-430-4 (平裝)

1.酒 2.日本

463.8931   106011154

ZENKOKU NO NIHONSHU DAIZUKAN HIGASHINIHONHEN
©3season Co.,Ltd. 2016
Originally published in Japan in 2016 by Mynavi Publishing Corporation
Chinese translation rights arranged through TOHAN CORPORATION, TOKYO.

日本酒全圖鑑
［東日本篇］

2017年8月 1 日初版第一刷發行
2022年9月15日初版第三刷發行

監　　　修　友田晶子
　　　　　　日本酒服務研究會‧酒匠研究會聯合會
譯　　　者　童小芳
副 主 編　陳正芳
特約編輯　賴思妤
美術編輯　黃盈捷
發 行 人　南部裕
發 行 所　台灣東販股份有限公司
　　　　　　＜地址＞台北市南京東路4段130號2F-1
　　　　　　＜電話＞(02)2577-8878
　　　　　　＜傳真＞(02)2577-8896
　　　　　　＜網址＞http://www.tohan.com.tw
郵撥帳號　1405049-4
法律顧問　蕭雄淋律師
總經銷　　聯合發行股份有限公司
　　　　　　＜電話＞(02)2917-8022